물리학은 어디까지 설명할 수 있는가

EXISTENTIAL PHYSICS

물리학은 어디까지 설명할 수 있는가

Existential Physics

자비네 호젠펠더 지음
배지은 옮김

현대 물리학의
존재론적 질문들에 대한
도발적인 답변

해나무

스테판에게

아무리 만족스럽고[1] 마음이 놓인다 해도,
망상에 사로잡혀 있는 것보다는
우주를 있는 그대로 이해하는 편이
훨씬 더 좋다.
—칼 세이건

프롤로그

"뭐 좀 여쭤봐도 될까요?" 내가 물리학자라는 걸 알고는, 젊은 남자가 물었다. "양자역학에 관한 건데요." 그는 수줍게 덧붙였다. 나는 이미 측정 가설과 다자 간 얽힘의 함정 등을 따질 준비가 되어 있었지만, 막상 질문을 듣자 완전히 무방비 상태가 되었다. "어느 주술사가 그러는데 우리 할머니가 아직 살아 계신대요. 무슨 양자역학 때문이라던가. 할머니가 살아 계시긴 하는데 다만 지금 여기에 있지 않을 뿐이라네요. 그 말이 맞나요?"

보다시피, 아직도 이 문제를 생각하는 중이다. 간단히 답하자면 완전히 틀린 얘기는 아니다. 더 자세한 답은 1장에서 다룰 텐데, 돌아가신 할머니의 양자역학 문제에 뛰어들기 전에 일단 이 책을 왜 쓰고 있는지부터 말하고 싶다.

10년 이상 대중을 상대로 여러 활동을 하면서 물리학자들이 문제의 답을 정말 기가 막히게 잘 찾는다는 것을 알게 되었다. 그러나 그렇게 찾은 답에 사람들이 왜 관심을 가져야 하는지를 설명할 때는 정말로 형편없다는 것도 알게 되었다. 잘 팔리는 상품을 내놓는 것이 곧 연구 목적인 분야가 있다. 그러나 내가 주로 연구하는 분야인 기본 물리학의 주요 생산품은 지식이다. 동료들과 나는 이 지식을 지나치게 추상적인 말로 발표한다. 그러다 보니 애초에 우리가 이걸 왜 들여다보게 되었는지 그 이유를 이해하는 사람이 아무도 없다.

비단 물리학만의 문제도 아니다. 오늘날에는 전문가와 비전문가 사이의 간극이 너무 크다. 이에 관해 사회학자 스티브 풀러Steve Fuller는, 학자들이 알아듣지도 못할 용어로 빈약한 통찰을 값진 것처럼 보이게 포장한다고 주장한다. 미국의 언론인이자 퓰리처 수상자인 니콜라스 크리스토프Nicholas Kristof는 학계가 "통찰을 복잡하고 따분한 산문으로"[2] 암호화하고 "대중이 소비하지 못하도록 이중 잠금장치를 걸어놓은 후, 이 까다로운 말 잔치를 난해한 학술지 안에 숨겨버렸다"며 불만을 토로한다.

여기에서 중요한 점 하나. 사람들은 양자역학이 예측 가능하거나 말거나 크게 신경 쓰지 않는다. 사람들은 자신의 행동이 예측 가능한지를 알고 싶어 한다. 그들은 블랙홀이 정보를 파괴하든 말든 관심이 없다. 그보다는 인류 문명의 집단 지식이 앞으로 어떻게 될지에 더 관심이 있다. 그들은 은하 필라멘트galactic filament가 뇌 신경망을 닮았는지 어쨌는지 그런 건 개의치 않는다. 그들은 우주가 생각을 할 수 있는지가 더 궁금하다. 사람은 생각할 수 있어서 사람이다. 그런데 또 뭐가 생각을 한다고?

물론 나도 이런 것들이 알고 싶다. 그러나 학계에서 이력을 쌓아가는 동안 이런 문제를 애써 외면하고 어물쩍 답을 넘기는 방법을 배웠다. 결국 나는 일개 물리학자일 뿐이다. 나는 의식이나 인간의 행위 같은 것에 관해 말하는 데 썩 능숙하지 않다.

그러나 젊은 남자의 질문을 받고 나서 나는 물리학자들이 뭔가를 '알고' 있다는 사실을 새삼 깨닫게 되었다. 의식 자체는 아니더라도, 우주 안의 모든 것(나와 당신과 당신의 할머니까지 모두 포함해서)이 따라야 하는 물리법칙은 안다. 물론 삶과 죽음 그리고 인간 존재의 기원에 관한 개념들이 모두 물리학의 기본 바탕과 양립할 수는 없다. 그러나 지식이라는 것은 우리가 난해한 문장을 써서 모호한 학술지 안에 감추어서는 안 되는 것이다.

물리학 지식을 공유하는 것은 당연히 공유할 가치가 있어서일 뿐 아니라, 이 지식을 우리끼리만 가지고 있으면 그에 상응하는 대가를 치르게 되기 때문이다. 인간의 경험에 관해 물리학이 알려주는 것들을 물리학자들이 앞장서서 설명하지 않으면, 호시탐탐 기회를 노리는 이들이 끼어들어 우리가 만들어낸 암호 같은 용어를 유사과학 증진에 써먹을 것이다. 양자 얽힘과 진공 에너지가 대체 요법 치료사, 영매, 약장수들이 자주 들먹이는 이론이 된 것은 우연이 아니다. 물리학 박사 학위가 없는 사람이라면 우리가 만든 난해한 말들을 그런 사람들의 헛소리와 정확히 구분하기가 꽤 어려울 것이다.

그러나 이 책의 목적은 단순히 유사과학의 정체를 밝혀내려는 것이 아니다. 나는 이 책에서 영적인 개념 중 어떤 것은 현대 물리학과 완벽하게 양립할 수 있으며, 심지어 어떤 아이디어는 현대 물리학의 지지를 받기도 한다는 것을 알려주고 싶다. 왜 아니겠는가? 물리학이 우리와 우주의 관계에 관해 뭔가 할 말이 있다는 것은 그리 놀랄 일이 아니다. 과학과 종교는 같은 뿌리에서 나왔고, 오늘날에도 여전히 같은 문제를 다루고 있다. 이를테면 이런 문제다. 우리는 어디에서 왔고 어디로 가는가? 우리 지식의 한계는 어디일까?

이런 문제들에 관해 물리학자들은 지난 한 세기 동안 많은 것을 배웠다. 그리고 그 과정에서 과학의 한계는 정해져 있지 않다는 것을 확실히 알게 되었다. 우리가 세상을 더 많이 배울수록 이 한계는 계속 뒤로 물러난다. 그에 따라, 믿음을 바탕으로 한 설명은 한때는 세상을 이해하는 데 도움을 주고 우리에게 위로를 주기도 했으나 이제는 옳지 않다는 것을 깨닫게 되었다. 예를 들어 어떤 물체가 살아 있는 이유는 특별한 물질을 부여받았기 때문이라는 아이디어(앙리 베르그송Henri Bergson의 '엘랑비탈Élan vital')는 200년 전의 과학적 사실과 완벽하게 부합했다. 그러나 이제는 아니다.

오늘날 기본 물리학은 가장 기본적인 수준에서 작동하는 자연의 법칙을 다룬다. 여기서도 과거 100여 년 동안 얻은 지식이 믿음 기반의 낡은 설명을 대체하고 있다. 그런 오래된 설명 중 하나는, 의식이 존재하려면 여러 입자 사이의 상호작용 외에 무언가가 더 필요하다는 것이었다. 이를테면 엘랑비탈 같은 일종의 마법 가루가 물체에 특별한 성질을 부여해야 한다는 의미다. 현재 이것은 아무것도 설명하지 못하는, 시대에 뒤처지고 쓸모없는 아이디어다. 이 내용에 관해서는 4장에서 다룰 것이고, 6장에서는 이 아이디어가 자유의지와 관련하여 어떤 결과로 이어지는지 논의할 것이다. 무대에서 밀려나기 직전인 또 다른 아이디어로, 우리 우주가 생명 발현에 특별히 최적화되어 있다는 믿음이 있다. 이 내용은 7장의 주제로 다루었다.

그러나 과학의 현재 한계를 정하는 작업이 단순히 착각을 깨부수는 기능만 있는 것은 아니다. 이 과정을 통해 우리는 어떤 믿음이 과학적 사실과 여전히 양립할 수 있는지를 알게 된다. 그런 믿음은 어쩌면 '비非과학적'이라고 부르면 안 될 것 같다. 팀 파머Tim Palmer(뒤에서 소개할 것이다)의 지적대로, 그런 것은 '무無과학ascientific'이라고 하는 게 맞겠다. 과학은 이런 믿음에 관해서는 아무것도 말해주지 않는다. 과학과 양립할 수 있는 믿음 중 하나가 우리 우주의 기원이다. 현재 우리는 우주의 기원을 설명할 수 없을 뿐 아니라 그것이 과연 설명될 수 있는 것인지도 알지 못한다. 이것은 과학이 기본적으로 한계가 있음을 보여주는 사례 중 하나일 것이다. 적어도 나는 지금 그렇게 믿는다. 우주 자체가 의식이 있다는 아이디어는, 나 자신도 그 결과에 꽤나 놀랐지만 완전히 배제하기 어렵다(8장). 그리고 인간의 행동이 예측 가능한지 아닌지도 여전히 결론이 나오지 않는다(9장).

간단히 말해서, 이 책은 현대 물리학이 제기하는 거대한 물음에 관한 책이다. 이를테면 지금 이 순간이 과거와 다른지, 각각의 기본 입자에 과연 우주가 깃들어 있는지, 자연법칙이 우리의 판단을 결정하는지 그런 의문을 다룬다. 물론 내가 이런 물음들에 최종 답을 내놓을 수는 없지만, 적어도 과학자들이 현재 어디까지 알고 있는지, 그리고 과학과 단순한 추측이 어느 지점에서 교차하는지를 말하고 싶다.

나는 자연에 기반한 증거를 바탕으로 수립된 이론만 고수할 것이다. 따라서 내가 앞으로 말하는 내용은 모두 "현재 우리가 아는 한에서는"이라는 단서가 붙어야 한다. 그 말은 앞으로 과학이 발전함에 따라 그 내용이 바뀔 수도 있다는 뜻이다. 어떤 물음에 대한 답은 아직 완전히 이해되지 못한 자연법칙의 속성, 이를테면 양자 측정이나 시공간 특이점singularity의 성질 같은 것에 좌우되기도 한다. 이런 경우 답을 찾는 데 향후 연구가 어떤 식으로 도움이 될지를 설명하겠다. 독자 여러분이 오로지 내 의견만 듣는 것은 바람직하지 않으므로, 몇몇 전문가와의 인터뷰도 더했다. 그리고 책 말미에는 중요한 전문 용어들의 정의를 모은 용어집을 수록했다. 이 용어들이 본문에 처음 등장할 때는 볼드체로 표시해두었다.

이 책은 거대한 물음을 서슴없이 떠올리고, 그 답을 두려워하지 않는 이들을 위한 책이다.

경고

지금부터 여러분이 무슨 일에 휘말리게 될지 미리 알았으면 한다. 그래서 테이블 위에 내가 가진 카드를 전부 펼쳐 보이도록 하겠다. 나는 불가지론자이면서 비종교인이다. 조직화된 종교 단체의 일원이 된 적도 없고 그런 단체에 속하고 싶다는 마음을 한 번도 품어본 적이 없다. 그러나 종교적 신념에 반대하지 않는다. 과학은 한계가 있고, 인류는 언제나 그 한계 너머의 의미를 갈구해왔다. 그 의미를 찾아 누구는 성스러운 경전을 공부하고, 누구는 명상하고, 누구는 철학 책을 파고, 누구는 마리화나 같은 이상한 걸 피워댄다. 나는 그런 것들이 다 괜찮다고 본다. 그들의 의미 탐구가 과학적 사실을 존중하기만 한다면 말이다(중요한 건 이거다).

만일 경험적으로 확인된 지식과 당신의 믿음이 충돌한다면, 당신은 의미를 찾고 있는 게 아니라 망상에 빠진 것이다. 어쩌면 그 망상에 계속 매달리고 있는지도 모른다. 나는 그런 독자들을 이해한다. 내 말을 믿어도 좋다. 그러나 그런 분들에게 이 책은 맞지 않는다. 앞으로 우리는 자유의지, 사후 세계, 궁극적 의미 탐구에 관해 이야기한다. 그 과정이 쉽지만은 않을 것이다. 나 자신도 견고하게 성립된 자연법칙의 결론 중 받아들이기 어려운 것이 있었고, 나처럼 그걸 어려워하는 독자도 분명히 있을 것이라 본다.

어쩌면 지금 내가 따분한 물리학을 흥미로운 외양으로 과대 포장한다는 생각이 들 수도 있겠다. 툭 터놓고 얘기해서 나는 이 책이 잘 팔렸으면 좋겠고, 그건 여러분이나 나 모두 잘 알고 있다. 굳이 아닌 척할 필요가 있을까? 그러나 내가 특별히 경고하는 이유는, 이 책이 일부 독자들의 정신 건강에 미칠 부정적 영향을 진심으로 걱정하기 때문이다. 가끔 내 글을 읽고 이제는 인생을 어떻게 살아야 할지 모르겠다고 하소연하는 분들이 있다. 그분들은 진심으로 불안해하는 것 같다. 자유의지가 없으면 인생이 무슨 의미가 있는가? 인간이 단지 무작위적인 요행수의 산물일 뿐이라면 인간의 존재 의미는 도대체 무엇인가? 우주가 아무 때고 픽 꺼져버리리라는 것을 알고 나서 어떻게 의연하게 살아갈 수 있을까?

실제로 과학적 사실 중에는 소화하기 어려운 것들이 제법 있다. 더 나쁜 건 이 문제로 여러분을 도와줄 심리학자가 없다는 것이다. 그건 내가 찾아봐서 안다. 하지만 잠깐만. 충분히 깊이 생각해보면, 과학은 우리에게 받은 것보다 더 많은 것을 돌려준다. 희망, 믿음, 신념이 놓일 자리를 마련하려고 굳이 이성적 사고를 잠재울 필요가 없다. 여러분이 이 사실을 깨닫고 위안 삼길 바란다.

차례

1장

과거는 정말 어딘가에 존재하는가

Existential Physics

지금 그리고 영영

시간은 돈이다. 시간은 언제나 부족하다. 시간이 우리 편이 아니라면 특히 더. 시간이 흐른다. 시간이 다 됐다……. 우리는 항상 시간에 관해 이야기한다. 그런데도 시간은 여전히 가장 이해하기 어려운 자연의 성질 중 하나다.

알베르트 아인슈타인Albert Einstein이 시간을 개인적인 것으로 만들어버린 것도 도움이 되지는 않았다. 아인슈타인 이전에는 모든 이의 시간이 똑같은 속도로 흘렀다. 아인슈타인 이후, 시간이 우리가 얼마나 많이 돌아다니고 움직이는가에 따라 다르게 흐른다는 것을 알게 되었다. 지금 이 순간에 부여하는 시간 값(이를테면 오후 2시 14분)은 규약과 측정 정확성의 문제지만, 아인슈타인 이

전 시대에는 '당신의' 지금이 '나의' 지금과 같다고 믿었다. 당시의 '지금'은 보편적인 지금이었고, 보이지 않는 시계가 전 우주에 걸쳐 똑딱거리면서 지금 이 순간을 특별하게 표시하고 있다는 식이었다. 아인슈타인 이후, '지금'은 우리의 경험을 서술하는 데 편리하게 사용하는 단어일 뿐이다. '지금 이 순간'은 이제 근본적인 의미를 잃었다. 아인슈타인에 따르면 현재와 마찬가지로 과거와 미래도 실재하기 때문이다.

이것은 내 경험과 일치하지 않고 아마 당신의 경험과도 일치하지 않을 것이다. 그러나 어차피 인간의 경험은 자연의 기본 법칙을 이해하는 데 좋은 가이드가 아니다. 우리가 인지하는 시간은 생체 리듬 그리고 뇌의 기억 저장 및 활용 능력으로 형성된다. 우리의 이런 능력은 분명히 여러 가지로 쓸모가 많지만, 시간의 물리적 특성을 파악하려면 인지와 분리해 운동하는 진자나 궤도를 도는 행성, 또는 저 먼 별에서부터 우리에게 날아오는 빛 같은 단순한 계를 관찰하는 편이 더 낫다. 부정확한 해석이 물리에 더해져 생길 수 있는 교착 상태에 빠지지 않고 시간의 물리적 본질을 확실하게 추론할 수 있으니 말이다.

약 100여 년에 걸쳐 시간을 관찰한 결과, 시간은 20세기 초 아인슈타인이 예측했던 성질을 가지고 있음을 확인했다. 아인슈타인에 따르면 시간은 차원이고, 3차원인 공간과 결합하여 하나의 개체, 즉 4차원 시공간을 이룬다. 공간과 시간이 결합해 시공간이 된다는 아이디어는 수학자 헤르만 민코프스키Hermann Minkowski

까지 거슬러 올라가지만, 아인슈타인은 그 물리적 의미를 온전히 이해하고 이를 특수상대성이론으로 정리해냈다.

'특수상대성이론'에서 '상대성'이란 절대적인 정지 상태가 없다는 뜻이다. 우리는 다른 무언가에 상대적으로 정지해 있을 뿐이다. 예를 들어, 이 책을 읽는 당신은 지금 이 책에 대하여 상대적으로 정지해 있다. 책은 당신에게서 멀어지지도 다가가지도 않는다. 그러나 당신이 이 책을 방구석으로 던지면, 이 상황은 다음과 같이 두 가지로 서술할 수 있다. 먼저, 책이 어떤 속도로 당신과 나머지 지구에 대하여 상대적으로 멀어진다고 할 수 있다. 또 당신과 나머지 지구가 책에 대하여 상대적으로 뒤로 물러난다고도 할 수 있다. 아인슈타인에 따르면, 이 두 문장 모두 상황을 동일하게 서술하고 있으며 같은 예측을 내놓는다. 이것이 '상대적'이라는 말의 의미다. '특수'라는 수식어는 이 이론에 중력이 포함되지 않는다는 뜻이라는 정도로만 이야기해두자. 중력은 아주 최근에야 포함되었고, 중력을 다룬 이론은 아인슈타인의 **일반상대성이론**이 되었다.

4차원 시공간 안에서 물리 현상을 물체의 움직임과는 상관없이 같은 방식으로 서술할 수 있어야 한다는 아인슈타인의 아이디어는 언뜻 단순해 보인다. 그러나 이 아이디어는 직관에 반하는 여러 의미를 포함하고 있고, 이것들이 우리가 가지고 있던 시간 개념을 완전히 뒤바꿔놓았다.

* * *

일반적인 3차원 공간에서는 숫자 세 개를 사용해 임의의 위치에 좌표를 부여할 수 있다. 예를 들면 현관문의 위치를 표시할 때 동서, 남북, 위아래 방향의 거리를 사용한다. 만일 시간이 차원이라면 여기에 네 번째 좌표를 더해서, 이를테면 현관문에서 오전 7시부터 시간이 흘렀다고 말할 수 있다. 그렇다면 하나의 '사건'에 완벽한 좌표를 부여하게 된다. 예를 들어 동쪽으로 3미터, 북쪽으로 12미터, 위로 3미터, 그리고 10시간이 흐른 시공간 사건은 오후 5시의 발코니가 되는 식이다.

이러한 좌표 선택은 무작위적이다. 시공간 위에 좌표를 부여하는 방법은 여러 가지가 있다. 아인슈타인은 이 좌표 표시가 중요하지 않다고 했다. 사물에게 실질적으로 흐르는 시간은 우리가 선택하는 좌표에 의존하지 않는다. 아인슈타인은 이 변치 않는 내부 시간(물리학자들은 이를 '고유 시간proper time'이라고 부른다)이 시공간 안 곡선의 길이임을 밝혔다.

로스앤젤레스에서 토론토로 육상 여행을 간다고 생각해보자. 이때 중요한 것은 두 도시의 좌표를 직선으로 이은 약 3,500킬로미터의 거리가 아니라, 실제 고속도로와 도로를 잇는 대략 4,000킬로미터의 거리다. 시공간에서도 마찬가지다. 중요한 것은 실제 이동 거리지 좌표 사이의 거리가 아니다. 그러나 여기에는 중요한 차이가 있다. 시공간에서는 두 사건 사이의 곡선이 길수록 그 위에서의 시간이 더 빠르게 흐른다.

시공간 위 두 사건 사이의 곡선을 어떻게 더 길게 만들 수 있을까? 속도를 바꾸면 된다. 더 많이 가속할수록 고유 시간은 더 느리게 흐른다. 이 효과를 '시간 팽창'이라고 부른다. 맞다. 원칙적으로만 따지면, 이 말은 원을 따라 계속 달리면[3] 나이를 더 느리게 먹게 된다는 뜻이다. 그러나 이 효과는 아주 미미해서 노화 방지를 위해 해볼 만한 일로 추천하기 어렵다. 그건 그렇다 치고, 이 시간 팽창 효과 때문에 블랙홀에서 멀리 있을 때보다는 근처에 있을 때 시간이 더 느리게 흐른다. 아인슈타인의 등가 원리에 따르면, 강한 중력장이 빠른 가속과 같은 효과를 낳기 때문이다.

이것은 무슨 뜻인가? 나에게 똑같은 시계가 두 개 있다고 해보자. 그중 한 개를 당신에게 건네고, 그런 다음 당신은 당신 갈 길을 가고 나는 내 갈 길을 간다. 아인슈타인 이전 시대에는, 우리가 언제 다시 만나든 이 두 시계는 정확히 같은 시간을 가리킬 것으로 생각했다. 다시 말해 시간을 우주의 보편적 변수로 생각했던 것이다. 그러나 아인슈타인 이후에 우리는 이 개념이 옳지 않다는 걸 알게 되었다. 당신이 가진 시계가 표시하는 시간의 흐름은 당신이 얼마나 많이, 얼마나 빠르게 움직였느냐에 따라 달라진다.

이 말이 맞는지 어떻게 알 수 있는가? 측정해보면 된다. 아인슈타인의 이론을 확증한 여러 관측에 관해 자세히 얘기하자면 주제에서 너무 많이 벗어나므로,[4] 관심 있는 분들은 주註에 수록한 도서 목록을 읽어보길 권한다. 지금은 이야기를 진행하기 위해,

거대하고 견고한 증거가 '시간 흐름이 당신의 움직임에 좌우된다'는 가설을 뒷받침한다는 정도로 요약하자.

설명을 위해 시계를 예로 들었지만, 가속이 시간을 느리게 한다는 사실은 시계라는 장치와 특별히 상관이 없다. 이 현상은 모든 사물에서 다 발생한다. 연소 사이클이든 핵붕괴든, 모래시계를 통과해 흐르는 모래든, 각각의 과정은 개별적인 시간의 흐름을 가지고 있다. 대개는 이 개별 시간 사이의 차이가 워낙 미미해서 일상생활에서는 느끼지 못한다. 그러나 시간을 아주 정밀하게 추적하면 그 차이가 눈에 띈다. 이런 작업은 위성 위치 확인 시스템(GPS)에 포함된 위성에서 하고 있다.

휴대전화의 내비게이션 기능은 대부분 GPS를 이용하는데, 이 GPS를 통해 수신기(이를테면 휴대전화)는 지구 주위 궤도를 도는 몇몇 위성으로부터 신호를 수신해 위치를 계산한다. 시간은 보편적이지 않으므로, 이 위성에서의 시간을 지구에서의 시간과 비교하면 아주 미세하게 다르다. 여기에는 두 가지 이유가 있다. 하나는 지구 표면에 대해 상대적인 위성의 운동 때문이고, 또 하나는 위성이 그 궤도에서 경험하는 중력장이 약하기 때문이다. 위치를 정확히 추론하려면 휴대전화의 소프트웨어가 이 효과를 계산에 넣어야 한다. 위성에서 흐르는 시간으로 인해 신호가 아주 약간 틀어지기 때문이다. 맞다. 이것은 아주 작은 효과다. 그러나 이것은 철학이 아니라 물리적인 실재다.

* * *

시간의 흐름이 보편적이지 않다는 사실만으로도 상당히 혼란스럽겠지만, 할 얘기가 더 있다. 빛의 속도는 매우 빠르지만 유한하므로, 빛이 우리에게 도착할 때까지 시간이 걸린다. 따라서 엄밀히 말하면 지금 우리가 보는 사물은 아주 조금 전의 모습이다. 그리고 이것 역시 일상생활에서는 알아채지 못한다. 빛은 매우 빠르게 이동하므로 지구 위에서 경험하는 짧은 거리에서는 전혀 문제 될 게 없다. 예를 들어 지금 고개를 들어 구름을 보고 있다면, 당신이 실제로 보는 것은 수백만분의 1초 전의 구름이다. 사실 이 정도면 큰 차이는 아니지 않나? 우리는 8분 전의 태양을 보고 있지만, 일반적으로 그 8분 동안 태양이 크게 바뀔 일은 없으므로 빛이 이동하는 데 시간이 걸린다 해서 큰일이 날 것은 없다. 지금 북극성을 보고 있다면, 그 북극성은 실은 434년 전의 모습이다. 그럼 아마 당신은 이렇게 말할 것이다. 그래서, 그게 뭐 어쨌다고?

어떤 사건이 발생한 순간과 그 사건을 관찰하는 순간 사이의 시간차를 단순히 인식의 한계 탓으로 돌리고 싶은 마음도 들 것이다. 그러나 그 의미는 뜻밖에 지대한 결과를 낳는다. 다시 말하지만, 문제는 시간의 흐름이 보편적이지 않다는 것이다. 지금 여기에 앉아서 다른 곳에서는 '그 시간에' 무슨 일이 일어났느냐고 묻는다면(예를 들어, 지금 당신이 보는 태양이 빛을 발하던 바로 순간에 당신은 무엇을 하고 있었는가?) 그 질문에는 의미 있는 답이 없다.

이 문제는 동시성의 상대성relativity of simultaneity이라고 불리며, 아인슈타인이 직접 잘 설명했다. 그 내용을 이해하기 위해 시공간 도해를 몇 장 그려보면 도움이 된다. 4차원을 그리는 것은 어려우므로, 여기에서는 공간 한 차원과 시간 한 차원만 사용하는 것을 양해해주기 바란다. 그림 1에서 선택된 좌표계에 대하여 상대적으로 정지해 있는 물체는 수직선으로 표시했다. 이 좌표계는 이 물체의 '정지좌표계'라고도 부른다. 일정한 속도로 움직이는 물체는 특정 각도로 기울어진 직선으로 그린다. 통상적으로 물리학자들은 빛의 속도로 45도 각을 사용한다. 빛의 속도는 모든 관찰자에게 동일하며 모든 물체는 이 속도를 넘어설 수 없으므로, 물리적 물체는 45도보다 작은 각으로 기울어진 선을 따라 움직여야

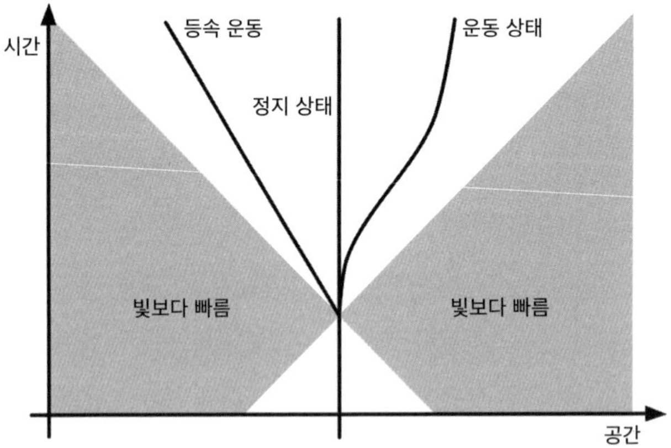

그림 1 시공간 도해의 원리.

한다.

아인슈타인은 다음과 같은 논증을 펼쳤다. 나에 대하여 상대적으로 정지해 있는 거울에 레이저 빔 펄스를 튕겨 동시성 개념을 구성하려고 한다.• 나는 펄스 하나를 오른쪽으로, 다른 하나를 왼쪽으로 쏘아 보내고 두 펄스가 동시에 나에게 되돌아올 때까지 두 거울 사이에서 위치를 바꿀 수 있다(그림 2a). 결국 내가 거울 사이의 정중앙에 있을 때 레이저 빔이 동시에 두 거울을 모두 때린다는 것을 알게 된다.

일단 정중앙에 있으면 두 사건으로부터 빛이 아직 나에게까지 오기 전이라 볼 수 없다 하더라도, 내 시간 안에서 정확히 어느 순간에 레이저 펄스가 두 거울을 모두 때릴지 알 수 있다. 나는 시계를 보고, "지금이야!"라고 말할 수 있다. 이런 식으로 동시성 개념을 구성할 수 있고, 원칙적으로 우주 전체로 확장할 수도 있다. 물론 현실적으로 레이저 펄스가 돌아올 때까지 100억 년을 기다릴 인내심은 없겠지만, 그런 사람들을 위해 이론물리학이 있는 것이다.

이제 내 친구 수지가 나에 대하여 상대적으로 움직이며 똑같은 일을 하려고 한다(그림 2b). 그녀는 왼쪽에서 오른쪽으로 움직

• 도대체 레이저는 무엇이 특별하기에 시공간 이야기에 빠지지 않고 등장하는지, 나 자신도 항상 의아했다. 그 답은 "특별할 것은 없다"이다. 레이저를 쓰는 이유는 레이저가 빛의 속도로 움직이고(당연하다) 전파할 때 많이 퍼지지 않아 공간과 시간 사이의 관계를 조명하는 데 특히 편리하기 때문이다.

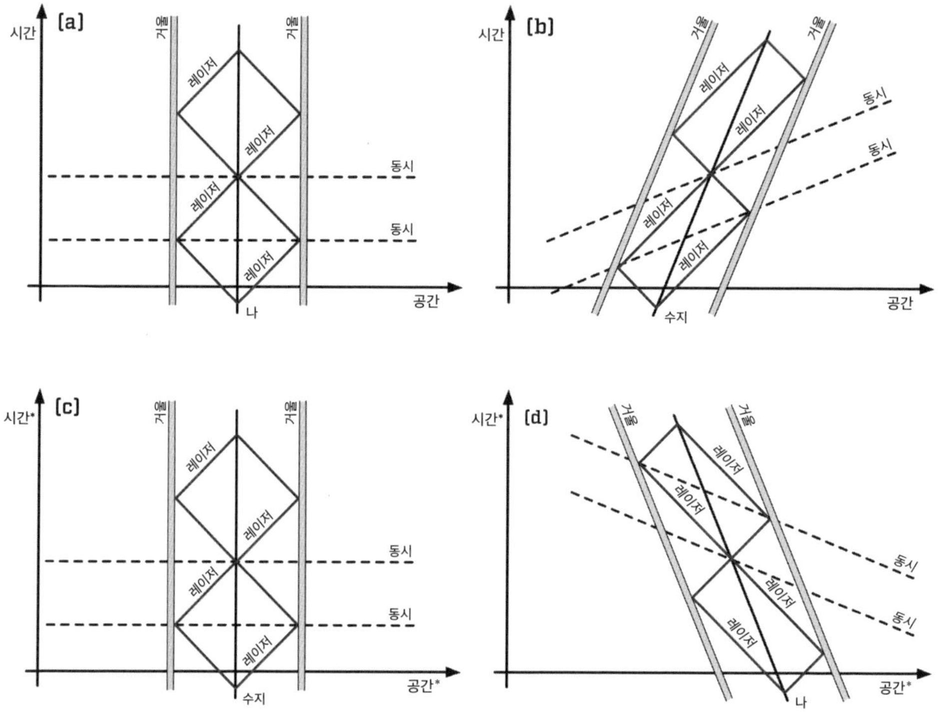

그림 2 동시 사건 구성을 위한 시공간 도해. (a): 나의 정지 틀 안에 있는 나. 이 정지 틀의 좌표는 '시간'과 '공간'으로 표시되어 있다. (b): 나의 정지 틀 안에서 보는 수지의 움직임. (c): 수지의 정지 틀 안에 있는 수지. 수지의 정지 틀 좌표는 '시간*'과 '공간*'으로 표시되어 있다. (d): 수지의 정지 틀 안에서 보는 나의 움직임.

이고 있다고 하자. 수지도 두 개의 거울을 사용하는데, 하나는 그녀의 오른쪽에 다른 하나는 왼쪽에 있고, 거울은 그녀와 같은 속도로 함께 움직인다. 그러므로 내 거울이 나에 대해 상대적으로 정지해 있는 것처럼 수지의 거울도 수지에 대해 상대적으로 정지해 있다. 수지도 나처럼 레이저 펄스를 양방향으로 쏘아 보내고 두 펄스가 양쪽에서 동시에 그녀에게 돌아오는 위치에 선다. 수지도 나처럼 펄스가 두 개의 거울을 동시에 때렸음을 알고, 수지의 시계에서 그 순간이 정확히 언제인지 계산할 수 있다.

문제는 수지와 내가 얻은 결과가 다르다는 것이다. 수지는 두 사건이 동시에 일어났다고 생각하지만, 내가 볼 때는 동시가 아니다. 내 관점에서 볼 때 수지는 한쪽 거울을 향해 다가가고 다른 거울로부터는 멀어지고 있기 때문이다. 내가 볼 때는 펄스가 수지의 왼쪽 거울에 도달하는 데 걸리는 시간이 다른 펄스가 수지의 오른쪽 거울에 도달하는 데 걸리는 시간보다 짧다. 수지는 그걸 눈치채지 못하는 것 같은데, 펄스가 거울에서 돌아올 때는 반대의 일이 벌어지기 때문이다. 왼쪽 거울에서 튕겨 수지를 향하는 펄스는 수지를 따라잡느라 더 오랜 시간이 걸리고, 반면 오른쪽 거울에서 튕겨 수지를 향하는 펄스는 더 빨리 이동한다.

나는 수지가 실수를 하고 있다고 주장하겠지만, 수지의 관점에서 보면 실수하는 쪽은 '나'다. 그녀가 볼 때 움직이는 것은 나이기 때문이다. 수지는 '내가' 쏜 레이저 펄스가 두 거울에 동시에 맞지 않는다고 말할 것이다(그림 2c와 2d).

누구 말이 맞을까? 맞는 말은 없다. 이 예는 특수상대성이론에서 두 사건이 동시에 일어났다고 하는 서술이 의미가 없음을 보여준다.

이 논거가 성립하는 이유는 단지 빛이 전파할 때 매질이 필요하지 않고, 빛의 속도가 (진공 중에서) 모든 관찰자에게 같기 때문이다. 이를테면 음파(또는 진공에서 빛 외의 다른 신호)로는 이 논거가 성립하지 않는다. 음파나 다른 신호의 속도는 모든 관찰자에게 동일하지 않고, 신호가 전파하는 매질에 따라 달라지기 때문이다. 그 경우 둘 중 한 사람은 객관적으로 맞고 다른 사람은 객관적으로 틀리게 된다. 우리는 아인슈타인 덕분에 당신의 지금과 나의 지금이 같지 않을 수도 있다는 통찰을 얻게 되었다.

* * *

방금 우리는 서로에 대하여 상대적으로 움직이는 두 관찰자의 상황을 지켜보면서, 한 사람에게 동시에 일어난 두 사건은 다른 사람의 관점에서는 그렇지 않다는 것도 확인했다. 이는 참으로 이상할 뿐 아니라 우리가 직관적으로 인식하는 현실 개념을 무너뜨린다.

이 내용을 이해하기 위해, 서로 인과적 접촉이 없는 두 사건을 생각해보자. "인과적 접촉이 없다"는 것은 한 사건에서 다른 사건으로 그 어떤 신호도, 설령 빛의 속도로 움직이는 신호라 하더라도 전달될 수 없다는 뜻이다. 도해적인 의미로 보면, 인과적 접촉이 없는 두 사건을 잇는 직선은 수평선과 이루는 각이 45도보다 작다. 그런데 그림 2b를 다시 보자. 인과적 접촉이 없는 두 사건에 대하여, 이 직선 위의 모든 사건이 동시에 발생하는 것으로 관찰하는 관찰자는 언제나 존재한다. 우리는 그저 이 관찰자의 속도를 잘 선택해서 레이저 펄스가 되돌아오는 지점이 그 선 위에 놓이게만 하면 된다. 그런데 인과적으로 연결되지 않은 어느 두 점이 누군가에게 동시에 일어난다면, 그 누군가에게는 모든 사건이 '지금' 일어나는 것이 된다.

모든 사건이 지금 일어난다는 것의 의미를 파악하기 위해, 나의 탄생과 초신성 폭발을 각각의 사건으로 가정해보자(그림 3 참고). 초신성 폭발은 나의 탄생과 인과적으로 연결되어 있지 않다. 다시 말해 폭발에서 생긴 빛은 내가 태어났을 시점에 지구에 도달

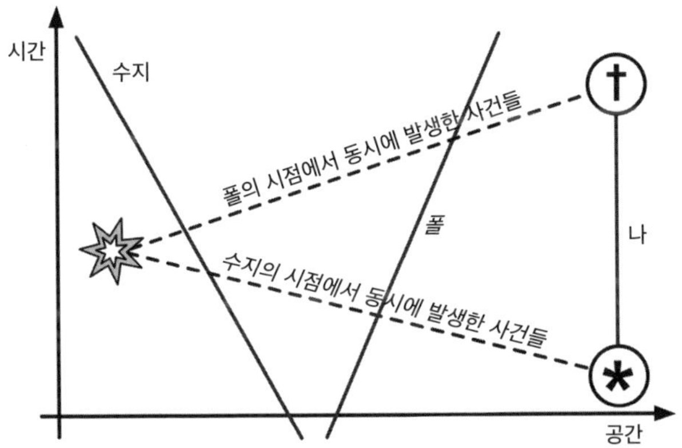

그림 3 어떤 관찰자에게는 인과적으로 연결되지 않은 임의의 두 사건이 동시에 발생한다. 관찰자들의 경험이 모두 타당하다면, 사건들 역시 언제 어디에서 발생했는지와는 무관하게 모두 타당하게 존재한다.

하지 않았다. 이때 내 친구인 우주 여행가 수지가 초신성 폭발과 나의 탄생, 이 두 사건을 동시에 보았다고 해보자. 수지가 볼 때는 이 두 사건이 동시에 발생한 것이다.

더 나아가 내가 죽을 때까지도 초신성의 빛이 지구에 도착하지 못했다고 해보자. 그러면 또 다른 내 친구 폴은, 나와 초신성 사이로 적절히 이동할 경로를 찾아서 나의 죽음과 초신성 폭발을 동시에 볼 수 있을 것이다. 폴이 볼 때는 이 두 사건이 동시에 일어났다. 이제 상상의 친구들을 불러내는 것은 그만하자!

그럼 지금까지 알게 된 내용을 종합해보자. 지금 보이는 구름은 수십분의 1초 전의 구름이지만, 우리들 대부분은 구름이 지금 하늘에 떠 있다고 말한다. 이 말을 하기 위해 우리는 각자가 가진 동시성 개념을 사용하며, 이 개념은 시공간 안에 있는 각자의 움직임에 좌우된다. 우리는 모두 빛의 속도보다 훨씬 느린 속도로 지구 표면 위를 움직이고 있다. 그러므로 우리 모두가 말하는 '지금'은 결국 같은 의미가 되고, 특별히 혼란을 일으킬 일은 없다.

그러나 수지와 폴처럼 지구 외의 다른 곳에서 빛의 속도에 가까운 속도로 움직이는 관찰자들이 각각 가지고 있는 '지금'의 개념들도 모두 동등하게 타당하다. 그리고 원칙적으로 이 개념은 우주 전체로 확장될 수 있다. 이 우주 안에는 나의 탄생과 초신성 폭발을 동시에 보는 관찰자가 있을 수 있으므로, 내가 생각하는 존재의 개념에 따르면 초신성은 나의 탄생 때 존재한다. 또 초신성이 폭발할 때 나의 죽음을 함께 보는 또 다른 관찰자가 있을 수 있으므로, 나의 죽음은 나의 탄생 때 동시에 존재한다.

이 논리를 우주 안 임의의 장소에서 임의의 순간에 발생하는 두 사건으로도 확장시킬 수 있고, 같은 결론에 도달한다. 즉, 아인슈타인의 특수상대성이론의 물리는 우리가 단순히 '지금'이라고 부르는 순간만 존재한다고 제한하는 것을 허용하지 않는다는 것이다. 일단 다른 곳에 '무엇이든' 지금 존재한다는 데 동의한다면,[5] 비록 그것을 나중이 되어서야 보게 되더라도 우주 안에는 '모든 것이' 지금 존재한다는 점을 인정해야 한다.

물리학자들은 특수상대성이론의 이런 당혹스러운 결론을 '블록우주block universe'라고 부른다. 이 블록우주 안에서 미래, 현재, 과거는 같은 방식으로 존재한다. 단지 우리가 같은 방식으로 경험하지 않을 뿐이다. 그리고 모든 시간이 같은 방식으로 존재한다면, 과거의 우리 존재는 (그리고 조상들은) 현재의 우리처럼 같은 방식으로 살아 있다. 그들은 모두 그 자리에, 4차원 시공간 안에 지금도 있으며, 지금까지도 항상 있었고, 앞으로도 언제까지나 그 자리에 있을 것이다. 영국의 코미디언 존 로이드John Lloyd의 말로 정리하자면[6] 이런 것이다. "시간은 풍경과 조금 닮은 점이 있다. 당신이 뉴욕에 있지 않다고 해서 뉴욕이 존재하지 않는다는 의미는 아니다."

아인슈타인이 특수상대성이론과 일반상대성이론을 발표하고 한 세기 이상의 시간이 흘렀다. 그러나 지금 우리는 여전히 '지금'의 진짜 의미를 이해하려 노력하고 있다. 미친 소리처럼 들리겠지만, 과거와 미래가 현재와 같은 방식으로 존재한다는 아이디어는 현재 우리가 알고 있는 모든 과학적 사실과 양립할 수 있다.

영원한 정보

지금 이 순간이 특별한 의미가 없다는 개념을 다른 식으로 볼 수도 있다. **기본 물리학**에서 성공적인 이론들은 다음 두 가지를 요구한다. (1) 서술하고자 하는 대상이 시간 흐름 가운데 어느 한 순간에 어떠했는지에 관한 정보. 이를 **초기 조건**이라고 한다. (2) 이 **초기 상태**로부터 시간 흐름 가운데 다른 순간에 일어날 일을 계산하는 방법. 이를 **진화 법칙**이라고 한다.

미리 말하지만, 여기에서 말하는 '진화'는 찰스 다윈과는 아무 상관이 없다. 이 진화 법칙은 단순히 계의 진화, 즉 계가 시간에 따라 변화하는 과정을 알려준다는 의미일 뿐이다. 예를 들어 지구 대기권에 진입하는 운석의 위치와 속도를 알고 있다면(초기 조건), 여기에 진화 법칙을 적용하여 운석의 충돌 위치를 계산할 수 있다. 그리고 방금 나온 말이지만, "서술하고자 하는 대상"은 전문 용어로 시스템, 또는 '계system'라고 한다. 다소 의아하겠지만 정말이다. 다른 분야에서는 'system'이라는 단어가 구체적인 의미로 쓰이는데, 물리학자들 사이에서는 그야말로 무엇이든, 모든 것을 의미하는 단어로 쓸 수 있다. 이 단어는 무척이나 편리하다. 그래서 나도 그렇게 쓰려고 한다.

따라서 예측을 하고자 할 때는 먼저 어느 한 순간 계의 상태를 알고, 그런 다음 진화 법칙을 써서 이 순간으로부터 다른 어느 때에 이 계가 무슨 일을 할지 계산한다. 그런데 이 작업은 시간의 양방향에 대하여 모두 할 수 있다. 이럴 때 법칙은 **시간 가역성**이 있다고 말한다. 이런 법칙은 마치 영화처럼 앞으로도 뒤로도 돌릴 수 있다.

우리가 경험하는 일상생활에서는 시간의 순방향과 역방향이 매우 다르게 보인다. 달걀이 깨지는 것은 봐도 깨졌던 달걀이 붙는 것은 본 적이 없다. 통나무는 언제나 불에 타고, 불붙었던 통나무가 안 탄 상태가 되지 않는다. 사람들은 항상 나이를 먹으며 저절로 젊어지지 않는다. 나는 3장 전체를 할애하여 시간의 순방향과 역방향이 다르게 보이는 이유를 설명한다. 그러나 이 장에서는 왜 시간이 한쪽 방향만 편애하는지는 잠시 접어두고 법칙의 시간 가역성이 무슨 의미인지만 살펴보기로 한다.

시간 가역성은 시간의 양방향이 똑같아 보인다는 의미가 아니다. 그런 성질은 '시간 되짚기 불변time reversal invariance'이라고 한다. 시간 가역성은 단순히 어느 한 순간의 전체 정보가 주어지면 그 이전 어느 순간에 무슨 일이 있었는지, 그 이후의 어느 순간에 무슨 일이 일어날지를 계산할 수 있다는 의미다.

원칙적으로 미래의 모든 사건이 그 이전의 순간으로부터 계산될 수 있다는 아이디어는 **결정론**이라고 한다. **양자역학**이 발견되기 전,[7] 당시 알려져 있던 자연법칙은 결정론적이었다. 1814년에 프랑스의 과학자[8] 겸 철학자 피에르시몽 라플라스Pierre-Simon Laplace는 모든 것을 다 아는 허구의 존재를 가정하여 그 의미를 조명했다.

> 그렇다면 우리는 우주의 현재 상태를 이전 상태의 효과이면서 뒤이을 상태의 원인으로 보아야 한다. 어느 한 순간에 지성체가 있어, 자연을 구동하는 모든 힘과 이를 구성하는 각각의 상황을 모두 이해할 수 있다면 (이런 자료들을 분석할 수 있을 만큼 충분히 광대한 지성이 있는 존재라면) 그는 가장 거대한 우주의 움직임과 가장 작은 원자의 움직임을 모두 하나의 공식 안에 아우를 것이다. 이로써 그 무엇도 불확실한 것은 없을 것이며, 그의 눈앞에는 과거와 미래가 함께 공존할 것이다.

이렇게 모든 것을 다 아는 '라플라스의 악마'는 이상적인 존재다. 현실에서는 당연히 누구도 확실하게 미래를 예측할 만큼 충분한 정보를 다 갖지 못한다. 우리는 모든 것을 다 아는 존재가 아니니까. 그러나 이 책에서는 현실에서 무슨 계산을 어떻게 하는지에 관한 이야기보다는, 우리에게 실재의 본질을 알려주는 기본 법칙이 무엇이고 또 그 법칙의 성질은 무엇인지를 짚어보려고 한다.

시간 가역성이 있는 법칙은 결정론적이지만, 반대로 결정론적인 법칙이 시간 가역성이 있다고 할 수는 없다. 절대 이길 수 없는 비디오게임을 상상해보자. 당신은 지금 게이머들이 플레이를 하지만 결과적으로는 경기에 패배한 녹화 영상을 보고 있다. 녹화 영상은 필연적으로 동일한 화면을 띄우며 끝날 것이다. '게임 오버'. 이 말은 마지막 화면만 보고서는 그 전에 무슨 일이 있었는지 알 수 없다는 뜻이다. 결과가 결정되었다고 해도 시간 가역적이지는 않기 때문이다. 이와는 대조적으로 시간 가역성이 있는 법칙은 시간 흐름 중 어느 두 순간 사이의 고유의 관계를 빚어낸다. 앞선 비디오 게임의 예에서 다시 설명하자면, 게이머의 어떤 수가 이런 결과로 이어졌는지 정확히 파악할 수 있도록 마지막 장면에 충분한 세부 정보가 포함된다는 의미다.

현재 알려진 자연의 기본 법칙들은 시간 가역적이면서 결정론적이다. 단 두 가지 과정에서는 예외인데 이는 다음 절에서 논의할 것이다. 이런 식으로 현재가 미래를 고정한다는 아이디어는 우리의 결정 능력을 심각하게 제한하고 있는 것 같다. 이것이 자유의지와 관련하여 어떤 의미를 갖는지는 6장에서 논의할 것이다. 지금은 시간 되짚기 불변에만 초점을 맞추기로 하자. 시간 되짚기 불변의 긍정적인 측면은 우리가 지금까지 말하고 생각하고 행동한 모든 정보를 우주가 충실히 기록하여 보관하고 있다는 것이다.

진화 법칙에 숫자를 집어넣으면 예측을 할 수 있다. 앞서 말한 '정보'라는 단어는 모든 숫자를 가리키는 말로 느슨하게 사용했다. 그런 의미에서, 정보란 단순히 어느 특별한 순간에 계의 완벽한 초기 상태를 규정하는 데 필요한 세부 사항에 불과하다. 물리학의 다른 분야에서 쓰이는 '정보'라는 단어는 그 이상의 의미가 있지만, 여기에서는 이런 의미로 '정보'를 사용할 것이다.

진화 법칙은 어느 순간의 초기 상태를 다른 순간의 상태와 대응시켜 우주 안의 물질과 시공간의 변화 과정을 알려줄 뿐이다. 우리는 한 배열 안의 입자들에서 출발해 방정식을 적용하고 다른 배열을 얻는다. 이 배열 안에서 정보는 완벽하게 유지된다. 더 이전 상태를 복원하려면, 진화 법칙을 적용하고 뒤로 돌리면 된다. 현실에서는 이런 일이 불가능하다. 그러나 원칙적으로 정보는 (우리의 정체성에 대한 지극히 세세한 세부 사항까지 모두 포함해서) 파괴될 수 없다.

* * *

이제 시간 가역성의 두 가지 예외 과정을 얘기해보자. 바로 양자역학의 측정, 그리고 블랙홀의 증발이다.

양자역학에는 '파동함수'라고 하는 수학적 객체에 대한 시간 가역성 진화 법칙(슈뢰딩거방정식)이 있다. 일반적으로 파동함수는 Ψ(그리스어 대문자 프사이)로 표기하며 관측하고자 하는 것은 무엇이든(이것이 '계'다) 서술한다. 우리는 파동함수로부터 측정 결과의 확률을 계산하지만, 파동함수 자체는 관측할 수 없다.

파동함수의 원리를 보기 위해 다음 예를 생각해보자. 지금 우리는 양자역학을 이용해 특별한 위치에서 입자가 측정될 확률을 계산하려 한다. 입자가 판에 맞으면 빛을 발하는 발광 판을 사용해 입자를 검출한다. 계산을 해보니 판 왼쪽에서 입자를 발견할 확률이 50퍼센트고, 오른쪽에서 발견할 확률도 50퍼센트로 나온다고 해보자. 양자역학이 해줄 수 있는 말은 이 확률적 예측이 전부다. 우리가 어디에서 정보를 놓쳐서 결과가 확률로 나오는 게 아니다. 그냥 더 이상의 정보가 없을 뿐이다. 파동함수는 입자의 완전한 서술이다. 이는 바로 이 이론이 기본 이론이라는 뜻이다.

그러나 입자를 실제로 측정하는 순간, 우리는 이 입자가 판의 어느 쪽에 있는지 정확히 알게 된다. 다시 말해 판의 어느 쪽에서 입자를 보았는지에 따라 파동함수를 50:50에서 100:0 또는 0:100으로 업데이트해야 한다. 이 업데이트는 흔히 파동함수의 '환원' 또는 '붕괴'라고 불린다. 그런데 '붕괴'는 양자역학에 포함되지 않은 물리적 과정을 암시하기 때문에 오해의 소지가 있다고 본다. 그래서 나는 '업데이트' 또는 '환원'이라는 표현을 고수하겠다. 파동함수의 업데이트가 없으면, 양자역학은 우리가 관측하는 것을 서술해주지 못한다.

"그런데 측정이 뭐죠?" 아마 이렇게 묻는 사람도 있을 것이다. 좋은 질문이다. 양자역학 초창기 때는 이 질문이 물리학자들을 참 많이도 괴롭혔다. 그러나 다행히 이제는 질문의 답을 거의 찾았다. 측정은 계의 양자적 행동을 무너뜨릴 만큼 충분히 강하게 또는 빈번히 일어나는 상호작용이다. 우리는 양자 행동을 무너뜨리는 데 필요한 것만 연산할 수 있다(그리고 수많은 예에서 보듯, 그런 것만 연산해왔다).

가장 중요한 것은 이것이다. 이런 연산들은 양자역학의 측정에 의식을 가진 관찰자가 필요하지 않다는 것을 보여준다. 사실 측정 장치도 필요없다. 공기 분자나 빛의 아주 작은 상호작용만으로도 양자 효과가 무너져 파동함수를 업데이트할 수 있다. 물론 이런 경우를 측정이라고 말하는 것은 상당한 언어 오용이겠지만, 엄밀히 말해서 인간이 만든 물리적 도구와의 상호작용과 자연에 존재하는 환경과의 상호작용 사이에는 별다른 차이가 없다. 그리고 일상생활에서는 환경이 결코 제거될 수 없기 때문에, 일반적인 양자 효과, 이를테면 죽었는데 살아 있는 고양이 같은 것은 우리 눈으로 직접 보지 못한다. 양자 행동은 너무나도 쉽게 무너져 버린다.

이는 양자 도약으로 병을 낫게 한다거나 양자 요동으로부터 에너지를 끌어와 우리 생활을 개선할 수 있다는 주장을 듣지 말아야 할 이유이기도 하다. 이런 얘기들은 단순한 비주류 과학이 아니라 증거와 양립할 수 없는 허구다. 일반적인 환경에서 양자 효과는 분자보다 큰 규모에서 아무 구실도 하지 못한다. 양자 효과가 이토록 유지되고 측정하기 어렵기 때문에, 물리학자들은 거의 절대영도(섭씨 영하 273.15도)에 가까운 온도와 진공 상태에서 실험하기를 좋아하는 것이다.

우리는 측정에 관해서는 꽤 잘 이해하고 있다. 그러나 측정에 따라 파동함수를 업데이트해야 한다는 사실 때문에 양자역학은 **비결정론적**인 동시에 시간 비가역적이 된다. 비결정론적이 되는 이유는 우리가 실질적으로 무엇을 측정할지 예측할 수 없기 때문이다. 우리는 그저 무언가를 측정할 확률만 예측할 수 있을 뿐이다. 시간 비가역적이 되는 이유는, 일단 입자를 측정하고 나면 측정 전의 파동함수가 무엇이었는지 추론할 수 없기 때문이다. 판의 왼쪽에 부딪힌 입자를 측정한다고 해보자. 그러면 그 전에 파동함수가 그 자리에서 입자를 발견할 확률이 50퍼센트라고 했는지 아니면 단지 1퍼센트에 불과하다고 했는지 알 수가 없게 된다. 동일한 측정 결과를 내놓을 수 있는 초기 상태가 무수히 많기 때문이다. 이 말은 양자역학에서는 측정이 정보를 영원히 파괴한다는 의미다.

그런데 양자역학에 관해 하나 알아야 할 점이 있다. 양자역학의 물리학적 해석에 논란의 여지가 상당히 많았다는 것이다. 이론이 수립된 후 반세기도 더 지난 1964년에, 리처드 파인만Richard Feynman은 학생들에게 이렇게 말했다. "양자역학을 이해하는 사람이 아무도 없다고 해도[9] 전혀 틀린 말은 아닐 거라 생각한다." 그 후로 또 반세기가 더 지난 2019년에, 물리학자 숀 캐럴Sean Carroll은 이렇게 썼다. "물리학자들조차 양자역학을 이해하지 못한다."[10]

실제로, 파동함수 자체를 관측할 수 없다는 사실은 물리학자와 철학자들을 지난 100년간 밤잠 설치게 한 딜레마였다. 그러나 여기에서 그들의 토론을 전부 살펴볼 필요는 없다. 양자역학의 해석에 관해 좀 더 알고 싶다면,[11] 주에 내가 추천해놓은 책들을 살펴보길 바란다. 여기에서는 측정 업데이트가 기본적으로 정확하다고 생각하지 않는다면, 현재로서는 그러한 견해도 과학적으로 타당하다는 정도로 정리하겠다. 나도 언젠가 측정 업데이트가 관련 이론 안에서 물리학적 과정으로 대체될 가능성이 크고, 그렇게 되면 다시 결정론적이면서도 시간 가역적인 이론이 될 것이라 생각한다.

이 얘기도 덧붙여야겠다. 현재 가장 인기 있는 양자역학의 해석 가운데 하나(다세계 해석)에서는 측정 업데이트가 전혀 일어나지 않고, 우주의 진화는 여전히 시간 가역적이다. 5장에서 설명하겠지만 나는 다세계 해석을 좋아하지는 않는다. 그러나 현재 연구의 진행 상태를 공정하게 말하자면 다세계 해석은 (지금 당장은) 시간 가역성을 믿는 것이 과학적 지식과 양립할 수 있음을 보여준다.

시간 가역성에 대한 또 다른 예외, 블랙홀의 증발로 넘어가보자. 블랙홀은 시공간이 대단히 크게 휘어 빛이 원을 그리며 맴돌고 빠져나가지 못하는 영역이다. 빛이 붙들려 나가지 못하는 표면을 블랙홀의 '지평'이라고 한다. 가장 단순한 경우, 이 지평은 구의 형태를 띤다. 이 세상에 빛보다 빠른 것은 없으므로, 블랙홀은 지평을 가로지르는 모든 것을 붙잡아 가둔다. 무엇이든 그 안에 빠지면 (원자든 책이든 우주선이든) 영영 돌아 나오지 못한다. 일단 블랙홀 안에 발을 들이면 나머지 우주로부터 영원히 단절된다.

그러나 보이지 않는다고 해서 그것의 존재가 사라졌다는 의미는 아니다. 책을 상자 안에 넣고 뚜껑을 닫으면 나는 더 이상 책을 볼 수 없게 되지만, 그렇다고 책의 정보가 파괴되지는 않는다. 그러므로 단순히 블랙홀 지평이 있다고 해서 정보의 보존에 문제가 되는 것은 아니다. 정보의 '접근성'에는 분명 문제가 되겠지만, 블랙홀이 정보를 무기한으로 계속 저장해둔다면 문제가 될 것은 하나도 없다.

1974년 이전까지는 그랬다. 그런데 1974년에 스티븐 호킹Stephen Hawking이 블랙홀이 영원하지 않다는 것을 보여주었다. 양자 요동으로 인해 블랙홀 지평 주위 시공간은 불안정해진다. 이 영역에서 그 전까지 빈 공간이었던 곳이 입자로 붕괴하는데, 일차적으로 빛알(광자)과 '중성미자'라 불리는 아주 작은 입자로 바뀐다. 이것이 만들어내는 꾸준한 흐름을 '호킹 복사'라고 한다. 이 흐름이 지평으로부터 에너지를 밖으로 운반한다. 블랙홀은 증발하고, 에너지는 보존되어야 하므로, 블랙홀은 수축한다.

그러나 호킹 복사는 블랙홀 내부로부터 방출되는 것은 아니기 때문에, 원래 블랙홀을 형성했거나 이후 그 안으로 떨어진 것에 대한 정보는 이 복사에 포함될 수 없다. 블랙홀 안에 있는 것은 외부로부터 단절되어 있다는 점을 기억하자. 복사에는 정보의 아주 작은 조각들이 실려 있다. 예를 들어 복사를 모두 포착해 모을 수 있다면 블랙홀의 전체 질량과 총 각운동량을 추론할 수 있다. 그러나 지평 너머로 사라진 것의 상세한 내용을 모두 복원하기에 충분한 정보는 실려 있지 않다. 그러므로 블랙홀이 완전히 증발해

버리면 남는 것은 호킹 복사뿐이고, 블랙홀의 초기 상태를 알아낼 방법은 없다. 블랙홀은 한때 백색왜성이었을까, 아니면 중성자별이었을까? 블랙홀은 작은 위성을, 또는 수소 구름을, 또는 불운한 우주 여행자를 집어삼켰을까? 우주 여행자는 마지막으로 무슨 말을 남겼을까? 알 수 없다. 그러므로 블랙홀의 증발은 시간 비가역적이다. 동일한 최종 상태를 빚어낼 초기 상태는 무수히 많다.

표면적으로만 보면 측정 문제와 비슷한 것 같지만, 여기에는 중대한 차이점이 있다. 블랙홀 증발에서 정보 파괴는 복사를 측정하기 전부터 일어난다. 이 점은 상당히 심각한 문제다. 블랙홀 증발이 양자이론의 진화 법칙과도 양립하지 못한다는 의미이기 때문이다. 이런 이유로 인해 오늘날 대부분의 물리학자는 블랙홀이 정보를 파괴한다는 호킹의 결론이 뭔가 잘못되었다고 생각한다.

호킹 자신도 말년에 블랙홀이 정보를 파괴하지 않는다고 생각을 바꿨다. 1974년 호킹의 계산에서 가장 분명한 오류는 중력의 양자적 성질을 포함하지 않은 것이었다. 그리고 중력의 양자이론은 아직 완성되지 않았기 때문에 포함시킬 수가 없다. 이론이 완성되고 그 효과를 반영할 수 있다면 블랙홀 증발의 시간 가역성이 복원될 것이다. 현재 수많은 물리학자가 그러리라고 생각한다.

* * *

요약하자면, 양자 측정과 블랙홀 증발이라는 논란 많은 두 사례 외에 정보는 파괴될 수 없다. 나는 차 열쇠를 어딘가에 두고 잊어버렸을 때 이 사실로부터 많은 위안을 얻는다. 물론 더 진지하게 얘기하자면, 할머니가 돌아가시면 할머니의 정보(할머니가 지켜온 고유의 삶의 방식, 지혜, 친절함, 유머 감각)들은 사실상 돌이킬 수 없게 된다. 이 정보는 우리와 더 이상 소통할 수 없는 형태로 재빠르게 퍼져 확산하고, 더 이상 스스로를 인식할 수 없을 것이다. 그렇다 해도 우리의 수학을 신뢰한다면, 정보는 여전히 존재한다. 어딘가에, 어떤 식으로든, 우주 전체에 퍼져 있지만 영원히 보존된다. 미친 소리 같겠지만, 이는 현재 우리가 아는 모든 지식과 양립할 수 있다.

초월 수학

지금까지 이 장에서 내가 펼친 주장은 자연법칙의 수학적 성질의 해석에 의존한다. 이 방법은 그 자체로 추가적인 검토를 요한다. 유진 위그너Eugene Wigner의 유명한 말처럼, 수학이 자연과학에서 "불합리하도록 효율적"[12]이라는 사실은 참으로 흥미롭다. 실제로 수학은 물리학자들에게 놀랄 만큼 훌륭한 성과를 안겨주었다. 그 증거가 바로 여러분의 눈앞에 있다. 당신이 이 책을 모니터로 읽든 레이저 프린터가 종이 위에 인쇄한 인쇄물로 읽든, 이 책은 현대 기술 발전에 힘입어 여러분에게 전달되었고, 이 기술은 물리학자들이 깊이 파고들어 연구한 양자역학의 수학을 바탕으로 한 것이다. 수학을 모를 수도 있고, 수학을 이해하지 못할 수도 있고, 심지어 싫어할 수도 있겠지만, 수학이 잘 작동한다는 건 의심할 수 없다.

그러나 물리학은 수학이 아니다. 물리학은 과학이고, 물리학의 목적은 자연현상의 관측을 서술하는 것이다. 그렇다. 우리는 물리학에서 수학을 사용한다. 그것도 아주 많이. 지금쯤은 여러분도 눈치챘을 것이다. 그렇지만 우리가 수학을 사용하는 것은 이 세상이 순수한 수학이라고 여기기 때문이 아니다. 어쩌면 세상이 수학일 수도 있다. 이런 가능성을 '플라톤 철학'이라고 부른다. 그러나 플라톤 철학은 과학적 입장이 아닌 철학적 입장을 고수한다. 우리가 관측으로부터 알 수 있는 것은 이 세상을 서술하기에 수학이 '유용하다'는 것뿐이다. 이 세상이 수학으로 서술될 뿐 아니라 그 자체로 '수학'이라는 주장은 추가적인 가정이다. 그리고 이 추가적인 가정은 우리의 관측을 설명하는 데 불필요하므로 과학적이지 않다.

그러나 수학을 영원불변의 진리라고 여기는 수많은 물리학자의 생각에는 실재가 수학이라는 믿음이 깊이 뿌리박혀 있다. 교과서와 논문을 보다 보면 시공간이 특별한 수학적 구조이고, 입자는 틀림없는 수학적 개체라고 설명하는 내용을 쉽게 찾아볼 수 있다. 물리학자들도 수학이 실재라는 아이디어를 의식하면서 말하는 것은 아닐 테고, 혹 누군가 그렇게 물으면 아니라고 대답할 것이다.

그러나 물리학자들은 현실적으로 이 둘을 구분하지 않는다. 이런 융합은 중대한 결과를 초래한다. 물리학자들은 자기가 쓰는 수학이 실재에 관해 실제보다 더 많은 것을 드러낸다고 생각하는 오류를 자주 범한다.

이 같은 사례는 맥스 테그마크Max Tegmark의 "수학적 우주"라는 아이디어에서 가장 극명히 드러난다. 테그마크에 따르면 모든 수학은 실재다. 단순히 우리의 관측을 서술하는 수학뿐만 아니라 그야말로 모든 수학이 다 실재다. 오일러 수, 리만 제타 함수의 0들, 의거리 비-하우스도르프 다양체, p진 갈루아 표현의 절대 공간……. 이런 것들이 다 당신의 발에 달려 있는 엄지발가락처럼 실재라는 것이다.

이런 얘기를 받아들이기가 조금 힘들지도 모르겠다. 그러나 어떤 식으로 받아들이든, 이 얘기가 틀린 건 아니다. 다만 과학적이지 않을 뿐이다. 분명한 것은 우리가 관측하는 내용을 서술할 때 수학이 통째로 다 필요하지는 않다. 우주는 여러 방식 중 하나의 방식으로 존재하므로, 우주를 서술할 때는 아주 구체적인 수학 하나만 있으면 된다. 그리고 과학적 가설에는 불필요한 가정이 포함되어서는 안 된다. 그랬다간 "그리고 신께서 창조하셨다" 같은 서술도 허용될 수 있기 때문이다. 이런 관점에서 볼 때, 모든 수학이 실재라는 가정은 비과학적이면서 불필요하다. 이 가정은 자연을 더 잘 서술하는 데 전혀 도움이 되지 않는다. 그러나 단순히 우리가 쓰지 않는 수학이 많다고 해서 그 수학이 존재하지 않는다는 의미는 아니다. 그런 수학이 존재하지 않는다는 가정 역시 우리의 관측을 서술하는 데 불필요하다. 따라서 과학은 신의 경우와 마찬가지로 그런 수학이 모두 존재하는지 아닌지에 관해 아무것도 알려주지 못한다.

솔직히 나는 테그마크가 단지 자신이 진지한 괴짜임을 온 세상에 알리려고 수학적 우주라는 아이디어를 떠올렸다고 본다. 아마 그 부분은 성공한 것 같은데, 그의 동기가 무엇이었든 실재가 단지 완벽한 수학적 진리의 발현일 뿐이라는 믿음이 나에게는 상당히 위안이 된다는 점만큼은 인정해야겠다. 그게 사실이라면 적어도 이 세상은 말이 되는 것이다. 다만 그것을 말이 되게 하는 수학을 우리가 알지 못하거나 이해하지 못할 뿐이다.

하지만 실재가 수학이라는 생각으로 위안을 삼는다 해도, 실제로 믿지는 못하겠다. 인간이 자연의 언어를 이미, 그것도 이 행성의 표면에 출현한 직후 첫 번째 시도에서 발견해냈다는 생각은 좀 건방진 것 같다. 우리 우주를 이해하는 데 수학보다 더 좋은 방법은 없고, 앞으로 100만 년쯤 더 지나면 그렇다는 걸 알게 될 거라고 장담할 수 있을까? 이것을 '유한한 상상의 원리'라고 부르자. 지금 더 나은 설명이 생각나지 않는다고 해서 그런 것이 존재하지 않는다는 의미는 아니다. 우리가 자연현상을 서술할 방법으로 수학보다 더 좋은 걸 아직 모른다고 해서 그런 게 존재하지 않는다는 의미도 아니다.

그러니까 모든 수학이 존재하기 때문에 수학으로써 과거도 존재한다고 믿고 싶다면, 그건 여러분에게 달린 일이다. 이 장의 앞 절에서 제시한 논거들은 여러분이 수학의 실재를 믿든 믿지 않든 달라지지 않는다. 그러나 그 논거들은 암묵적으로 수학 자체가 영원히 변치 않으며, 수학적 진리는 영원하고, 논리는 바뀌지 않는다고 가정한다. 이 가정은 증명될 수 없다. 그걸 무엇으로 증명할 것인가? 이는 일반적으로 과학 탐구의 근간을 이루는 암묵적 합의 조항 중 하나다.

간단한 답변

현재까지 성립된 자연법칙에 따르면 과거와 현재, 미래는 모두 같은 방식으로 존재한다. 그 이유는, '존재'라는 말의 의미가 정확히 무엇인지와는 상관없이, 이 법칙 안에서 하나의 순간을 다른 순간과 구분할 수 있는 것이 전혀 없기 때문이다. 그러므로 과거는 현재와 정확히 같은 방식으로 존재한다. 얘기가 완전히 정리된 것은 아니지만, 자연법칙은 정보를 온전히 보존하는 것 같다. 그러므로 당신과 당신 할머니의 인생 이야기를 구성하는 모든 세부적인 정보는 영원불멸이다.

2장

물리학은 우주의 시작과 끝을 밝혀낼 수 있는가

Existential
Physics

무언가를 설명한다는 것은 어떤 의미인가

지구는 45억 년 전에 형성되었다. 최초의 원시 생명체는 약 40억 년 전에 출현했다. 자연선택이 나머지 과정을 맡아 여러 생명 종을 탄생시켰고, 이 종들은 점점 더 환경에 잘 적응해나갔다. 그 증거는 그야말로 압도적이다.

과연 그럴까? 지구가 고작 6,000년 전에 생겨났다고 상상해보자(창조론의 주장—옮긴이). 그리고 화석 기록들은 원래부터 그 자리에 있었고 돌들은 오래되어 보이게 만든 것이라고 해보자. 그 순간부터 과학자들이 말하는 대로 진화가 진행되었다고 말이다. 이 이야기가 틀렸다는 것을 여러분은 어떻게 증명하겠는가?

증명할 수 없다.

미안하다. 하지만 쉽지 않을 거라고 미리 경고하지 않았는가!

이 이야기가 틀렸다고 증명하는 것은 불가능하다. 우리가 현재 아는 자연법칙의 작동 방식이 그렇기 때문이다. 앞 장에서 논의한 것처럼, 우리는 초기 상태에 진화 법칙을 적용하여 결과를 얻고, 이 진화 법칙은 시간의 흐름을 따라 또는 시간을 거슬러 모두 적용할 수 있다. 천체의 경로를 예측하고 싶으면 천체의 현재 위치와 속도를 측정하고 그것을 시간 흐름에 따라 앞으로 전개해 나간다. 우주가 수십억 년 전에 어떤 모양새였는지 알고 싶으면, 현재의 관측을 사용해 방정식을 뒤로 돌린다.

그러나 이 방법은 다음과 같은 문제가 있다. 예를 들어보자. 2022년의 지구를 현재 상태로 선택하고 여기에 진화 법칙을 적용하면 그 결과로 기원전 3978년의 과거 상태를 얻을 수 있다. 그런 다음 과거 상태를 현재로 잡고 다시 시간의 순방향으로 전개하면 정확히 2022년으로 돌아온다. 문제는, 이런 작업을 아무 진화 법칙을 가지고 다 할 수 있다는 것이다. 6,000년 전의 '어떤' 상태도 정확한 진화 법칙만 적용하면 오늘날 우리가 관찰하는 정확히 그 결과를 낳게 될 것이다.

사실 내가 마음만 먹었으면 6,000년 전 진화 법칙이 아니라 다른 법칙을 써서 창조주를 포함시킬 수도, 지금 우리가 살고 있는 우주 시뮬레이션을 실행시킬 슈퍼컴퓨터를 추가할 수도 있었다. 원하는 게 뭐든 간에 정말로 무엇이든 할 수 있다. 그렇기 때문에 현재 우리가 쓰는 자연법칙으로는 누군가 또는 무언가에 의해 지구가 지금 이 상태로 창조되었다는 아이디어를 배제할 수가 없는 것이다.

이런 창조 설화들은 거짓임을 입증할 수 없으므로 거짓인지 아닌지 알 수 없다. 그런데 이런 이야기들은 단순히 거짓이냐 아니냐가 문제가 아니다. 진짜 문제는 이런 이야기들이 나쁜 과학적 설명이라는 것이다.

과학적 설명과 비과학적 설명을 구분하는 것이 이 책의 주제이므로, 이 내용은 자세히 살펴볼 필요가 있다. 과학의 목적은 세상을 유용하게 서술할 방법을 찾는 것이다. 여기에서 말하는 '유용함'이란 새로운 실험의 결과를 예측할 수 있게 해주거나, 이미 존재하는 관측을 정량적으로 설명한다는 뜻이다. 설명은 단순할수록 더 유용하다. 우리는 다양한 방식으로 과학 이론의 설명력을 정량화할 수 있다. 데이터 집합을 특정 수준의 정확도까지 맞추려 할 때 필요한 입력의 양을 계산하는 식으로 말이다. 설명력을 정확히 어떻게 정량화하는지는 지금 중요하지 않다. 우리는 다만 그것이 가능하다는 것과, 어떤 분야의 과학자들이 실제로 이런 작업을 하고 있다는 정도만 짚고 넘어가면 충분하다. 우주론은 이런 작업을 자주 수행하는 분야 중 하나다.[13]

생물학이나 고고학 같은 다른 분야에서는 이제 더 이상 수학적 모형을 폭넓게 사용하지 않는다. 따라서 설명력은 일반적으로 정량화될 수 없다. 여러 가지 이유가 있는데, 그중 하나는 관측 자체가 정량적이지 않고 정성적인 형태이기 때문이다. 아무튼 관측의 정량화가 반드시 더 많은 통찰을 낳는 것도 아니므로(이를테면 전쟁의 악에 대한 척도를 발명하는 경우), 그저 모든 것을 방정식이라는 틀 안에 부어 넣어야 하는 것은 아니다. 그러나 정량화는 인간의 의식 때문에 편향된 결론이 나왔다는 의심을 없애는 기능을 한다. 화석 사이의 거리를 수학적 척도로 개발하여 다윈 진화론의 설명력을 정량화하는 경우가 좋은 예가 될 것이다.[14]

과학 이론은 우리가 세상에 관해 하는 이야기를 대폭 단순화한다. 이 단순화는 우리가 과학을 하는 의미마저 구체화한다. 좋은 과학 이론은 적은 수의 가정으로부터 수많은 관측 결과를 계산할 수 있게 해준다. 그러한 단 하나의 예를 꼽자면 단연 양자이론을 들 수 있다. 양자이론을 통해 우리는 화학원소들의 성질을 계산할 수 있다. 이 이론은 아주 적은 것으로부터 많은 것을 설명하므로 대단히 좋은 과학 이론이다. 그에 반해 전지전능한 신이 화학원소를 다 만들었다는 믿음은 좋은 과학 이론이 아니다. 어떤 의미에서는 이 설명이 더 단순하다고 할 수도 있고, 어쩌면 대단히 설득력 있다고 생각할 수도 있겠다. 심지어 자기 경험을 납득하려면 이 믿음이 반드시 필요하다고 여기는 사람도 있을 것이다. 그러나 창조주 가설은 설명력을 정량화할 수 없다. 이 가설로는 아무것도 계산할 수 없다. 그렇다고 틀렸다는 건 아니지만, 확실히 비과학적이다.

6,000년 전에 이 세상 모든 것이 제자리에 있도록 창조되었다는 말은 틀릴 것도 없고, 쓸모도 없다. 이 가설은 정량적으로 대단

히 복잡해서, 초기 조건으로 어마어마한 양의 데이터를 집어넣어야 한다. 그보다는 지구가 생겨난 지 아주 오래되었고 다윈의 진화론이 맡은 바 임무를 해냈다는 가설이 훨씬 더 단순하고 과학적으로 더 나은 설명이다.

이제 과학적인 언어로 무언가를 설명한다는 것의 의미를 알았으니, 오늘날 물리학자들이 설명해내려고 분투하고 있는 사례 중 하나를 들여다보자. 바로 우리 우주의 첫 시작이다.

현대의 창조론

태초에 초끈이 더 높은 차원의 막membrane을 창조했다. 내가 들은 이야기는 이렇지만, 다른 버전도 많다. 어떤 물리학자는 우주가 폭발로 시작되었다고 믿고, 어떤 이는 바운스bounce(우주가 특이점에 가깝도록 수축하다가 다시 팽창한다는 가설. 빅뱅의 특이점을 피하기 위한 제안에서 나온 아이디어다.—옮긴이)가 시초였다고 믿는다. 또 누구는 거품이 틀림없다며 내기를 건다. 누군가는 모든 것이 네트워크로 시작되었다고 말한다. 우주의 시작이 일종의 충돌이었다는 아이디어를 좋아하는 사람도 있고, 절대적 침묵의 영원불멸 단계, 또는 초끈의 기체, 또는 5차원 블랙홀, 또는 자연의 새로운 힘이 시초였다는 아이디어를 좋아하는 사람도 있다.

결국 그런 건 중요하지 않다. 어차피 결과는 같다. 지금 우리가 보는 우주 안에는 우리가 존재한다. 어떤 이야기를 믿든 중요하지 않다는 점은 거대한 경고 신호다. 만일 이것이 과학이라면 옳은 가설을 알려주는 데이터가 있어야 하고, 아니면 적어도 필요한 데이터를 얻을 수 있는 아이디어라도 있어야 한다. 그러나 이런 창조 설화들이 거짓임을 입증할 데이터를 과연 얻을 수 있을지 그 자체도 의심스럽다. 이 이야기들이 거슬러 올라가는 시대는 너무 오래전이라 천체물리학자들이 이런저런 가설들을 구분할 만큼 충분한 데이터 자체가 없다. 따라서 지금의 교착 상태는 극복할 수 없을지도 모른다. 우리가 아는 한, 우리 우주의 시작은 영원히 드러나지 않을 수도 있다.

왜 이런 이야기를 하는지 알려면 먼저 초기 우주에 관한 이론 개발의 배경부터 알아야 한다. 우리는 가능한 한 많은 데이터를 취하고, 거기에서 단순한 설명을 찾는다. 계산할 수 있는 데이터 안에 패턴이 많을수록 설명은 좋아진다. 예를 들어, 오늘날 우주에 관한 정설로 알려진 **조화모형**이 성공을 거둔 이유는 단지 초기 조건을 입력만 하면 현재 상태가 나오기 때문이 아니다. 앞에서도 말했지만 이것은 이미 다른 이론으로도 가능하다. 중요한 점은 조화모형의 초기 조건들이 단순하다는 것이다. 이 이론은 적은 것으로부터 많은 것을 설명한다.

조화모형은 아인슈타인의 일반상대성이론을 응용한 것이다. 이 이론에 따르면 중력은 휘어진 시공간의 결과로 발생한다. 이 부분은 자세히 몰라도 앞으로의 내용을 이해하는 데 지장이 없으니 간단히만 살피고 넘어가겠다. 여기에서는 간단히, 일반상대성 이론에 따르면 물질과 에너지로 채워진 우주가 팽창하고, 팽창 속도는 우주 안에 든 물질과 에너지의 유형과 양에 좌우된다는 것만 알면 된다. 이런 이유로 조화모형은 기본적으로 우주 안에 어떤 물질이 얼마나 많이 있는지를 계속 추적한다. 우리는 그 결과를 보고 팽창률을 추론할 수 있다.

물리학에서는 시간을 거슬러 모형을 돌릴 수 있다. 그렇게 우주의 현재 상태에서 출발해(현재 우주는 은하 안에 들어 있는 물질들과 함께 팽창 중이다) 시간을 거슬러 갈 수 있고, 과거에는 물질들이 한데 뭉쳐 있었을 것이라 추론할 수 있다. 우주는 한때 뜨겁고 덩어리진 부분이 거의 없이 매끄러운 기본 입자들의 국물 같은 상태였을 텐데, 이런 상태를 '플라스마'라고 부른다.

플라스마가 완전히가 아니라 '거의' 매끄러웠다는 점은 중요하다. 플라스마에는 작은 덩어리들이 있었는데, 여기는 밀도가 평균보다 아주 조금 더 높았다. 그 외의 곳에서는 밀도가 아주 조금 낮았다. 그런데 중력은 물질이 다른 물질을 향해 당겨지는 효과를 발생시킨다. 다시 말해 중력은 작은 덩어리들을 뭉쳐 큰 덩어리로 만든다. 믿기지 않는 얘기겠지만, 이 효과는 지난 수십억 년 동안 플라스마의 울퉁불퉁한 작은 덩어리들을 온전한 은하로 키워냈다. 그렇다면 오늘날 우리가 관찰하는 은하의 분포는 초기 우주의 플라스마 안에 든 작은 덩어리들의 분포와 (진화 법칙을 통해) 직접 연관되어 있다. 그러므로 오늘날의 우주를 관측한 자료를 사용해

진화 법칙을 뒤로 돌리면 플라스마 안의 작은 덩어리가 어떻게 생겼는지, 어느 정도 크기였는지, 서로 얼마나 멀리 떨어져 있었는지 등을 추론할 수 있다.

플라스마를 추론하는 관측 자료로 은하의 분포만 있는 것이 아니다. 플라스마 안에서 밀도가 약간 더 높은 점들은 조금 더 뜨겁고, 밀도가 약간 낮은 점들은 약간 더 차갑다. 플라스마의 평균 밀도가 매우 높았다면 불투명한 상태였을 것이다. 이 말은 빛이 방출되자마자 거의 즉시 플라스마에 삼켜진다는 뜻이다. 그러나 플라스마의 밀도가 조금씩 낮아지면서, 기본 입자들이 서로 들러붙어 최초의 작은 원자핵을 형성하게 된다. 이렇게 약 수십만 년이 지나면 플라스마가 충분히 냉각되어 원자핵이 전자를 그 주위에 묶어둘 수 있게 되는 순간이 온다. 이를 재결합recombination이라 한다.* 그 이후에 빛이 다시 플라스마에 흡수될 확률은 매우 낮다. 재결합에서 나온 빛은 이제 자유롭게 팽창하는 우주로 퍼져나간다.

우주가 팽창하면서 빛의 파장은 길어지고 진동수는 감소한다.

* 과학 용어에는 무수히 많은 미스터리가 있지만, 그중 하나가 왜 이 과정을 그냥 결합combination이 아닌 '재결합'이라고 부르는가 하는 것이다. 원자가 이렇게 결합한 것은 아마 이때가 처음이었을 텐데 말이다. 내 추측으로는 이 용어의 기원이 원자물리학이라서 그런 것 같다. 원자물리학에서 플라스마는 냉각되어 재결합이 가능해지기 전에 먼저 가열되어야 한다. '결합' 앞에 '재'가 붙은 이유는 단지 입자를 분리하기에 결합 에너지가 너무 높아서일 것이다.

진동수는 빛의 에너지에 비례하고, 평균 에너지는 온도를 결정하므로 빛의 온도는 팽창과 함께 낮아진다. 이 빛은 오늘날에도 여전히 우리 주위에 있다. 다만 온도가 2.7켈빈(K)으로 대단히 낮다(다시 말해 절대영도보다 섭씨 2.7도 높다는 것이다). 이 빛이 우주 마이크로파 배경 복사cosmic microwave background를 구성한다. 이 이름은 이 복사를 구성하는 대표적인 파장에서 비롯된 것인데, 이 파장은 약 2밀리미터로 전자기 스펙트럼에서 마이크로파 영역에 속한다.•

그러나 하늘의 전방위에서 볼 때 우주 마이크로파 배경 복사의 온도는 정확히 같지 않다. '평균' 온도는 2.7켈빈이지만, 평균을 중심으로 수십만분의 1켈빈의 작은 편차가 있다. 이 말은 어떤 방향에서 오는 빛은 조금 더 따뜻하고 어떤 방향에서 오는 빛은 조금 더 차갑다는 뜻이다. 우주 마이크로파 배경 복사의 온도 요동도 초기 우주 플라스마 안의 밀도 요동까지 거슬러 올라간다.

중요한 점은 이거다. 초기 우주 플라스마에 관한 초기 조건들은 우리가 관측하는 은하의 분포 그리고 우주 마이크로파 배경 복사의 온도 편차와 잘 맞는다. 그러니까 우주론의 조화모형은 수집한 데이터를 단순화한 것이다. 이 모형은 서로 다른 유형의 두 데이터가 대단히 구체적인 방식으로 합쳐지는 이유를 설명한다. 일반적으로 임의의 진화 법칙에 초기 조건을 상정해 그 결과가 관

• 이 파장은 전자레인지에서 사용하는 파장보다 훨씬 짧다. 전자레인지에서는 대개 약 10센티미터대의 파장을 사용한다.

측과 일치하게 만들려면, 계산 결과가 관측에 맞도록 초기 조건으로 아주 많은 정보를 입력해야 한다. 그런데 조화모형은 몇 가지 다른 관측을 설명하기 위해 역학 법칙이나 초기 조건에서 그렇게 많은 정보를 요구하지 않는다. 앞에서 소개했던 용어로 말하자면, 이 모형은 설명력이 높다.

나는 조화모형이 왜 좋은 모형인지 그 의미를 조명하려고 은하의 분포와 우주 마이크로파 배경 복사라는 두 가지 특정 관측 내용을 선택했다. 이런 목적으로 쓸 수 있는 관측은 몇 가지가 더 있다. 이를테면 화학원소들이 풍부하다는 점과 은하가 형성되는 방식도 조화이론을 뒷받침하는 근거가 된다.

조화모형을 좋은 과학 이론으로 보는 이유는 단순하면서도, 굉장히 많은 데이터를 설명하기 때문이다. 현재 수집된 데이터에 최적화된 수치들을 보면, 우주의 5퍼센트만이 우리와 같은 일반 물질로 만들어져 있고, 26퍼센트는 눈에 보이지 않는 **암흑물질**이 성기게 분포해 있으며, 나머지 69퍼센트는 **우주상수**에 해당하는 **암흑에너지**로 구성되어 있다.

빅뱅은 이 모형에 어떻게 맞춰질까? 빅뱅은 우주가 시작되는 첫 순간으로 추정되는 때를 일컫는 이름인데, 아마도 방금 논의한 뜨거운 플라스마 단계 이전에 발생했을 것이다. 순수하게 수학으로만 보자면, 빅뱅이 일어나는 순간 우주의 물질은 밀도가 무한대가 되어야 한다. 그러나 물리적으로는 밀도가 무한대라는 것이 말이 안 된다. 이는 어쩌면 아인슈타인의 일반상대성이론이 대단히 높은 밀도에서는 실패한다는 신호일 가능성이 크다. 그러므로 물리학자들이 일반적으로 '빅뱅'이라고 할 때는, 수학적 특이점이 아니라 개선된 시공간 이론에서 특이점을 대체하게 될 무언가를 가리키는 것이다.•

그러나 빅뱅은 조화모형에 포함되지 않는다. 너무 오래전 일이라 무슨 일이 있었는지 관측할 방법이 전혀 없기 때문이다. 문제는, 우리가 가진 방정식을 시간을 거슬러 돌려보면 플라스마의 밀도와 온도가 계속 증가한다는 것이다. 플라스마는 세계에서 가장 강력한 입자 충돌기로 만들어낼 수 있는 것보다도 더 뜨겁고 더 빽빽한 상태였을 것이다. 그리고 우리는 이 충돌기의 에너지보다 높은 에너지 상태에서 어떤 물리적 과정이 생길지 아예 모른다. 이런 상황을 실험해본 적도 없고, 지금까지 관측해온 바로는 이런 일이 발생하는 상황도 없었다. 심지어 별의 내부에서도 온도와 밀도는 지구에서 발생시킬 수 있는 값을 넘지 않는다. 우리가 아는 자연적인 사건 중에서 그 정도로 높은 밀도까지 도달할 수 있는 유일한 경우는 별이 블랙홀로 붕괴할 때다. 그러나 안타깝게도 이 경우 역시 관찰할 수 없다. 이러한 별의 붕괴는 블랙홀의 지평 너머에 감춰져 있기 때문이다.

• 일부 물리학자와 과학 커뮤니케이터는 '빅뱅'을 우주 팽창이 꽤 진행되고 난 후를 가리키는 단어로 사용한다. 이 경우 빅뱅은 초기 특이점과는 전혀 상관이 없다. 이런 용법은 대단히 큰 혼란을 초래했고 지금도 초래하고 있다. 이 책에서는 빅뱅을 그런 의미로 쓰지 않을 것이다.

이는 단순히 우리가 가진 지식의 작은 공백 수준이 아니다. 빅뱅 때의 에너지는 현재 신뢰할 수 있는 데이터를 가진 에너지보다 적어도 10^{15} 정도 더 높다. 물론, 추정은 할 수 있다. 그리고 확실히 물리학자들은 제멋대로 추정을 해왔다.

가장 직관적인 추정은 조화모형의 진화 방정식에서 바뀐 게 아무것도 없다고 가정하는 것이다. 그러면 아무 데이터도 없는 시대까지 시간을 쭉 거슬러 올라갈 수 있다. 10^{15} 규모를 거슬러 올라가 추정한다는 게 무슨 의미인지 체감할 수 있도록 비교를 해보자면 이런 거다. DNA 가닥의 폭을 지구 반지름까지 늘리면서, 그 사이에 아무 일도 일어나지 않았다고 가정하는 것이다. 이런 외삽이 과연 쓸모가 있을지 심히 의심스럽다. 아무튼, 굳이 그걸 하겠다면 결국 방정식은 무너질 것이다. 우리는 빅뱅 시나리오를 얻게 되고, 그걸로 끝이다. 다소 지루한 얘기다.

그렇지만 시간을 거슬러 올라가 추정하는 것을 제한하는 데이터가 없기 때문에, 물리학자들은 아무 제약 없이 방정식을 바꿔서 더 이른 시대의 상황을 흥미진진하게 꾸며낼 수 있다. 이쪽은 훨씬 더 재미있다. 예를 들면, 물리학자들은 밀도가 지금까지 다뤄온 범위보다 커질 때, 자연의 기본 힘들이 궁극적으로 하나로 합쳐지게 될 거라고 가정한다. 이런 사건을 '대통합grand unification'이라고 한다. 실제로 이런 일이 있었다는 증거는 전혀 없다. 그러나 그러거나 말거나, 수많은 물리학자가 이 얘기를 믿는다. 더 나아가 그들은 진화 방정식을 뜯어고치는 방법을 수백 가지나 고안해냈다. 그걸 여기에서 전부 다 다루지는 못하겠지만, 현재 가장 인기 있는 몇 가지만 간단히 꼽아보겠다.

급팽창

급팽창이론에 따르면, 우주는 급팽창이라고 하는 장field의 양자 요동으로 탄생했다. 이때 말하는 장은 입자와는 달리 공간과 시간에 스며 있는 무언가를 말한다. 장은 어디에나 있다. 양자 요동에서 발현했다는 말은 이것이 심지어 진공에서도 만들어질 수 있다는 뜻이다. 우주는 진공에서 시작되고, 그러다 갑자기, 급팽창 장을 담은 거품이 생겨난다. 이 거품은 계속 팽창한다. 급팽창 장은 우주를 기하급수적으로 빠르게 팽창시킨다. 그래서 이 이론을 '급팽창이론'이라고 부르는 것이다. 물리학자들의 가정에 따르면, 그런 다음 급팽창 장이 오늘날 우리가 관찰하는 입자들로 붕괴했고,• 그다음부터는 조화모형에 따라 모든 일이 진행되었다고 한다.

급팽창 장이 실제로 있었다거나 오늘날의 입자가 급팽창 장의 붕괴에서 생겨났다는 아이디어를 뒷받침할 증거는 전혀 없다. 일부 물리학자들은 급팽창이론이 내놓는 예측은 앞으로의 관측을 통해 거짓으로 입증될 수도 있다고 주장해왔다. 그러나 앞으로 우리가 뭘 관측하든 그 내용에 맞게 급팽창 장의 성질을 선택할 길은 항상 열려 있다. 이 가설이 설명력이 없다는 뜻이다. 급팽창이

• 여기에는 암흑물질을 구성하는 가상의 입자도 포함된다.

물리학자들 사이에서 인기가 있는 이유는 급팽창으로 인해 초기 조건들이 단순해진다고 믿기 때문이다. 그러나 이 주장이 논란의 여지가 있다는 점[15]은 접어두더라도, 이 같은 단순화는 진화 방정식이 복잡해지는 데 따른 비용을 치르고 얻은 것이다.

급팽창 장이 진공에서 우주를 탄생시켰다는 가설은 가끔 무無에서의 창조[16]로 해석되기도 한다. 이를테면 물리학자 로런스 크라우스Lawrence Krauss의 책 『무로부터의 우주*A Universe from Nothing*』에 나오는 이야기처럼 말이다. 그러나 양자 진공은 무가 아니다. 양자 진공은 대단히 구체적인 수학적 성질을 분명하게 가지고 있다. 또한 급팽창이론의 일반적 버전에서는 우주가 창조되기 전에 이미 시간과 공간이 존재했으니 무로부터의 창조는 확실히 아니다.

새로운 힘

물리학자들은 현재 네 가지 기본 힘을 인정한다. 즉 중력, 전자기력, 그리고 강한 핵력과 약한 핵력이다. 우리가 아는 다른 힘들(반데르발스 힘, 마찰력, 근력 등)은 이 네 가지 기본 힘으로부터 발생한다. 물리학자들은 가설로 존재하는 새로운 힘을 '다섯 번째 힘'이라고 부른다. 이 명칭은 (아직은) 구체적인 힘을 언급하지 않지만, 여러 가지 방식으로 이 힘으로 가정되는 후보들이 있다. 그 방식 중 하나는 초기 우주의 가설 조건을 바꾸는 것이다.

후보들 중 하나를 선택해 설명해보겠다. 이 힘은 쿠스쿠톤cuscuton이라는 장에 의해 창조된다. 쿠스쿠톤은 초기 우주 안에 존재했을 것으로 추정되며, 그 이후 사라졌다가[17] 다시 돌아와 요동이 빛의 속도보다 빠르게 이동할 수 있게 했다. 쿠스쿠톤이라는 이름은 요리 쿠스쿠스(좁쌀 모양의 파스타—옮긴이)나 유대류 동물인 쿠스쿠스와는 관련이 없고, 쿠스쿠타*Cuscuta*(실새삼)라는 식물 이름에서 따왔다. 이 기생 식물은 다른 식물과 덤불에 빌붙어 자라고, 솜털처럼 보송보송한 모양이 초록색 가발을 닮았다. 쿠스쿠타는 열대와 아열대 지역에서만 자란다고 한다. 그래서인지 이 식물에 관해서는 들어본 적이 없었다. 쿠스쿠톤 장이 그런 이름을 갖게 된 이유는, 마치 기생충처럼 조화모형의 역학 법칙 위에서 '기생'하기 때문이다.

쿠스쿠톤이 창조한 힘은 물질의 분포에 관해 급팽창이론의 기하급수적 팽창과 비슷한 결과를 내놓으며, 따라서 같은 문제를 안고 있다. 기존 관측을 설명하는 데 굳이 필요가 없고, 조화모형보다 더 단순한 설명을 내놓지 않는 것이다.

쿠스쿠톤은 2006년에 처음 제안되었다. 이것이 다소 편리한 아이디어라는 건 인정한다. 그러나 내가 쿠스쿠톤을 소개한 이유는 쿠스쿠톤이 현재까지 관측된 내용에 한해서는 급팽창과 구분되지 않는다는 점[18]이 밝혀졌기 때문이다. 이는 이런 유의 가설들이 과학 이론과는 정반대로 모호할 뿐 아니라 단순한 이론을 더 복잡하게 만든다는 나의 요점을 뒷받침해주는 사례다.

바운스와 주기

바운스와 주기를 다루는 이론들은 우리 우주의 팽창 이전에 수축하는 단계가 있었다고 주장한다. 이런 이론에서는 빅 바운스Big Bounce가 빅뱅을 대체한다. 그러니까 우리 우주 이전의 우주로부터 지금의 우리 우주로 매끄러운 이행이 있었다는 것이다. 이 이론의 일부 변종에서는 우리 우주가 궁극적으로 또 다른 바운스로 끝맺을 것이며, 이 주기가 무한히 반복된다고 말한다. 이런 주기에는 여러 버전이 있는데, 빅뱅 특이점 중심으로 진화 방정식을 어떻게 바꾸는지에 따라 구분된다.

가장 대중적인 주기 모형으로는 로저 펜로즈Roger Penrose가 제안한 등각 순환 우주론conformal cyclic cosmology이 있다. 에크파이로틱 우주ekpyrotic universe는 원래 저스틴 쿠리Justin Khoury와 동료들이 제안한 것이었다. 펜로즈는 우주의 말기를 다음 우주의 초기에 이어 붙인 반면, 쿠리와 동료들은 우주가 고차원 표면의 여분 차원 충돌에서 탄생했으며 이런 일이 반복적으로 일어날 수 있다고 추측한다. 고리 양자 우주론loop quantum cosmology처럼 중력을 양자역학과 통합하려는 몇 가지 시도에서는 주기가 없는 빅 바운스도 등장한다.

이런 아이디어들의 문제는 (이미 추측했겠지만) 설명력이 없다는 것이다. 이 가설들은 관측의 계산을 단순화하지 않고, 오히려 일을 점점 더 복잡하게 만든다. 이 가설들 중 어느 하나로 귀결되도록 할 관측 결과가 나올지도 심히 의심스럽다.

무경계 제안

무경계 제안은 시간을 초기 우주 바깥의 공간으로 대체함으로써 빅뱅 특이점을 회피한다. '바깥' 공간이라고 쓴 이유는 시간이 존재하지 않을 때는 '이전'이라는 말의 의미가 없기 때문이다. 원이 그려진 종이를 상상해보자. 이 원이 우리가 아는 우주다. 여기에 공간과 시간이 있다. 원 밖의 영역에는 시간이 존재하지 않는다. 이곳은 무엇의 이전이 아니고, 모든 것의 옆이다. 무경계 제안에서는 우리 우주가 바로 이런 식의 공간 안에 박혀 있다고 말한다.

이 아이디어는 원래 스티븐 호킹과 짐 하틀Jim Hartle이 제안했지만, 최근에 고리 양자 우주론의 일부 버전에서 이와 비슷한 시간의 실종이 등장했다. 그렇다. 이것은 시공간을 양자화하는 것과 같은 접근 방식이며, 이것이 바운스를 유발할 수도 있다고 말하는 사람들도 있다. 이 모호함은 단지 수학이 어렵기 때문만이 아니라(물론 수학이 어렵기도 하지만), 아이디어를 수학으로 바꾸는 여러 방법 중 어느 게 옳은지 말해주는 데이터가 없기 때문이기도 하다.

초기 우주에 관한 다른 이론들과 마찬가지로, 이 이론 역시 진화 방정식을 다른 것으로 대체함으로써 작동한다. 무경계 제안도 초기 우주에 관한 이론들이 모두 가지고 있는 문제를 안고 있다. 즉, 관측을 설명하는 데 필요가 없으며 기존 이론을 단순화시키지도 않는다. 제시하는 예측도 모호하다.

기하 창조론

기하 창조론geometrogenesis('기하의 탄생')은 공간이 우주와 함께 창조되었다는 아이디어다. 이 접근법에서 과학자들은 특별히 우주의 탄생 이전 상태를 일종의 네트워크로 서술하는데, 이 네트워크에는 너무 많은 연결이 있어 의미 있는 기하학적 해석으로 이어지기 어렵다. 이 네트워크는 시간 또는 온도에 따라 변화하고[19] 궁극적으로는 아인슈타인 이론의 공간에 근사하는 기하학적 정칙 형태를 띠게 된다.

기하 창조론은 우리가 생각하는 표면들이 모두 (종이나 플라스틱처럼) 매끄럽고 연속적이지만 자세히 들여다보면 더 작은 것으로 만들어져 있고 구멍이 나 있다는 관찰로부터 영감을 받았다. 그러나 다시 말하지만, 관측한 것을 서술하는 데 이 아이디어가 사실상 필요 없다는 점이 문제다. 결국 이런 가설들은 '모른다'가 답임을 인정하지 않으려는 과학자들이 지식의 공백을 메우려고 제안해내는 이야기일 뿐이다.

***

이런 모형들이 아무것도 예측하지 않는다고 주장하는 것은 아니다. 물리학자들도 모두 칼 포퍼Karl Popper의 글을 읽었고, 대개는 무언가를 예측하려 노력한다. 문제는 모형들이 제멋대로 바뀔 수 있고, 어떤 관측이 예측에 맞지 않아도 모형들을 뜯어고치면 쉽게 해결된다는 것이다. 만일 물리학자들이 포퍼 이후의 과학철학 과정을 끝까지 수강했다면 이 방법에 문제가 있음을 알아챘을 것이다. 그러나 그들은 그러지 않았고, 그 탓에 우리는 우주의 시작에 관한 오만가지 이야기를 다 듣게 되었다. 게다가 실제로 관측한 것을 설명하는 데 써먹을 수 있는 건 사실상 단 한 개도 없다.

여기에서 나의 목적은 우주론을 싹 다 갖다 버리려는 게 아니다. 음, 솔직히 조금은 그러고 싶은 마음도 있다. 그러나 우주론을 연구하면서 우주에 관하여 정말로 놀라운 사실들을 알게 됐다는 점도 염두에 두어야 한다. 100년 전 우리는 우리 은하 너머에 다른 은하가 있다는 것도, 우주가 팽창하는 것도 알지 못했다. 이런 성과들을 과소평가할 생각은 전혀 없다. 우주론은 끝났다고 주장하고 싶은 것도 아니다. 오늘날 우주에 관한 최고의 모형인 조화모형은 확실히 최첨단은 아니다. 데이터가 앞으로도 오랫동안 계속 나아질 것이라 예측할 수도 있다. 그러다 보면 어떤 모형들은 배제될 것이고(어쩌면 그중에 조화모형도 포함될 수 있겠다) 새롭고 더 나은 모형이 제안되고 수립될 것이다. 이렇게 개선된 모형들은 조화모형보다 더 이전까지 시간을 거슬러 올라가 확장될지도 모른다.

그렇다 해도, 우주론 연구가 제한적인 이유는 다음의 두 가지 문제 때문이다. 첫째, 초기 우주에 관한 모든 가설(앞에서 나열한 것과 여러분이 어디선가 들어보았을 다른 것들)은 순수한 추정이다. 이런 가설들은 수학이라는 언어로 쓰인 현대판 창조 설화다. 여기에는 증거가 없을뿐더러 그중 옳은 가설을 가려내려는 논쟁을 잠재울 수 있는 증거가 무엇일지 그 자체를 생각해내기도 어렵다. 이런 가설들은 주어지는 데이터를 모두 다 수용하도록 매우 유연하게 만들 수 있기 때문이다.

둘째, 초기 우주의 설명에 관해서라면 물리학자들은 극복할 수 없는 근본적인 문제에 직면하게 된다. 오늘날의 이론들은 모두 단순한 초기 조건에 의존한다. 이건 선택이 아니고, 우리의 설명 방식이 작동하기 위해 필수적이다. 초기 조건들을 복잡하게 만들어야 하는 경우라면 아무리 단순한 진화 법칙을 쓴다 하더라도 이론에 설명력이 생기지 않는다. 우리 우주의 이전 단계가 은하를 형성해낸 뜨거운 플라스마보다 더 어렵게 서술된다면, 우리가 가진 모든 과학적 방법론은 기능을 멈추게 될 것이다. 설령 그 가설이 옳다고 해도, 단순한 가설 앞에 더 어려운 이야기를 덧붙이는 것을 허용할 이론적 근거가 없다.

내 생각에 이 교착 상태를 극복할 유일한 방법은 초기 조건을 요구하지 않으면서 모든 시간에 동시에 적용되는 이론을 궁극적으로 개발하는 것이다. 지금 당장 그런 이론은 없으므로, 이 역시 순수한 추정이다.

종말

우리 우주에 관한 현재 이론을 바탕으로 먼 미래를 추정하면 그 결과는, 한 마디로 말해서 어둠이다. 약 40억 년 내에 이웃 은하인 안드로메다가 우리 은하와 충돌할 것이다. 태양은 약 80억 년 후에 핵연료를 전부 소진하여 다 타버리고, 궁극적으로는 다른 별들도 모두 다 사그라질 것이다. 물질은 차가워져 뭉치고 그 대부분은 블랙홀로 생을 마감할 것이고, 우주의 팽창은 점점 더 빨라져서 우리로부터 멀어지는 은하들의 희미한 섬광은 점점 더 보기 어려워질 것이다. 밤하늘은 완전히 깜깜해질 것이다.

그러나 어차피 누구도 그걸 볼 만큼 오래 살아남지 못한다. 우주는 오직 제한된, 축복받은 시간 틀 안에서만 생명을 지원해줄 뿐이고 마침 우리는 그 틀 안에 있다. 이것은 우리가 '생명'의 개념을 얼마나 유연하게 정의할 수 있는가와는 상관없는 문제다. 어차피 쓸 수 있는 에너지가 결국 다 소진될 것이기 때문이다. 우리와는 완전히 다른 생명 형태를 상상한다 해도(이를테면 프리먼 다이슨Freeman Dyson은 기체 성간운에서 형성될 수 있는 생명을 추정했다), 그것들 역시 결국에는 같은 문제의 희생자로 전락할 것이다. 생명은 변화를 요구하고, 변화는 자유에너지를 요구하고, 이 자유에너지의 공급은 제한되어 있다. 이를 다르게 표현하자면, 엔트로피는 감소할 수 없다. 엔트로피에 관해서는 3장에서 더 논의할 텐데, 일단 지금은 아주 먼 미래까지의 추정을 어디까지 신뢰할 것인지 비판적인 시선을 갖도록 하자.

이렇게 이야기를 시작해보자. 우리는 현재의 자연법칙이 당장 내일도 똑같은 모습을 유지할지 알지 못한다. 그러나 과학에서는,

자연법칙은 언제까지나 이 모습을 그대로 유지할 것이며 한순간 바뀌지 않았을 것이라는 암묵적인 믿음이 있다.

18세기의 데이비드 흄David Hume은 이것을 '귀납법의 문제'라고 불렀다. 과거의 관측을 바탕으로 미래 사건의 확률을 추론할 때, 우리는 암암리에 자연은 한결같고 일정하며 그 진행 과정을 신뢰할 수 있다고 가정한다. 자연법칙[20]은 갑자기 바뀌지 않는다. 만일 획획 바뀐다면 애초에 그걸 법칙이라고 부르지 않았을 것이다.

그러나 우리는 자연이 한결같다고 가정하는 실수를 저지른 것인지도 모른다. 버트런드 러셀Bertrand Russell은 1912년에 쓴 『철학의 문제들*The Problems of Philosophy*』이라는 책에서, 흄의 주장을 농장의 법칙[21]을 추론하려는 닭의 시도에 비유했다. 농장의 닭은 매일 아침 9시가 되면 언제나 모이를 받아먹는다. 그러던 어느 날 농부가 닭의 모가지를 따버린다. "닭이 한결같은 자연에 관해 좀 더 세련된 견해를 가졌더라면 도움이 되었을 것이다." 러셀은 이렇게 결론을 맺었다.

18세기에 흄이 지적했던 문제는 오늘날에도 여전히 문제고, 영영 풀리지 않는 문제가 될 수도 있다. 한결같은 자연 그 자체는 분명히 과거 관측을 바탕으로 기대할 수 있는 것이지만, 그 자체를 확증하려고 가정을 사용할 수 없다. 예측할 수 없는 어떤 일이 절대로 일어나지 않으리라고 예측하는 건 불가능하다.

자연법칙이 수학적이 되면 해결될 거라는 희망을 품고 있다면, 미안하다. 그것도 도움이 되지 않는다. 지금까지 우리가 확인해온 법칙과 크게 다르지 않으면서도 내일 당장 태양계를 날려버릴 수 있는 수학 법칙을 고안하는 건 일도 아니다. 이것을 지지하는 것도 없지만, 여기에 반대하는 것도 없다. 더 영리한 닭은 농부의 의도를 추론할 수도 있었겠지만, 닭의 추론이 맞는지를 추론하는 것은 여전히 불가능하다.

도대체 무슨 일이 일어나고 있는 걸까? 위키피디아 문서에서 97퍼센트는,[22] 첫 번째 링크를 클릭하고 그 안의 외부 문서를 반복해 클릭하면 최종적으로 철학에 관한 항목에 도달한다고 한다. 철학은 지식의 종착점이며, 과학적 방법도 예외가 될 수 없다. 과학적 방법은 작동하는가? 그렇다. 그게 왜 작동하는가? 근본적으로 우리는 모른다. 그리고 그게 왜 작동하는지를 모르기 때문에 앞으로도 계속 작동할 것인지 확신할 수 없다.

그렇다면 애당초 과학을 왜 하는가? 우주가 언제라도 산산조각이 나버릴 수도 있는데 왜? 학부생 시절 흄의 귀납법 문제를 처음 배웠을 때, 나는 완전히 당황했다. 누군가 내가 딛고 서 있던 실재의 카펫을 확 잡아당겨서, 그 아래 입을 크게 벌리고 있는 허공이 드러난 것 같은 기분이었다. 왜 나에게 이런 걸 경고해준 사람이 아무도 없었을까?

그러나 곧 그런 생각이 들었다. "뭐, 그래봤자 무슨 상관이람?" 자연법칙은 지금까지처럼 계속 작동하거나, 아니면 그렇지 않거나 둘 중 하나다. 자연법칙이 계속 유지된다면 과학적 방법은 여전히 유용할 것이고 어떻게 행동해야 우리의 필요에 가장 잘 맞을지 결정하는 데 도움이 될 것이다. 자연법칙이 유지되지 않는다면 어차피 우리가 할 수 있는 건 아무것도 없고, 여기에 대비할 방법도 없다. 그렇다면 굳이 고민할 이유가 뭔가? 나는 카펫을 다시 펼쳤다. 그 아래에는 여전히 허공이 도사리고 있겠지만, 나는 그 허공과 함께 살아갈 수 있다. 아마 나는 철학자가 될 팔자는 아니었던 것 같다.

우주의 종말에 관한 무서운 이야기에도 나의 반응은 마찬가지다. 아무튼 그것에 대해 할 수 있는 게 아무것도 없다면, 조바심을 내봐야 아무 의미도 없다.

우주가 자발적 진공 붕괴를 겪을 위험을 예로 들어보자. 이 말은 진공이 갑자기, 불쑥 생겨난 입자로 분해될 수 있다는 뜻이다. 만일 이런 일이 일어나면 그 전까지 빈 공간이었던 곳으로 어마어마한 양의 에너지가 풀려나게 된다. 모든 물질은 순간적으로 산산조각이 날 것이다. 우리는 이런 가능성을 배제하지 못한다. 지금까지의 관측은 단순히 진공이 아직 붕괴한 적이 한 번도 없다고만 말해주기 때문이다. 이는 결국 우리가 정말로 안정적인 진공과 단순히 오래 지속되는 진공, 또는 물리학자들의 표현대로 준안정적인 진공을 구분할 수 없다는 의미다. 이쯤 되면 우리는 모이가 아닌 진공을 기대하는 러셀의 닭인 셈이다.

또 다른 예로 어둠 속에서 빛나는 야광 스티커를 생각해보자. 야광 스티커는 준안정 상태에서 작동한다. 여기에 사용되는 도료는 인광성 원자를 포함하고 있다. 이 원자에 빛을 쬐면, 원자들은 일시적으로 전자를 더 높은 준안정 에너지준위로 올려 보내 빛을 저장한다. 전자가 다시 낮은 준위로 떨어지면 원자는 에너지를 빛의 형태로 방출하고, 그러면 빛이 난다.

이런 인광성 원자들처럼 진공도 붕괴를 겪을 수 있다. 그리고 그것은 양자 과정이기 때문에, 우리가 볼 수 있게 천천히 시작되지는 않을 것 같다. 이 과정은 아무런 사전 경고 없이, 특정 확률에 따라 특정 시간 내에 일어난다.

우리 진공이 붕괴할 수 있는지 없는지는 우리가 정확한 값을 모르는 두 개의 매개변수에 좌우된다. 현재까지 최선의 추정에 따르면 그렇다. 우주는 붕괴할 수 있다. 그런데 우주의 평균 수명은 약 10^{500}년 정도다. 이것은 어마어마하게 큰 수라서 따로 부르는 이름도 없다. 그러나 이것은 어쨌든 '평균' 수명이다. 그러니까 진공이 이보다 훨씬 일찍 붕괴할 확률이 낮다는 의미다. 진공이 더 일찍 붕괴할 수도 있다. 다만 그럴 확률이 매우 낮을 뿐이다.

하지만 내가 볼 때 이런 비슷한 유형의 추정치들은 의미가 없다. 이런 추정을 하려면 10의 수십 제곱이 넘는 수를 계산해 우리가 알지 못하는 물리까지 파고 들어가야 한다. 거리로 치면 약 10^{-35}미터까지 내려가야 하는데, 오늘날 최고 수준의 실험에서 갈 수 있는 거리는 고작 10^{-20}미터밖에 되지 못한다.* 만일 이 영역에서

- 10^{-35}미터는 흔히 '플랑크 길이'라고 불리는데, 이 규모에서부터 양자중력이 중요해진다고 알려져 있다. 10^{-20}미터는 현재 세계에서 가장 거대한 입자 충돌기인 세른CERN의 거대 강입자 충돌기에서 탐색하는 거리다.

우리가 아직 모르는 것이 있다면 (그렇게 생각할 만한 충분한 근거가 있다) 추정치는 틀린 것이 된다. 그러니까, 간단히 말하자면 '우리는 모른다'는 것이다.

우주의 종말에 관한 다른 이야기들도 비슷하다. 분명히 우리가 아는 자연법칙을 취해 추정할 수 있다. 그리고 실제로 해보면 꽤 재미있다. 그러나 귀납법의 문제는 일단 접어두더라도, 더 먼 미래를 내다볼수록 예측은 더 불확실해진다. 아주 느리거나 드물게 발생해서 지금까지 관측하지 못한 물리적 과정도 먼 미래에는 유의미해질 수 있다.

일례로 물리학자 다수의 추정에 따르면, 원자핵을 구성하는 입자 중 하나인 양성자는 불안정해질 수 있지만 수명이 굉장히 길어서 아직 우리가 양성자 붕괴를 목격하지 못한 것이라고 한다. 그럴 수도 있고, 아닐 수도 있다. 블랙홀의 증발도, 그 과정이 너무 느리게 일어나서 우리가 측정할 수 없다고 한다. 설령 블랙홀이 증발된다 하더라도 우리에게는 이를 확인할 증거가 전혀 없다.

먼 미래에 암흑에너지에 무슨 일이 생길지 우리는 알지 못한다. 암흑에너지의 양이 변한다는 증거는 아직 찾지 못했지만, 이 양이 실제로 느리게 변화하고 있다 해도 우리는 측정하지 못할 것이다. 그러나 암흑에너지의 총량이 변하고 있다면, 그 변화 속도가 극도로 느려도 팽창률에는 큰 변화가 일어날 것이다. 실제로 50억 년 전 우주(지구는 아직 태어나기 전이지만 다른 행성에서는 생명이 발생했을 가능성이 있는 시대)에서는 아마 암흑에너지를 아예

측정할 수 없었을 것이다. 그때는 암흑에너지가 미치는 영향이 훨씬 더 작아서, 우주의 팽창을 가속하기에는 역부족이었을 것이기 때문이다.

로런스 크라우스는 자신이 겨우 1조 년 이후의 미래를 예측할 수 있을 뿐이라고 농담을 한 적이 있다. 어차피 그때가 되면 자기 말이 맞는지 확인할 사람이 아무도 없다는 것이다. 내가 볼 때 신뢰성 높고 덜 웃긴 예측은, 확인할 사람이 아무도 없을 거라는 예측이 틀렸다고 판명될 때 크라우스가 그 자리에 없으리라는 것이다. 어느 쪽이 맞든, 우주의 종말에 관한 물리학자들의 예측을 신뢰해서는 안 된다. 그럴 바엔 차라리 초파리에게 내일 날씨를 물어보는 편이 더 낫다.

간단한 답변

우리는 과학 이론을 단순화하여 개선한다. 초기 우주에 관한 이론은 이런 단순화에 한계가 있는 듯 보인다. 따라서 우주의 시초에 관한 수많은 이론 중 어느 것이 맞는지 우리는 영영 모를 수도 있다. 이것이 우주의 시초에 관한 이론의 현재 상태다. 우주의 종말에 관해서는, 변화하는 현상이 굉장히 드물거나 그 과정이 너무 느려서 아예 관측할 수가 없다 보니 정말로 아는 게 전혀 없다. 그러니 이런 이야기들은 너무 진지하게 받아들이지 말고 원하는 대로 자유롭게 믿도록 하자.

과연 수학이 전부인가

2018년 가을, 나는 런던에 있는 왕립학회에서 깜짝 놀랄 만한 초대장을 받았다. 그들은 나에게 인공지능을 주제로 한 저녁 만찬 강연에 참석해달라고 부탁했다. 보낸 사람을 확인해보니 노벨상 수상자이기도 한 왕립학회장이 직접 보낸 것이었다. 내가 인공지능에 관해 아는 거라곤 일반적으로 줄여서 AI라고 불린다는 정도밖에 없었으므로, 이 초대장이 실수로 나한테 온 것이라고 생각했다. 나는 답장을 보내지 않았다.

몇 주가 지나고, 회신을 요청하는 정중한 편지가 왔다. 나는 초대장을 엉뚱한 사람에게 보내신 것 같다고 답장을 써서 보냈다. 그랬더니 나한테 보낸 게 맞다는 확답이 왔다. 농담이 아니고 정말로. 그래서 생각해봤다. "흠, 런던까지 공짜 여행에 저녁밥도 준단 말이지." 과연 누가 이런 제안을 거절할 수 있겠는가?

그렇게 해서 2월의 어느 저녁, 나는 왕립학회 건물에 들어가게 되었다. 커다란 타원형 테이블에 둘러앉은, 화려한 직함과 수상 경력을 소유한 사람들 사이에 끼어 있자니 잘못 온 것 같다는 느낌에 잔뜩 주눅이 들었다. 내가 어색하게 자리에 앉자 한 영국 신사가 다가와 자신을 기후과학자라고 소개하고는, 그가 속한 옥스퍼드대학교 연구팀이 구름 연구에 인공지능을 사용하기 때문에 이 자리에 왔다고 말했다. 그의 이름은 팀 파머였고, 그의 연구팀은 기후변화에 관한 정부 간 협의체(IPCC)에서의 연구로 2007년 노벨상을 받았다.

당시에는 기억하지 못했지만, 1년쯤 전에 팀 파머가 나에게 이메일을 보낸 적 있었다. 나는 그 메일을 보고 남편에게, 이제는 기후과학자들에게도 양자역학에 대변혁을 일으킬 아이디어가 떠올랐나 보다 하고 농담했다. 실제로 그날 저녁 만찬이 끝나고, 팀은 하고많은 주제 가운데에서도 양자역학의 관점에서 보는 자유의지에 관해 할 얘기가 있다며 나에게 말을 걸었다. 나는 실례한다고 인사하고 차갑고 어두운 런던 거리에 그를 세워둔 채 떠났다.

그러나 팀 파머는 포기를 모르는 사람이었다. 그는 양자역학을 개선하기 위해 최근에 무엇을 하고 있는지 유쾌한 글로 기록해 꼬박꼬박 나에게 보내주었다. 나는 최선을 다해 그를 무시했다. 몇 개월 후 글을 써야 해서 기후과학자를 인터뷰할 일이 생기지 않았다면 그를 끝까지 무시할 수 있었을지도 모른다.

1년 후, 우리는 함께 논문을 쓰고, 일반인을 위한 과학 기사를 함께 발표하고, 같이 노래도 녹음했다. 나중에 알고 보니 팀과 나는 기본 물리학 분야가 정체되어 있다는 비슷한 결론에 독립적으로 도달해 있었다. 그와 나는 물리학자들이 **환원주의**를 지나치게 신뢰해서, 더 짧은 거리를 들여다보면 자연에 대해 더 깊은 통찰을 얻을 수 있으리라는 믿음에 매몰되어 있다는 점을 지적했다. 우리가 정말로 어디까지 알고 있는지 그리고 앞으로 어디까지 알 수 있는지에 관한 의문이 이 책 전체의 주제이기 때문에, 나는 다시 한번 그를 인터뷰하기로 했다. 이번에는 옥스퍼드대학교 내 그의 사무실에서 그를 만났다.

＊＊＊

팀의 사무실에 들어서면 판지 위의 아인슈타인이 문가에서 손님을 맞이한다. 판지를 받쳐주는 화이트보드에는 난기류를 수학적으로 서술하는 나비에-스토크스 방정식이 휘갈겨 쓰여 있다. 이 장면이 팀의 열정을 한눈에 요약해 보여주고 있다(시공간 기하와 혼돈 이론의 결합). 그리고 책상 뒤로 걸린 유럽 국기가 영국의 유럽연합 탈퇴를 애도하고 있었다.

나는 첫 질문을 던지기에 앞서 잠깐 망설였다. 과학자들은 이 질문을 받으면 내게 우스꽝스러운 표정을 지어 보이곤 한다. 그래도 인터뷰와 관련된 질문이라 생각해서, 그에게 종교가 있냐고 물으며 인터뷰를 시작했다.

"아뇨. 아뇨, 없어요." 팀이 대답했다. 그는 아인슈타인 스타일의 머리를 세차게 휘저으며 덧붙였다. "그러니까 나는 신앙이 없어요. 하지만 신이 존재하지 않는다는 걸 증명할 수 있다고 단호하게 말하는 사람들한테는 약간 거부감이 들어요." 그는 신앙인들이 모두 어리석거나, 무지하거나, 아니면 둘 다라고 몰아붙이는, 리처드 도킨스Richard Dawkins 같은 과학자들에게 약간의 불만을 품고 있다. 나는 이런 과학자들이 극소수라는 것을 안다.

팀은 말을 이어갔다. "이게 좀 짜증 나는 이유가 뭐냐면, 미국에는 목소리가 큰 창조론자들이 많이 있는 것뿐이란 말이죠. 하지만 전통적인 무슬림 가정도 마찬가지로 이 창조론 신앙을 고수한다는 걸 기억해야 합니다. 나는 가톨릭 집안에서 자랐고, 그래서 그런 얘기에 남의 문화를 공격하는 요소가 있다는 걸 잘 알아요. 창조론을 향한 과학자들의 그런 태도가 젊은이들을 소외시킬 수 있다는 게 짜증 난다는 겁니다. 그렇지 않았다면 많은 젊은이가 열린 마음으로 과학계에 입문했을 텐데 말이죠.

그래서 나는 이렇게 생각하려고 합니다. 그런 믿음, 즉 신이 6,000년 전에 우주를 창조했다는 믿음이 바보 같지 않고, 지금 우리가 알고 있는 과학과 반목하지 않는, 그런 상황을 구상할 수 있을까?"

과학자들이 때때로 자기 학문 분야의 경계를 넘어선다는 팀의 의견에 동의한다. 물론 어떤 종교적 믿음은 증거와 양립할 수 없다고 밝혀지기도 한다. 예를 들어 인간은 공룡과 함께 지구에 살지 않았고, 사람들 앞에서 성관계를 갖는다고 바나나 수확량이 늘지도 않는다[23](파푸아뉴기니의 사이비 교주가 추종자들을 세뇌해 논란이 된 사건—옮긴이). 그러나 과학에는 한계가 있다. 과학자들은 아이들에게 종교를 가르치는 게 '아동 학대'라고 주장하기보다는[24](물리학자 로런스 크라우스의 주장이다) 과학이 수많은 전통 신앙과 양립할 수 있다는 것을 인지해야 한다는 것이 내 의견이다.

팀은 자기 주장을 계속 펼쳤다. "그러니까 현재의 표준 논증은 우주가 6,000년 전에 창조되었다는 생각이 바보 같다는 거잖아요. 지구의 나이가 수십억 년은 된다고 알려져 있고, 별의 나이는 그보다 더 많고, 이런 증거들을 바탕으로 우주가 6,000년보다는 훨씬 더 오래됐다는 게 명백하다는 것이죠.

하지만 문득 이런 생각이 들었어요. '창조'라는 말의 의미는 도대체 뭔가? 예를 들어 원자의 창조를 생각해봅시다. 원자란 무엇인가요? 흠, 오늘날의 과학이 말할 수 있는 건 우리가 원자를 방정식으로 서술할 수 있다는 것입니다. 우리에겐 수학 법칙이 있어요. 그리고 원자에 관해서 뭐든 알고 싶은 게 있으면 방정식이 그걸 말해주겠죠. 하지만 수학은 원자가 '무엇인지'는 말해주지 않아요. 원자는 단순히 수학인가요? 모든 것은 수학인가요? 아니면 무언가를 실재하도록 만들어주는 어떤 것이, 그게 물질인지 뭔지는 모르겠지만, 아무튼 그런 것이 존재하는데 단순히 현대 과학의 울타리 안에 포함되지 않은 것은 아닐까요?

그리고 그 답은, 아무도 모른다는 겁니다. 호킹은 『시간의 역

사: 빅뱅에서 블랙홀까지*A Brief History of Time*』에서[25] 그 유명한 질문을 던졌죠. 방정식에 '불을 뿜어' 우주로 만든 것은 무엇인가? 어쩌면 우리 주위의 우주에는 단순히 수학만은 아닌 어떤 것이 있을지도 몰라요."

팀은 주의를 주었다. "도발을 하려는 건 아닙니다. 하지만 신이 우주를 창조했다는 얘기도 수학적으로 말할 수 있어요. 그리고 그 수학으로 먼지가 덩어리로 뭉쳐 뜨거워지고, 충분히 뜨거워져서 핵융합도 하고 에너지도 만들고 원소들도 만들고, 뭐 그런 내용을 서술하는 겁니다. 사실 이런 것들은 다 그냥 수학이잖아요. 그러다가 6,000년 전에, 신이 싫증이 나서 말하는 겁니다. '아, 좀 지겹구나. 이제는 진짜를 만들어야겠어.' 그런 다음 요술 지팡이를 휘두르고, 바로 그 순간 진짜들이 나타났던 거죠.

나는 궁금했어요. '과학은 이런 이야기를 어떻게 다룰까? 과학에서 창조 이전과 이후 시대를 구분하는 것은 무엇인가?' 그런 건 없습니다. 화학은 물리학이 뒷받침해주고, 물리학은 수학이 뒷받침해주거든요. 그러니까 과학은 이 창조의 순간에 관해 해줄 수 있는 말이 아예 없는 겁니다.

그래서 내 생각은 이래요. 세상이 몇천 년 전에 창조되었다는 믿음을 가지고 성장한 사람들도 쉽게 빠져나갈 방법이 있습니다. 6,000년 전에 신이 우주를 창조했고 그 전에는 모든 게 그냥 수학 방정식이었다고 하면 돼요. 이 얘기는 전혀 비과학적이지 않아요. 지금 우리의 과학 문헌과 어긋나는 내용이 전혀 없습니다. 저는

'무과학'이라는 말을 좋아해요. 과학은 여기에 관해 아무것도 할 말이 없습니다. 적어도 현재의 과학은요. 지금 우리는 정말로 심오하게 알지 못하는 그런 게 있어요. 이것도 그중 하나입니다. 수학은 단순히 세상을 서술하는 도구일까요, 아니면 수학이 세상 그 자체인 걸까요? 이 주제로 논쟁은 할 수 있겠죠. 하지만 과학적으로 할 수 있는 말은 없어요."

나는 팀에게 과학적 지식의 틈을 믿음으로 메우는 다른 예를 들어달라고 부탁했고, 그는 빅뱅을 예로 들었다. "신학에서 내놓는 답과 과학의 답을 구분할 방법이 전혀 없는 상황이에요. 앞으로도 그럴 거예요. 지금 것보다 더 나은, 더 이전의 영겁이 있었다는 이론이 나오지 않는 한."

물론 그는 자신의 이론을 말하는 것이다. 그의 이론은 초기 법칙과 현재 물리학자들이 사용하는 미분방정식 사이의 경계를 없앤다. 그 대신 팀은, 우주와 그 안의 모든 것을 우주 안 물질의 배열을 사용하여 모든 시간에 대해 전체로서 서술해야 한다고 주장한다. 이 배열의 기하는 어떤 입자 구성이 가능한지, 그리고 그 구성이 반복될 가능성은 얼마나 되는지 새로운 통찰을 제시할 수 있다.

이 아이디어를 바탕으로 팀은 우주가 시작도 끝도 없다는 이론을 꾸몄다. 그가 생각하는 영원불멸의 자연법칙을 서술하는 수학은 프랙털이다. 프랙털은 무한히 변형되는 패턴으로, 큰 구조 안에 이를 닮은 작은 구조가 들어 있지만 정확히 같은 형태로 반복되지는 않는다. 이 프랙털 위에서 우리 우주는 스스로를 닮은 영겁을 거치지만 완전히 똑같은 모습으로 반복하지는 않는다. 이 과정은 영원히 반복되었고 앞으로도 영원히 반복될 것이다.

"단지 신을 제거하자고 이런 작업을 했던 것은 아닙니다." 팀은 말한다. "그냥 그렇게 작동하게 되었을 뿐이죠. 그게 물리학이 작동하는 방식이에요. 수학을 하다 보면 그냥 발견하게 되는 겁니다."

"그러니까 빅뱅은 없지만 주기가 있는 거죠?"

"글쎄요." 그가 말한다. "'주기'라는 말에는 반복된다는 함축된 의미가 담겨 있습니다. 나는 그런 건 믿지 않아요. 어떤 의미에서는 반복되는 게 맞죠. 빅뱅에서 시작해서 빅 크런치Big Crunch로, 그런 다음 다시 빅뱅으로, 또 그다음에는 빅 크런치로 가니까요. 그렇지만 나는 상태 공간 안에서의 경로라는 방식을 생각해요. 이 상태 공간에서는 각각의 점이 우주의 구조가 되는 겁니다. 그러니까 대단히 고차원적인 공간인 거죠. 이 다중 영겁 우주의 경로를 이 상태 공간 안에 표시하면, 이론을 통해 경로가 상태 공간의 유한한 영역 안에 포함되고 이게 프랙털이라는 걸 알게 됩니다. 이것은 우주 전체가 혼돈 역학계일 경우에 기대할 수 있는 내용이란 말이죠. 다시 말해 과거 또는 미래에 지금의 우리 우주와 아주 비슷한 우주가 있을 수 있다는 뜻이에요. 그래서 이런 생각을 꽤 자주 하죠. 혹시 예전에 잘못 내렸던 결정 때문에 괴로워하고 '내가 왜 그런 짓을 했을까?' 자책해본 적 있지 않아요? 그렇다면 걱정하지 말아요. 같은 상황에 직면해서 옳은 결정을 내리게 될 영겁이 또 한 번 찾아올 테니까요."

"더 나쁜 결정을 하는 영겁도 오겠죠." 나는 우스개처럼 말했다.

그는 웃음기 없이 고개를 끄덕였다. "더 나쁜 결정을 할 수도 있습니다. 아, 다른 생각도 떠올랐는데, 설령 이번 영겁에 파트너를 잃었어도, 영원히 그를 잃어버리지 않을 수도 있어요. 미래의 영겁에 그가 돌아올 수도 있거든요."

나도 이게 미친 소리 같다는 거 안다. 그러나 이 얘기는 현재 우리가 알고 있는 모든 것과 양립할 수 있다.

간단한 답변

우리는 관측한 것을 설명하려고 수학을 사용한다. 그러나 왜 어떤 수학은 실재를 서술하고 어떤 수학은 그렇게 못 하는지 모른다. 다만 우리의 관측을 서술하는 수학을 통해 창조의 순간, 즉 수학이 실재가 되는 순간을 설명할 수 있다. 그런 창조 사건은 구조적으로 관측할 수 없으며(관측할 수 있었다면 이미 수학으로 서술되었을 것이다), 따라서 과학과 양립할 수 있다.

3장

물리학적으로 젊음을 되돌릴 수는 없는가

Existential Physics

마지막 문제

아이작 아시모프Isaac Asimov의 1956년 단편소설 「마지막 문제The Last Question」에서, 술기운이 조금 오른 알렉산더 아델은 우주의 에너지 공급 문제를 심각하게 걱정한다. 그는 에너지 자체는 보존되지만, 그중 사용할 수 있는 에너지는 일부일 뿐이고 결국은 소진될 것이라고 생각한다. 물리학자들은 이 가용 에너지, 즉 변화할 수 있는 에너지를 '자유에너지'라고 부른다. 자유에너지는 엔트로피의 평형추다. 엔트로피가 증가하면 자유에너지는 감소하고, 변화는 불가능해진다.

아시모프의 단편에서, 살짝 술에 취한 아델은 엔트로피는 감소하지 않는다는 열역학제2법칙을 극복하고 싶어진다. 그는 멀티백이라는 이름의 강력한 자동 컴퓨터에게 묻는다. "어떻게 하면 우주의 엔트로피 총량을 대폭 줄일 수 있지?" 잠시 시간이 흐른 후, 멀티백이 대답한다. "의미 있는 대답을 내기에는 데이터가 부족합니다."

아델의 걱정(열역학제2법칙)은, 항상 정확히 내용을 이해하는 건 아니라도 누구에게나 익숙하다. 우리는 아기였던 시절에 제일 먼저 이것부터 배웠다. 물건은 깨진다. 그리고 깨진 것은 다시 붙지 않는다. 엄마가 아끼는 머그잔만 이런 운명을 타고난 것은 아니다. 궁극적으로 모든 것은 망가지고 다시 멀쩡해지지 않는다. 여러분의 자동차도, 여러분도, 그리고 우주 전체도.

우리는 언제나 사물이 돌이킬 수 없이 망가지는 것만 본다. 그런데 이런 경험은 앞 장에서 논의한 내용과는 맞지 않는 것 같다. 자연의 기본 법칙은 시간 가역성이 있다는 내용 말이다. 그리고 이러한 부조화의 원인으로 부정확한 인간의 감각을 탓할 수도 없다. 우리 뇌보다 훨씬 더 단순한 수많은 계에서 이 비가역성이 관찰되기 때문이다.

별을 예로 들어보자. 별은 수소 구름으로 형성되고, 수소가 더 무거운 원자핵으로 융합되면서 남은 에너지를 입자 형태로 방출한다(대부분은 빛알과 중성미자다). 별에 융합할 것이 아무것도 남지 않게 되면 별은 점점 어두워지고, 경우에 따라서는 초신성으로 폭발하기도 한다. 그러나 우리는 이 과정이 거꾸로 일어나는 것은 한 번도 본 적이 없다. 어두운 별이 빛알과 중성미자를 삼키고, 그린 다음 무거운 원자핵이 수소로 갈라져서 수소 구름이 되어 퍼지는 걸 목격한 적이 없다. 자연계의 무수히 많은 다른 과정도 마찬가지다. 석탄이 타고, 쇠가 녹슬고, 우라늄이 붕괴한다. 그러나 이 과정이 반대로 일어나는 건 아직 본 적이 없다.

언뜻 생각하면 모순인 것 같다. 시간을 거스를 수 있는 법칙들이 어떻게 우리가 관측하는 시간 비가역성을 만들어낸단 말인가? 이게 어떻게 가능한지 이해하려면 문제를 좁혀보는 것이 도움이 된다. 앞에서 내가 설명했던 과정들이 시간 가역성을 갖는다는 의미는, 진화 법칙을 수학적으로 시간 역순으로 돌리면 초기 상태를 복원할 수 있다는 뜻이다. 요약하자면, 문제는 영화를 뒤로 돌릴 수 있느냐 없느냐가 아니다. 진짜 문제는 영화를 뒤로 돌리자마자 그 순간 무언가 옳지 않음을 알게 된다는 것이다. 깨진 유리 조각들이 튀어 올라 한 장으로 붙어 창틀을 메우고, 도로에 흩어진 고무 조각들이 모여들어 자동차 타이어가 되고, 우산에 묻은 물방울이 하늘로 솟아오르고 하는 것들. 수학은 이런 것들을 허용할지 모르지만, 우리가 관측하는 모습은 확실히 이렇지 않다.

이론과 직관에 따른 기대 사이에 이런 부조화가 생기는 것은 관측 내용을 설명할 때 두 번째 재료가 필요하다는 것을 잊었기 때문이다. 우리에게는 진화 법칙 말고도 또 하나의 초기 조건이 더 필요하다. 그리고 초기 조건들은 모두 동등하게 생성되지 않는다.

케이크를 구우려고 반죽을 만든다고 가정해보자. 우묵한 그릇에 밀가루를 붓고, 설탕, 소금 약간, 바닐라 추출물도 조금 첨가한다. 여기에 버터를 얹고, 달걀을 몇 개 깨 넣고, 우유를 붓는다. 그런 다음 재료들을 섞기 시작하면, 갖가지 재료들은 재빨리 부드럽고 형체 없는 물질로 바뀐다. 일단 이렇게 뒤섞이고 나면 반죽은 더 이상 변화하지 않는다. 계속 반죽을 저으면 반죽의 분자들은 그릇의 이쪽에서 저쪽으로 계속 옮겨 다니겠지만, 반죽은 평균적으로 같은 상태를 유지한다. 모든 것은 할 수 있는 한 최대로 섞인다. 그러고는 끝이다. 기본적으로 우리 우주도 이런 종말을 맞게 될 것이다. 할 수 있는 한 최대로 뒤섞이고, 더 이상 변화하지 않고, 평균 상태를 유지하며.

물리학에서는 이렇게 평균이 되어 (완전히 섞인 반죽처럼) 변화하지 않는 상태를 '평형상태'라고 부른다. 평형상태는 엔트로피가 최대에 도달한 상태다. 여기에는 자유에너지가 전혀 남아 있지 않다. 반죽은 왜 평형상태에 이르는가? 그것이 일어날 법한 일이기 때문이다. 믹서를 돌리면 달걀이 으깨지면서 밀가루와 뒤섞일 확률이 높지만, 그 둘이 분리될 확률은 대단히 낮다. 믹서가 없어도 재료가 섞일 가능성이 크다. 재료 안의 분자들이 완전히 정지 상태로 있지 않기 때문이다. 그러나 믹서를 돌릴 때보다는 훨씬 더 오래 걸린다.* 믹서는 마치 빨리 감기 버튼 같은 역할을 한다.

• 이론적으로 그렇다는 말이다. 현실에서 계란은 그 정도 긴 시간이 흐르기 전에 썩어버린다. 그러니 집에서 실험해보지 말자.

다른 예를 보아도 마찬가지다. 사건은 시간의 한 방향으로만 일어날 확률이 크다. 깨진 유리창 조각들이 바닥에 떨어질 때, 유리 조각의 운동량은 바닥 위의 작은 잔물결과 공기의 충격파로 퍼져나간다. 그러나 바닥과 공기의 잔물결이 동조하여 깨진 유리 조각들이 갑자기 제자리로 돌아오는 일은 일어날 확률이 지극히 낮다. 물론 수학에서는 가능한 일이다. 그러나 현실에서는 대단히 확률이 낮고, 우리는 이런 일을 절대 보지 못한다.

평형상태는 도달할 확률이 큰 상태고, 도달할 확률이 큰 상태는 엔트로피가 최대가 되는 상태다. 이게 바로 엔트로피의 정의다. 그러므로 열역학제2법칙은 거의 동어반복적으로 참이다. 이 법칙은 결국 하나의 계가 엔트로피를 높이려고 가장 일어날 법한 일을 가장 높은 확률로 발생시킨다는 내용이다. 이것이 '거의' 동어반복적인 이유는 엔트로피와 측정 가능한 다른 양(예컨대 압력 또는 밀도) 사이의 관계를 계산하여 평형상태로의 완화를 정량화하고 예측할 수 있기 때문이다.

일어날 법한 일이 일어난다는 말은 그다지 특별해 보이지 않는다. 냄비가 비가역적으로 깨지는 이유는 안 깨질 확률이 낮기 때문이다. 시시하다. 아무리 봐도 무슨 심오한 계시는 아니다. 그러나 좀 더 파고들면 이 아이디어는 큰 문제를 드러낸다. 어떤 계가 확률이 더 높은 상태로 진화하려면 이전 상태의 확률이 반드시 낮아야 한다. 다시 말해 애초에 평형상태가 아닌 상태부터 시작해야 한다는 뜻이다. 반죽을 만들 수 있었던 이유는 처음에 가지고 있던 달걀과 버터와 밀가루가 평형상태에 있지 않았기 때문이다. 믹서를 작동시킬 수 있는 이유는 방 안의 공기와 당신이 평형상태에 있지 않기 때문이고• 우리의 태양이 성간과 평형상태에 있지 않기 때문이다. 계의 엔트로피는 모두 최대로 도달할 수 있는 값과 비교하면 그다지 크지 않다. 다시 말해 현재 우주는 평형상태가 아니다.

왜 그럴까? 우리는 모른다. 그런데도 여기에 이름은 지어놨다. 바로 과거 가설past hypothesis[26]이다. 과거 가설은 우주가 낮은 엔트로피 상태(아주 있을 법하지 않은 상태)에서 시작해 그 이후로 엔트로피가 계속 늘었다고 말한다. 엔트로피는 계속 증가해서 우주가 평균적으로 가장 있을 법한 상태, 즉 더 이상 아무것도 변화하지 않는 평형상태까지 도달하게 될 것이다.

현재 우주 일부 영역의 엔트로피는 낮은 상태로 유지되고 있다. 부엌의 냉장고 속이나 지구 전체가 그 예라 할 수 있다. 엔트로피가 낮은 영역은 다른 곳에서 자유에너지를 공급받는다. 우리 지구는 현재 자유에너지 대부분을 태양으로부터 공급받고 있고, 일부는 방사성물질의 붕괴로부터, 그리고 중력을 이용해서도 약간 얻는다. 우리는 이 자유에너지를 활용하여 여러 가지 변화를 일으킨다. 공부하고, 성장하고, 탐험하고, 무언가를 만들고 고친

• 방 안의 기온이 당신의 체온보다 높거나 낮다고 가정했을 때, 당신이 방과 평형상태에 있다면 당신은 지금 죽었다는 뜻이다. 만일 기온과 체온이 같다면, 나는 당신의 인내심에 찬사를 보낸다.

다. 아마도 언젠가는 우리 스스로 핵융합을 통해 에너지를 생성해낼지도 모른다. 그렇게 되면 변화를 일으킬 역량이 좀 더 확대될 것이다. 이런 식으로 활용할 수 있는 자유에너지를 현명하게 사용하면 한동안은 낮은 엔트로피 상태를 계속 유지할 수 있고, 인류 문명은 수십억 년 정도 더 지속될 수도 있다. 그러나 자유에너지는 결국 소진될 것이다.

이것이 우주가 시간의 순방향, 즉 '시간의 화살arrow of time'을 따르는 이유다. 이것이 엔트로피가 증가하는 방향이고, 엔트로피는 오직 한 방향만을 향한다. 이러한 엔트로피 증가는 진화 법칙의 성질이 아니다. 진화 법칙은 시간 가역적이니까. 단지 진화 법칙은 있을 법하지 않은 상태에서 있을 법한 상태로 전이하는데, 이렇게 한 방향으로만 흘러가는 것이 일어날 법한 일이라서 그런 것이다. 법칙이 있을 법한 상태에서 있을 법하지 않은 상태로 진행되는 다른 방향도 있지만, 이런 일은 (거의) 절대로 일어나지 않는다.

그럼 왜 누구도 젊어지지 않는가? 노화와 관련된 생물학적 과정과 그 원인은 여전히 연구 대상이다. 그러나 간단히 말하자면, 우리의 몸이 오류를 축적하는 것은 있을 법한 일이지만, 이것을 자발적으로 원상태로 되돌리는 것은 있을 법하지 않기 때문에 늙는다. 세포 재생 메커니즘으로는 이 오류들을 무한히 완벽한 정확도로 수정할 수 없다. 그러므로 천천히, 조금씩, 몸의 기관들은 효율이 떨어지고, 피부는 조금씩 탄력을 잃고, 상처가 아무는 속도는 조금씩 느려진다. 우리 몸에서 치매, 암 같은 만성 질환이 발전한다. 그러다 결국 무언가가 망가지고 고칠 수 없게 된다. 생명 유지 기관이 손을 놔버리고, 약해진 면역 체계를 바이러스가 무너뜨리고, 혈전이 뇌의 산소 공급을 방해한다. 사망진단서에는 무수히 많은 진단명이 기재되지만, 그것은 그저 지엽적인 문제일 뿐이다. 실제로 우리를 죽이는 것은 엔트로피의 증가다.

* * *

지금까지 나는 시간의 화살에 관하여 오늘날 가장 널리 인정받는 설명을 요약했다. 이것은 엔트로피 증가의 결과이고 과거 가설 때문이다. 이제 이 중에서 우리가 실제로 무엇을 알고 무엇을 추정하는지 이야기해보자.

과거 가설(초기 상태의 우주는 엔트로피가 낮았다는 가설)은 우리의 이론으로 현재 관측을 서술하기 위해 꼭 필요한 가정이다. 지금까지는 그럭저럭 좋은 설명이지만, 그냥 그렇다고 상정하는 것 이상으로 더 좋은 설명은 아직 없다. 왜 초기 상태가 그랬는지는 현재 가진 이론들로 답을 찾을 수 없다. 초기 상태는 분명히 '어떤 것'이었을 텐데, 우리는 그 초기 상태를 그 자체로 설명하지 못한다. 우리가 할 수 있는 건 그저 어느 초기 상태가 설명력이 있는지, 그리고 관측과 일치하는 예측을 내놓는지 맞춰보는 것뿐이다. 과거 가설은 우리가 지금 보는 것을 설명해준다는 의미에서는 좋은 가설이다. 그러나 초기 상태 이전의 무언가로 초기 상태를 설명하려면 다른 유형의 이론이 필요하다.

물론 물리학자들은 그런 이론들을 다양하게 제시했다. 일례로 로저 펜로즈의 등각 순환 우주론[27]은, 우주의 엔트로피가 사실상 각 영겁의 끝에서 붕괴되고, 다음에 오는 영겁은 낮은 엔트로피 상태로 새롭게 출발한다고 말한다. 이 이론은 실질적으로 과거 가설을 설명한다. 그러나 그에 따른 비용으로 정보 역시 영원히 파괴된다는 점을 감수해야 한다. 숀 캐럴은 낮은 엔트로피의 새로운 우주가 훨씬 더 큰 다중우주로부터 창조되며, 이 과정이 무한히 반복해 일어날 수 있다고 생각한다.[28] 그리고 줄리언 바버Julian Barbour는[29] 우주가 '야누스 포인트Janus point'에서 시작되는데 이 지점에서 시간의 방향이 바뀐다고 가정한다. 그래서 사실상 시간의 흐름 안에는 같은 순간에 시작되는 두 우주가 있는 셈이다. 그는 엔트로피를 고려하는 것은 적절하지 않으며, 그 대신 복잡도complexity를 생각하는 것이 더 낫다고 주장한다.

아마 이쯤 되면 내가 무슨 말을 할지 짐작할 수 있을 것이다. 이런 생각들은 다 괜찮고 좋은 아이디어들이다. 그러나 뒷받침할 증거가 없다. 이런 아이디어들을 믿는 것은 자유다. 이를 반박하는 증거도 없기는 마찬가지니까. 그러나 현재로서는 이들이 단지 추정일 뿐이라는 점도 염두에 두어야 한다.

그러나 나는 줄리언 바버의 주장에 상당히 동감한다. 바버의 말대로 시간이 방향을 바꾸어 진행한다는 것 때문이 아니라(여기에 대해서는 특별히 의견이 없다), 나 역시 우주를 전체로서 서술할 때 엔트로피가 썩 쓸모 있는 양이 아니라고 생각해서다. 그 이유를 살펴보기 위해, 먼저 "평균적으로"라는 모호한 표현의 양탄자 아래 쓸어 넣고 덮어버린 수학에 관해 이야기해야 한다.

* * *

엔트로피는 어떤 거시적 성질이 불변인 계의 가능한 구성들을 공식적으로 서술한 것이다. 반죽을 다시 예로 들면, 매끄러운 반죽을 얻기 위해 그릇 안의 분자들(설탕, 밀가루, 달걀 등)을 배치하는 방법이 몇 가지나 있을지 생각해볼 수 있다. 분자 각각의 배열은 계의 '미시 상태'라고 부른다. 미시 상태는 구성에 관한 완전한 정보다. 예를 들면 모든 분자 하나하나의 위치와 속도가 미시 상태에 해당한다.

반면 매끄러운 반죽은 '거시 상태'라고 부른다. 앞에서 나는 이 거시 상태를 '평균적으로 변하지 않는 상태'라고 말했다. 거시 상태는 특정한 의미로 비슷한, 다양한 미시 상태로부터 일어날 수 있다. 다시 반죽을 예로 들면, 미시 상태는 재료들이 대체로 고르게 분포되어 있다는 점에서 모두 비슷하다. 우리가 이 거시 상태를 선택할 수 있는 이유는 반죽 안의 분자들이 대체로 고르게 분포되어 있어 다른 것과 구분할 수 없기 때문이다. 우리가 보기에 반죽은 이 반죽이나 저 반죽이나 거의 다 같은 것들이다.

달걀이 버터 옆에 있고 설탕은 밀가루 위에 있는 초기 상태 역시 거시 상태지만, 반죽과는 매우 다르다. 우리는 재료가 섞이기 전과 후를 분명하게 구분할 수 있다. 섞기 전 상태를 얻으려면 분자들을 올바른 영역에 두어야 한다. 달걀 분자는 달걀 영역에, 버터 분자는 버터 영역에, 이런 식으로 말이다. 초기 상태에 분자들은 순서대로 잘 배열되어 있지만, 섞인 후에는 더 이상 순서대로 놓여 있지 않다. 엔트로피 증가를 질서의 파괴로 서술하기도 하는 이유다.

엔트로피는 수학적으로 거시 상태에 수를 부여하여 정의한다. 이 수는 거시 상태를 일으킬 수 있는 미시 상태의 개수다. 수많은 미시 상태로부터 하나의 거시 상태로 가는 것은 일어날 확률이 높은 일이고, 따라서 그런 거시 상태의 엔트로피는 높다. 반면 상대적으로 수가 적은 미시 상태들로 이루어지는 거시 상태는 있을 법하지 않고 엔트로피가 낮다. 뒤섞인 반죽 안에는 분자들이 무작위로 분포해 있으며, 섞이기 전의 초기 상태보다 훨씬 더 많은 미시 상태를 갖는다. 그러므로 섞인 반죽의 엔트로피는 높고, 안 섞인 반죽은 엔트로피가 낮다.

그 이유를 시각적으로 파악하기 위해, 재료는 밀가루와 설탕 두 종류뿐이고 분자의 개수는 10^{25}개가 아니라 딱 36개만 있다고 상상해보자. 이 분자들의 배열을 모눈 위에 그리고, 밀가루 분자는 회색 사각형으로, 설탕 분자는 흰 사각형으로 표시했다(그림 4). 처음에 두 재료는 명확히 분리되어 있으며, 밀가루는 아래에,

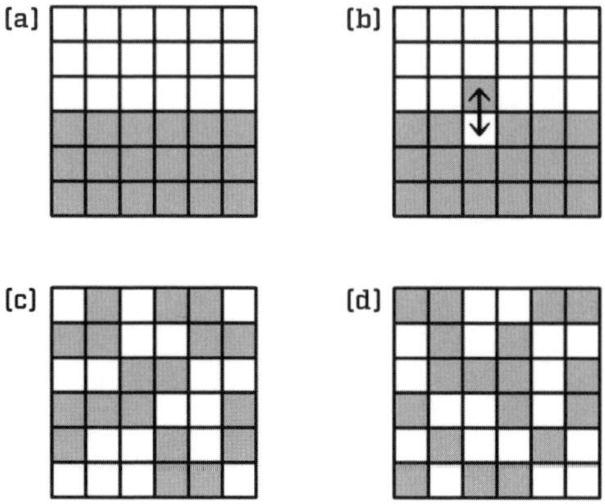

그림 4 단순한 혼합 모형. 회색 사각형은 밀가루이고 흰 사각형은 설탕이다. 혼합은 이웃한 두 사각형의 위치를 무작위로 뒤바꾼다는 의미다.

설탕은 위에 놓여 있다(그림 4a). 이제 믹서를 흉내 내 인접한 두 사각형의 위치를 무작위로 수직 또는 수평으로 바꾸어보자. 이 과정을 보여주기 위해 첫 번째 단계를 임의로 그려보았다(그림 4b).

이 무작위 자리 바꾸기를 계속하면, 궁극적으로 분자들은 무작위로 분포하게 될 것이다(그림 4c). 그러면 분자는 같은 자리에 계속 머무르지 않고 반복해서 뒤섞인다. 몇 차례 혼합하고 나면 분자들은 그림 4d와 같은 모양이 될 것이다. 즉 거듭되는 무작위 위치 교환이 마치 분자들을 그릇 안에 무작위로 던져 넣은 것과 같은 평균 분포를 이루게 한다. 그러므로 믹서가 하는 일을 자세히 생각할 필요 없이 초기 분포와 최종 분포 사이의 차이만 살펴보면 된다.

이제 매끄러운 반죽의 거시 상태를 설탕과 밀가루 사각형들이 대체로 고르게 위아래로 분포한 상태라고 정의해보자. 이를테면 위쪽 절반에 8~10개의 설탕 분자가 있는 상태라고 정의해보겠다(그림 4c와 4d에서처럼). 중요한 점은 이제 이 거시 상태의 미시 상태 수가 깔끔히 분리되어 있던 처음 상태보다 훨씬 더 많다는 것이다. 실제로 같은 유형의 분자들을 구분하지 않는다면, 처음에는 위 왼쪽에 그려놓은 미시 상태만 있을 뿐이다. 반면 분자들이 대체로 고르게 분포된 최종 미시 상태는 여러 개가 존재한다.

이 때문에 대체로 고른 분포에서 엔트로피가 더 큰 것이다. 두 물질이 다시 자발적으로 분리될 확률이 매우 낮은 이유이기도 하다. 그렇게 분리되려면 무작위 교환이 매우 구체적인 과정을 따라 일어나야 한다. 이렇게 물질을 분리하는 연속적 과정은 분자들을 더 많이 뒤섞을수록 일어날 확률이 대폭 낮아진다. 그러다 보면 두 물질이 저절로 분리될 확률은 10억 년에 한 번 일어날까 말까 한 정도까지 낮아진다. 우리는 이런 일이 일어나는 것을 결코 보지 못한다.

＊＊＊

이제 공식적으로 엔트로피를 어떻게 정의하는지 알게 되었으니 정의를 더 자세히 들여다보도록 하자. 엔트로피는 어느 구체적인 거시 상태를 일으킬 수 있는 미시 상태들의 수다. 여기에서 "일으킬 수 있다"는 표현에 주의하자. 계의 상태는 언제나 단 하나의 미시 상태로 이루어진다. 따라서 다른 어떤 상태로 이루어질 수 있다는 진술은 반사실적이다. 현실에는 존재하지 않는 상태들을 언급한다는 의미다. 그런 상태들은 수학적으로만 존재한다. 그런데도 이를 고려하는 이유는 계의 실제 상태가 정확히 어떠한지 우리가 알지 못하기 때문이다.

따라서 엔트로피는 계의 실제 상태에 대한 척도가 아니라 실상은 우리 무지의 척도다. 엔트로피는 우리에게 썩 흥미롭지 않은 미시 상태들 간의 차이를 정량화한다. 우리는 반죽 안의 분자들이 구체적으로 어떻게 분포되어 있는지는 그다지 흥미가 없다. 그래서 그것들을 하나의 거시 상태로 묶어놓고는 '엔트로피가 높다'고 선언해버린다.

이런 식의 논리는 하나의 계가 특별한 거시 상태로 얼마나 빠르게 진화하는지를 계산하고 싶을 때는 대단히 합리적이다. 그래서 애초에 엔트로피 개념이 발명된 목적이었던 증기 엔진, 냉각 사이클, 배터리, 대기 순환, 화학반응 같은 계에서는 제대로 작동한다. 우리는 엔트로피가 이러한 계의 관측 내용을 아주 잘 서술하는 것을 수없이 경험했다.

그러나 우주 전체에서 일어나는 일을 이해하고 싶을 때 이 논리는 부적절하다. 그 이유는 세 가지로 요약된다. 내가 첫째로 꼽는 가장 중요한 이유는, 우리가 가지고 있는 거시 상태의 개념이 이미 암묵적으로 '변화'라는 의미를 정의하고 있기 때문이다. 우리가 내린 거시 상태의 정의에 따르면, 하나의 상태는 최대 엔트로피에 도달했더라도 여전히 변화한다(이미 반죽이 매끄러워진 것 같아도 여전히 반죽을 그릇의 한쪽 면에서 다른 쪽 면으로 누른다). 단지 우리가 현재 가진 이론에서 이 변화가 별로 중요하지 않을 뿐이다. 그러나 앞으로 개발하게 될 이론에서도 여전히 중요하지 않으리라고는 장담할 수 없다.

이 내용을 그림 5로 표현해보았다. 이 그림이 우주 종말 때 가능한 두 가지 미시 상태라고 해보자. 10개의 개별 입자들이 빈 공간 안에 무작위로 분포되어 있는 상태다. 첫 번째 미시 상태(왼쪽)가 두 번째 상태(오른쪽)로 바뀌었다면, 이것을 큰 변화라고 부르지는 않을 것이다. 이 상태들을 평균적으로 같은 거시 상태로 묶어보자.

그런데 눈금 위 이 입자들의 위치를 자세히 살펴보자. 왼쪽

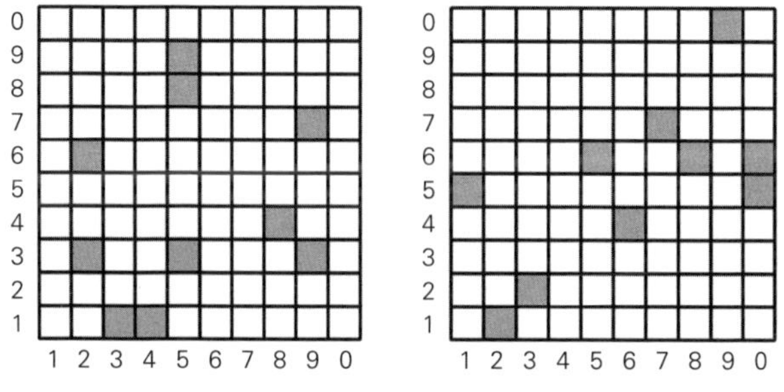

그림 5 표면적으로 무작위로 보이는 상태들의 예. 둘은 매우 비슷해 보이지만 실제로는 매우 질서정연하며 서로 상당히 다르다.

그림에서 입자는 (3,1), (4,1), (5,9), (2,6), (5,3), (5,8), (9,7), (9,3), (2,3), (8,4)에 놓여 있다. 오른쪽에서는 (0,5), (7,7), (2,1), (5,6), (6,4), (9,0), (1,5), (3,2), (8,6), (0,6)에 놓여 있다. 만일 당신이 진정한 괴짜[30]라면 이 수열이 각각 π와 γ(오일러-마스케로니 상수)의 첫 스무 자릿수임을 알아챘을 것이다. 이 입자들의 분포는 비슷해 보일 수 있으나, 이 분포의 수열이 특별하다는 걸 알아챌 수 있는 사람은 분명히 이 둘을 구분할 수 있다. 이 둘은 서로 완전히 다른 두 개의 알고리즘으로 만들어졌다.

물론 이 예는 다소 조잡하고 실제 이론에 적용할 수 없지만, 일반적인 포인트를 잘 짚고 있다. '비슷한' 상태들을 하나의 거시 상태로 묶으려면 '비슷함'이라는 개념이 필요하다. 우리는 이 개념을 우리가 생각하는 비슷함을 바탕으로 세워진 현재의 이론으로부터 추론한다. 그러나 비슷함의 개념이 바뀌면[31] 엔트로피 개념도 바뀌게 된다. 데이비드 봄David Bohm이 만든 용어를 빌려 말하자면, 현재 우리의 이론들이 정량화하는 '펼쳐진 질서explicate order'가 언젠가 지금까지 우리가 놓쳤던 '내포된 질서implicate order'를 드러내게 할지도 모른다.

이것이 내가 우주의 운명에 대한 결론으로 열역학제2법칙을 신뢰해서는 안 된다고 보는 주된 이유다. 엔트로피는 오늘날 우리가 우주를 어떻게 생각하고 있는지를 바탕으로 한 개념이다. 나는 이것이 근본적으로 옳지 않다고 생각한다.

우주의 엔트로피에 관한 주장에 회의적인 이유는 두 가지가 더 있다. 하나는 이론이 무한히 많은 미시 상태를 다룰 경우 미시 상태를 세고 그 수를 비교하는 것이 매우 까다로워지기 때문이다. 연속 장continuous-field 이론들은 모두 이 경우에 해당된다. 이에 대하여 엔트로피를 정의하는 것은 가능하지만, 여전히 의미 있는 양일지는 의문이다. 일반적으로 무한과 무한을 비교하겠다는 것은 나쁜 아이디어다. 그 비교를 어떻게 정의하느냐에 따라 결과가 달라지기 때문이다. 그래서 그런 과정으로부터 끌어낸 결론은 그 결론이 무엇이든 물리적으로 모호하다.

마지막으로, 우리는 중력이나 시공간에 대하여 엔트로피를 어떻게 정의해야 하는지 사실상 모른다. 그런데 엔트로피는 우주의 진화에서 가장 중요한 역할을 맡고 있다. 어쩌면 눈치챘을지도 모르겠는데, 현재 이론에 따르면 우주 안의 물질은 거의 고르게 분포된 플라스마에서부터 시작된다. 그리고 과거 가설에서는 플라스마의 엔트로피가 낮았다고 말한다. 그런데 앞에서 매끄러운 반죽은 엔트로피가 높다고 했다. 이 상반된 내용이 어떻게 서로 잘 맞을 수 있을까?

이 문제는 중력 때문에 초기 우주의 밀도 높고 고르게 분포한 플라스마가 거의 불가능해진다는 사실을 고려하면 풀린다. 중력은 덩어리진 것들을 원하지만, 어떤 이유에서인지 초기 우주는 아주 많이 덩어리지지 않았다. 그래서 초기 상태의 엔트로피는 낮았다. 그러던 것이 일단 시간의 순방향으로 충분히 진화하면, 플라스마는 덩어리지기 시작하고 별과 은하를 형성한다. 그것이 일어날 법한 일이기 때문이다. 반죽에서는 이런 일이 일어나지 않는다. 상대적으로 밀도도 낮고 양도 적어서 덩어리를 뭉칠 만큼 중력이 충분히 강하지 않기 때문이다. 반죽과 초기 우주가 서로 다른 운명을 겪게 된 것은 각각의 경우에서 중력이 맡은 역할이 매우 달랐기 때문이다. 중력으로 인해 한쪽은 높은 엔트로피를, 다른 하나는 낮은 엔트로피를 갖게 되었다.

그러나 이를 정량적인 사례로 만들려면 중력에 엔트로피를 부여하는 방법을 이해해야 한다. 물리학자들이 몇 가지 시도를 해보긴 했지만, 중력 자체를 정량화하지 못하기 때문에 여전히 그 방법은 알아내지 못했다.

이런 까닭으로 나는 개인적으로 열역학제2법칙이 대단히 의심스러우며, 중력과 양자역학의 원리를 더 잘 이해하게 된 오늘날에도 이 법칙에서 도출된 결론이 여전히 타당하리라고는 생각하지 않는다.

＊＊＊

아시모프의 단편에서 우주는 서서히 식어가고 어두워진다. 마지막 별도 다 타서 소진된다. 우리가 아는 생명은 존재를 멈추고 우주의 의식으로 대체된다. 해체된 영혼은 은하 전체에 퍼지고 공간을 자유롭게 부유한다. 멀티백 시리즈의 가장 마지막이자 가장 거대한 버전인 코스믹 AC는 다시 한번 엔트로피를 줄일 방법을 찾는 임무에 착수한다. 그리고 다시 한번, 고지식한 대답을 내놓는다. "의미 있는 대답을 내기에는 데이터가 부족합니다."

결국 마지막까지 남은 의식은 AC와 융합되고, 이제 "초공간" 안에 거주하며 "물질도 에너지도 아닌 어떤 것"이 된다. 마침내 그것은 연산을 마친다.

> AC의 의식[32]은 한때 우주였던 모든 것을 에워쌌다. 그러고는 이제는 혼돈chaos이 되어버린 것을 곰곰이 생각했다. 한 단계 한 단계, 그렇게 수행되어야 한다. 그리고 AC는 말했다. "빛이 있으라!" 그러자 빛이 생겼다.

지금의 문제

아인슈타인의 가장 큰 실수는 우주상수도 아니고, 신이 주사위 놀이를 하지 않는다는 확신도 아니다. 그의 가장 큰 실수는 루돌프 카르나프Rudolf Carnap라는 이름의 철학자에게 '지금Now'에 관해 말한 내용이다(대문자 N으로 시작하는 지금).

카르나프는 1963년에 다음과 같이 썼다. "아인슈타인은 '지금의 문제the problem of the Now'[33]를 심각하게 걱정했다. 그는 '지금'의 경험이 사람에게는 무언가 특별한 것을 의미하며, 과거와 미래와는 다른 어떤 것을 의미한다고 했다. 그러나 이 중요한 차이가 물리학에서는 생기지도, 생겨날 수도 없다고 설명했다."

내가 이것을 아인슈타인의 가장 큰 실수라고 여기는 이유는, '지금의 문제'라고 불리는 이 문제는 우주상수나 비결정론에 관한 불안과는 달리 지금도 철학자들과 일부 물리학자들을 혼란에 빠뜨리기 때문이다.

이 문제는 종종 이런 식으로 제시된다. 우리 중 대부분은 현재의 순간을 경험한다. 이것은 시간의 흐름 안에서 특별한 순간이며 과거나 미래와는 같지 않다. 그런데 예를 들어 공간을 가로지르는 어떤 입자의 운동을 지배하는 방정식을 기록하면, 이 입자는 수학적으로 어떤 순간도 특별하지 않은 함수로 서술된다. 가장 단순한 경우로 이 함수가 시공간 안의 곡선이라고 하자. 그러면 물체의 위치는 시간에 따라 변하게 된다. 그렇다면, '지금'은 과연 어느 순간을 말하는가?

이런 식으로 정당하게 주장할 수도 있다. 즉 입자가 딱 하나만 있고 아무 일도 일어나지 않으면, 수학적 서술 안에서 변화를 나타내는 표시가 없는 게 당연하다. 반대로 입자가 다른 입자와 충돌하거나 갑작스럽게 방향을 바꿀 경우에는 시공간 안에서 일어나는 사건으로 확인될 수 있다. 변화에 관해 의미 있는 이야기를 전개하고 시간을 이해하려면 최소한의 요건으로 어떤 일이 반드시 일어나야 한다. 그러나 안타깝게도, 그렇다 하더라도 이 변화가 입자들에게 '지금' 일어났는지 아니면 다른 순간에 일어났는지는 알려주지 않는다.

그럼 이제 어쩌나?

일부 물리학자들, 예를 들면 페이 다우커Fay Dowker 같은 사람들은, '지금'에 관한 우리의 경험을 설명하려면 현재의 시공간 이론을 다른 것으로 교체해야 한다[34]고 주장해왔다. 데이비드 머민David Mermin은 이것이 양자역학의 개정[35]이 임박했다는 의미라고 주장했다. 그리고 리 스몰린Lee Smolin은 수학 자체가 문제라고[36] 대담하게 선언했다. 수학은 현재의 순간을 객관적으로 서술하지 않는다는 스몰린의 주장은 옳다. 그러나 어차피 현재 순간에 대한 우리의 경험은 객관적이지 않고 주관적이다. 그리고 이 주관성은 수학으로 잘 서술할 수 있다.

내 말을 오해하지 않으면 좋겠다. 내가 볼 때 현재의 이론은 조만간 더 나은 이론으로 대체되어야 하는 게 맞다. 그러나 우리가 인식하는 '지금'을 이해하자고 이론을 대체할 필요는 없다는 것이다. 현재의 이론으로도 우리의 경험을 설명할 수 있다. 우리는 그저 인간이 기본 입자가 아니라는 것만 기억하면 된다.

우리가 현재를 다른 순간과 다르게 경험할 수 있도록 하는 것은 기억이다. 우리는 과거 사건들은 불완전하게 기억하고, 미래 사건은 아예 기억하지 못한다. 기억은 다소 복잡한 시스템을 요구한다. 이 시스템은 뚜렷이 구분되는 여러 상태를 가지고 있어야 하고 일정 기간 동안 안정적인 상태를 유지해야 한다. 우리 뇌는 이런 복잡한 시스템을 갖추고 있다. 그러나 기억을 더 잘 이해하려면 의식을 빼고 얘기하는 편이 도움이 된다. 그렇게 할 수 있는 이유는 기억이 의식이 있는 체계의 전유물이 아니기 때문이다. 인간의 뇌보다 훨씬 더 단순한 수많은 체계도 기억을 가지고 있으니, 그중 하나인 운모를 살펴보기로 하자.

운모는 자연적으로 발생하는 광물이며, 그중에는 수십억 년 정도 된 것도 있다. 운모는 광물치고는 무른 편이고, 작은 입자들(아마도 주위 암석에서 방사성붕괴가 일어나면서 방출된 입자들)이 틈새를 통과해 지나가면서 조직에 영구적인 흔적을 남겼다. 이 때문에 운모는 천연의 입자검출기 역할을 한다. 실제로 입자물리학자들은 오래된 운모 샘플을 사용해 그 안을 통과했을 희귀한 입자들의 흔적을 찾곤 한다. 이런 연구는 아직 결론이 나지 않았지만, 지금 중요한 건 그게 아니다. 내가 운모 얘기를 하는 이유는, 운모가 의식 수준은 낮아도 분명히 기억을 가지고 있기 때문이다.

운모 안에 새겨진 기억은 우리의 기억처럼 희미해지지 않는다. 그러나 우리 인간처럼 운모도 과거의 기억을 가지고 있으며 미래의 기억은 없다. 다시 말해 운모는 어느 특별한 순간에 일어났던 일에 관한 정보는 가지고 있지만 앞으로 일어날 일에 관한 정보는 없다는 뜻이다. 운모가 어떤 식으로든 경험을 했다고 말하면 좀 과장이겠지만, 운모는 시간의 경과를 추적한다. 즉 '지금'에 관해 알고 있다.

이렇게 우리는 운모로부터, 기억을 가진 계를 서술하고 싶다면 고유 시간을 보는 것만으로 (앞 장에서 했던 것처럼) 충분하지 않다는 것을 배울 수 있다. 기억을 가진 계를 서술하려면 고유 시간의 매 순간에 대하여 이렇게 물어야 한다. "이 계가 기억하고 있는 시간은 언제인가?" 이 기억이 고유 시간에 갑자기 끝난다는 사실 자체가 매 순간이 특별한 이유가 된다.

이 얘기가 혼란스럽다면 이렇게 생각해보자. 시간을 점점 희미해지는 사진들로 인식한다고 가정하는 것이다. '지금'이라고 부르는 순간은 사진들 중에서 가장 덜 희미한 사진이다. 사진이 희미해질수록 과거가 된다. 그리고 미래를 찍은 사진은 가지고 있지 않다. 매 순간마다, '지금'은 가장 최근의 생생한 사진이고, 그 뒤로는 희미해지는 스냅사진들이 길게 이어져 있다. 그리고 미래로는 공백이 펼쳐져 있다.

물론 이런 비유는 인간의 기억을 지나치게 단순화하여 설명한 것이다. 우리의 실제 기억은 이것보다 훨씬 더 복잡하다. 일단 우리는 어떤 기억은 유지하고 어떤 기억은 유지하지 않으며, 다양한 목적을 위한 다양한 유형의 기억을 가지고 있다. 그리고 가끔은 일어나지 않은 일도 기억한다고 믿는다. 그러나 이런 신경학상의 미묘한 점들은 지금 중요하지 않다. 현재가 특별한 이유는 그것이 우리의 기억 속에서 두드러지는 위치 때문이다. 그리고 그 다음 순간 역시 특별하다. 매 순간마다, 그 순간에 대한 우리의 인식은 두드러진다.

그래서 '지금'에 대한 우리의 경험이 과거, 현재, 미래가 모두 동등하게 실재하는 블록우주와 완벽하게 양립할 수 있는 것이다. 주관적으로 보면 각각의 순간은 바로 그 순간에 특별하게 느껴지지만, 객관적으로는 모든 순간이 다 특별하다.

그러니까 '지금'의 문제는 물리학이나 수학에서 비롯된 것이 아니라, 그보다는 시간 안에서 겪는 주관적 경험과 이를 서술하려고 사용하는 수학의 영원불변성을 구분하지 못하는 데에서 발생한다는 것을 알 수 있다. 카르나프에 따르면, 아인슈타인은 "지금의 경험이란 사람에게 무언가 특별한 것을 의미한다"고 말했다고 한다. 그렇다. 그것은 사람에게 무언가 특별한 것을 의미한다. 사람뿐 아니라 기억을 저장하는 모든 계에 무언가 특별한 것이다. 그렇다고 해서 수학적 서술 안에서 객관적으로 특별한 현재의 순간이 반드시 있어야 한다는 뜻은 아니다. 객관적으로 '지금'은 존재하지 않지만, 주관적으로 우리는 각각의 순간을 특별하게 인식한다. 아인슈타인은 쓸데없는 걱정을 한 것이다.

결론은(미리 용서를 구한다) 아인슈타인이 틀렸다는 것이다. 현재의 순간에 관한 인간의 경험은 현재 물리법칙에서 사용하는 '영원불변'의 수학으로 서술할 수 있다. 심지어 어렵지도 않다. 이것 때문에 양자역학의 표준 해석을 포기할 필요도 없고, 일반상대성이론을 바꾸거나 수학을 점검할 필요도 없다. '지금'에는 아무 문제도 없다.

우연이겠지만, 카르나프는 '지금'을 걱정하는 아인슈타인에게 방금 내 말과 비슷하게 대답했다. 카르나프는 아인슈타인에게 "객관적으로 일어나는 것은 모두 과학 안에서 설명될 수 있지만, 인간이 경험하는 시간의 기이한 점은, 과거, 현재, 미래를 향한 다양한 태도를 포함해서, 그것이 심리학 안에서 서술될 수 있고 (원칙적으로) 설명될 수도 있다는 것"이라고 말했다고 한다.

나 역시 이것을 신경생물학으로 설명할 수 있다고 말했고, 또 궁극적으로 생물학은 물리학에 바탕을 두고 있다고도 덧붙였다. (만일 이 말에 화가 치민다면, 특히 다음 장을 재미있게 읽을 수 있을 것이다.) 아무튼, 나는 계의 객관적인 수학적 서술과 계의 일부를 이루는 주관적 경험을 구분하는 것이 중요하다는 카르나프의 말에 동의한다.

* * *

그러니까 '지금의 문제'는 없다. 그러나 기억에 관한 논의는 우리가 인지하는 시간의 화살과 엔트로피 증가의 관련성을 조명하는 데 유용하다. 내가 앞 절에서 설명한 내용은 왜 시간의 순방향이 역방향과 다르게 보이는가였지, 엔트로피가 증가하는 방향을 왜 순방향으로 인지하는지가 아니었다. 왜 그런지는 운모를 보면 알 수 있다.

운모가 미래의 기억이 없는 이유는 그 기억을 만들어내는 것이 엔트로피를 증가시키기 때문이다. 입자는 광물 틈새를 지나가면서 말끔히 잘 정렬된 원자 배열을 흩어놓는다. 그러면 원자들은 흩어진 상태를 유지하는데, 그 이유는 원자를 옮겨놓은 에너지 일부가 열운동으로 확산하고 어쩌면 음파로도 일부 확산되었기 때문이다. 이 과정에서 엔트로피는 증가한다. 그 반대 과정이 일어나려면 광물 안의 흔적을 완벽하게 치유하는 입자를 생성하고 방출할 수 있도록 광물 안에서 요동이 일어나야 한다. 이것은 엔트로피를 감소시킬 것이고, 따라서 절대로 일어날 리 없는 일이 된다. 우리가 광물 안의 흔적을 보는 이유는 이 과정이 자발적으로 복원될 확률이 극도로 낮기 때문이다.

인간의 뇌 안에서 기억이 형성되는 과정은 그보다 훨씬 더 어렵지만, 마찬가지로 우리 뇌에 흔적을 남기는 낮은 엔트로피 상태로 거슬러 가볼 수 있다. 졸업식 날의 기억을 가지고 있다고 해보자. 이 사건은 과거에 일어난 일이며, 망막을 때린 빛에 의해 생성되었을 가능성이 높다. 이 사건이 과거가 아닌 미래에 일어나고 어떤 식으로든 우리 뇌에서 기억을 빨아들여 없앨 가능성은 현저히 낮다. 그런 일은 그냥 일어나지 않는다. 그리고 그런 일이 일어나지 않는 이유는 엔트로피가 오직 시간의 한 방향을 따라서만 증가하기 때문이다.

물론 장기적으로 보면, 이후의 엔트로피 증가가 모든 기억을 다 씻어내버릴 것이다.

* * *

요약하자면, 시간의 흐름이나 현재의 순간에 관한 우리의 경험 때문에 굳이 지금 사용하는 이론들을 바꿀 필요는 없다. 물론 어떤 물리학자들은 그럼에도 진짜로 시간 비가역적인 다른 법칙을 제안하고 있지만, 가능한 관측을 설명하는 데 그런 개정은 불필요하다. 우리가 아는 한에서, 블록우주는 자연을 정확하게 서술하고 있다.

아인슈타인의 이론은 과거와 미래도 현재처럼 실재이고, 현재의 순간은 단지 주관적으로만 특별하다는 것을 암시한다. 이 사실을 처음 깨달을 때 불편함을 느끼는 사람들이 많다. 어쩌면 여러분도 그런 사람들 중 하나일지 모르겠다. 만일 그렇다면 그 불편함에 맞서 싸워볼 만한 가치가 있다. 그렇게 해서 우리의 경험이 시간의 흐름을 초월한다는 것을 깨닫는 보상을 얻게 되기 때문이다. 우리는 과거에도 지금도, 앞으로도 언제까지나, 우주의 아이들이다.

텅 빈 공간 안의 뇌

시간의 끝에
우리는 모두 돌아올 것이다
부유하는 큰 통 속의 뇌로서,
그리고 순수한 영혼으로
—자비네 호젠펠더, 「슈뢰딩거의 고양이」[37]

실재가 단지 우리의 마음이 감각의 입력을 받아 만들어낸 정교한 구조물일 뿐이고 입력이 변하면 그에 대한 인지도 바뀔 수 있다는 깨달음(!)은 영화를 통해 대중문화로 퍼져나갔다. 그런 예로는 영화 〈매트릭스The Matrix〉(주인공은 컴퓨터 시뮬레이션 안에서 성장하다가 현실이 다소 다르게 보인다는 것을 발견한다), 〈인셉션Inception〉(주인공은 꿈과 현실을 구분할 방법을 찾으려 고군분투한다), 그리고 〈다크 시티Dark City〉(기억이 매일 밤 자정마다 조정된다)가 있다. 그러나 이런 이야기들도 현실이 궁극적으로는 존재하지 않는다는 암시를 회피하는 경향이 있다. 할리우드도 발을 들이지 않는 곳이 있는 것이다.

우리가 단순히 고립된 '통 속의 뇌'라거나 텅 빈 우주 안의 뇌에 불과하다는 이야기는 사실 새로운 아이디어는 아니다. 이 뇌는 감각의 입력을 받아 우리가 지구 위의 인간이라는 환상을 생성해낸다. 우리 자신이 존재한다는 사실 외에 나머지는 확신할 수 없다는 아이디어는 '유아론唯我論'이라고 알려진 꽤 오래된 철학이다. 이러한 가능성을 최초로 사색한 사람의 문서 기록은 약 2,500년 전에 살았던 그리스의 철학자 고르기아스Gorgias까지 거슬러 올라간다. 그러나 유아론 하면 흔히 르네 데카르트René Descartes를 더 많이 떠올린다. 데카르트는 "나는 생각한다. 그러므로 나는 존재한다"라는 말로 이 사상을 정리하였고, 그런 다음 굉장히 긴 글을 써서 그 외에는 그 무엇도 절대 확신을 가질 수 없다고 덧붙였다.

어쩌면 물리학이 이 난제를 해결해주리라 희망을 걸었을 수도 있겠지만, 그렇지 않다. 물리학은 일을 더 엉망으로 만든다. 실은 엔트로피 증가를 설명하면서 불편한 세부 사항을 생략했다. 엔트로피는 사실상 항상 증가하는 것은 아니다. 그리고 엔트로피가 감소하면, 기이한 일이 벌어진다.

다시 한번 36개의 사각형으로 된 우리의 단순한 반죽 혼합 모형으로 돌아가보자. 이 반죽이 엔트로피가 높은 상태, 즉 위 절반에 8~10개의 사각형이 있는 '매끄러운' 거시 상태에 도달했다고 해보자. 문제는, 계속해서 무작위로 이웃한 사각형들을 바꾼다면, 반죽이 영원히 매끄러운 상태로 남아 있지 않다는 것이다. 아주 가끔은, 정말로 우연히, 위 절반에 7개의 설탕 분자만 오게 될 때도 있다. 교체를 계속하면 설탕 분자가 6개만 남게 되는 순간이 찾아올 수도 있다. 물론 이런 모양으로 오래 유지될 확률은 낮고, 아마도 금방 다시 매끄러운 상태로 돌아가게 될 것이다. 그러나 고집스럽게 사각형들을 계속 뒤섞으면 결국 어느 순간에는 위 절반에 5, 4, 3, 2, 1, 그리고 0개의 회색 사각형이 남게 될 것이다. 이렇게 초기 상태로 돌아가게 되는 것이다. 그러면 엔트로피가 감소한 것처럼 보이게 된다.

이것은 실수가 아니다. 원래 이게 엔트로피가 작동하는 방식이다. 엔트로피를 최대까지 끌어올리고 평형상태에 도달한 후, 엔트로피는 우연히 다시 감소할 수 있다. 평형상태를 벗어나는 작은 요동은 있을 수 있다. 큰 요동은 가능성이 훨씬 낮다. 진짜 반죽을 혼합한다면 엔트로피가 상당한 크기만큼 감소하는 일은 일어날 확률이 지극히 낮아서 빅뱅 때부터 지금까지 내내 반죽을 저었다 하더라도 그런 일은 결코 보지 못했을 것이다. 그러나 정말로 오래오래 반죽을 섞을 수 있다면, 궁극적으로 달걀이 서로 뭉치고 버터가 다시 덩어리지는 일이 일어난다. 이것은 순수한 수학적 추측이 아니다. 작은 계에서는 엔트로피의 자발적 감소가 관측될 수 있고 실제로 관측되었다. 예를 들어 물 위에 떠 있는 작은 구슬들은, 가끔씩 물 분자의 무작위 운동으로부터 에너지를 얻는 것으로 관측되었다. 이것은 일시적으로 열역학제2법칙을 거스른다.[38]

이런 엔트로피 요동은 다음과 같은 문제를 만든다. 현재 우리가 우주에 관해 아는 모든 것을 고려하면, 우주는 마치 무한의 시간 동안 계속 팽창할 것처럼 보인다. 엔트로피는 점점 증가하고, 우주는 점점 더 지루한 곳이 될 것이다. 궁극적으로는 모든 별이 죽고, 모든 물질이 블랙홀로 붕괴하고, 이 블랙홀마저 증발하면 우주는 엷게 분포된 복사와 입자들이 가끔 서로 부딪히는 곳이 될 것이다.

그러나 이야기는 이렇게 끝나지 않는다. 무한은 정말로 긴 시간이기 때문이다. 무한의 시간 동안, 무슨 일이든 일어날 수 있는 일은 궁극적으로 일어난다. 그 일이 아무리 확률이 낮다고 해도 말이다.

이 말은 이 지루한, 높은 엔트로피의 우주 안에서 엔트로피가 자발적으로 낮아지는 영역이 있을 것이라는 뜻이다. 그런 영역은 대부분 아주 작지만, 어느 날 큰 요동이 일어날 것이고, 그 안에서 입자가 형성되고, 이를테면 설탕 분자가 그저 우연히 생겨날 것이다. 좀 더 기다려보면 온전한 세포 하나가 생길 수도 있다. 좀 더 기다리면, 결국 높은 엔트로피의 완전한 기능을 하는 뇌가 튀어나와서 한참 동안 "내가 여기 있구나"라고 생각하다가, 다시 사라지고, 엔트로피가 증가하면서 씻겨나가게 될 것이다. 왜 다시 사라지느냐고? 그야 그게 가장 일어날 확률이 높은 일이니까.

이 자의식, 낮은 엔트로피의 요동들을 '볼츠만 두뇌Boltzmann brain'라고 한다. 이 이름은 루트비히 볼츠만Ludwig Boltzmann의 이름을 딴 것인데, 그는 19세기 말에 오늘날 물리학에서 사용하는 엔트로피 개념을 개발했다. 이때는 양자역학이 도래하기 전이었고, 볼츠만은 입자들의 집합에서 일어나는 순수한 통계적 요동을 고민하고 있었다. 그러나 양자 요동은 문제를 더할 뿐이다. 양자 요동으로, 낮은 엔트로피의 사물(뇌!)이 심지어 진공 중에서도 탄생할 수 있다. 그런 다음 다시 사라진다.

어쩌면 여러분은 요동을 통해 존재하게 되는 뇌가 좀 지나치다 싶을지도 모르겠다. 여러분만 그런 것은 아니다. 물리학자 세스 로이드Seth Lloyd[39]는 볼츠만 두뇌에 관해 이렇게 말했다. "그런 뇌들은 몬티 파이선Monty Python의 테스트도 통과하지 못할걸요. 몬티 파이선도 그럴 거예요. '그만들 하지! 이거 너무 바보 같잖아!'" 리 스몰린은 나에게 이런 말을 한 적이 있다. "왜 하필 뇌인가요? 왜 요동을 통해 존재하게 된 간 얘기는 아무도 안 하는 거죠?" 공정한 지적이다. 그러나 나는 숀 캐럴 편이다.[40] 숀 캐럴처럼 나도 볼츠만 두뇌가 우주론에 관해 우리에게 뭔가 가치 있는 것을 가르쳐준다고 생각한다.

볼츠만 두뇌 논거에서 문제는 뇌 자체가 아니다. 이런 거대한 요동의 확률이 우리 관측과 일치하지 않는 예측으로 이어진다는 점이 문제다. 엔트로피가 낮으면 요동이 일어날 확률도 낮아진다는 점을 기억하자. 우리가 지금까지 관측해온 내용을 설명하려면 엔트로피가 충분히 낮아야 한다. 그런 상태라면 최소한 한 사람이 평생 동안 받아온 입력 정보가 축적된 뇌를 얻을 수 있다. 하지만 이론은, 그런 다음 지구가 사라지고 엔트로피는 느슨해져 평형상태로 돌아갈 것이라고 높은 확률로 예측한다. 글쎄다. 아무튼 그런 일은 분명히 일어나지 않았다. 지금도 일어나지 않고 있다. 그냥 아예 일어난 적이 없다. 그러는 동안 이 예측은 완전히 틀린 것으로 입증되어버렸다.

이론이 관측과 어긋나는 예측을 내놓는다는 건 분명 좋지 않은 일이다. 무언가 잘못된 것이 틀림없다. 하지만 뭐가 잘못됐을까? 일단 앞서 말한 대로 우리가 엔트로피를 이해하는 데 부족한 점(중력, 연속 장)이 있어 그럴 수도 있겠지만, 볼츠만 두뇌 논거에는 문제의 원인일 가능성이 훨씬 큰 다른 추정이 포함되어 있다. 그것은 진화 법칙들이 모두 요동을 일으키지 않는다는 것이다.

궁극적으로 요동이 일어나게 된다는 이론은 '에르고드 이론ergodic theory'이라고 불린다. 우리가 사용했던 작은 반죽 혼합 모형은 에르고드적 모형이며, 볼츠만과 동시대 동료들이 연구했던 모형들도 에르고드적이다. 그러나 안타깝게도, 현재 우리가 기본 물리학에서 사용하는 이론들이 에르고드 이론인지는 아직 결정되지 않았다.

150년 전에 물리학자들은 서로 충돌하여 방향을 바꾸는 입자들 문제를 고민하면서 이런 의문을 품었다. "산소 원자들이 전부 다 방의 한쪽 구석에 모이는 데 걸리는 시간은 얼마인가?" 이것은 좋은 질문이지만(답: 아주 아주 오랜 시간이 걸린다. 걱정하지 말자) 뇌처럼 복잡한 것이 생성되려면 먼저 입자들이 서로 들러붙어 뭉쳐야 한다. 물리학자들의 표현을 빌리자면 입자들이 '얽매인 상태bound state'를 형성해야 한다. 양성자를 예로 들면, 양성자는 쿼크 3개가 얽매인 상태로, 서로를 강한 핵력으로 붙잡고 있다. 별들 역시 중력으로 얽매인 상태다. 단지 입자들이 서로 부딪히는 것만으로는 우리가 관측하는 것과 닮은 우주를 창조하기에 역부족이다. 그리고 중력과 강한 핵력이 에르고드적인지는 누구도 알지 못한다. 따라서 볼츠만 두뇌 논거에는 모순이 없다.

사실 이 논거를 거꾸로 읽고 우리의 기본 이론들 중 적어도 하나는 에르고드적이지 않다는 결론을 내릴 수도 있다. 내가 볼츠만 두뇌를 흥미롭게 생각하는 이유가 이것이다. 이 논거는 자연법칙이 반드시 가져야 하는 성질에 관해 말하고 있다. 그러나 당신이 텅 빈 공간에 존재하는 단 하나의 뇌라고 해서 걱정할 필요는 없다. 만일 그랬다면, 당신은 이미 사라지고 없을 것이기 때문이다. 아직 사라지지 않았다면 이제 곧 사라질 것이다. 아니면 지금…….

＊＊＊

볼츠만 두뇌는 모순을 통해 논증을 이끌어내는 이론적 장치지만(만일 자연법칙이 에르고드적이라면, 우리가 관측한 것들은 대단히 있을 법하지 않은 일이 된다) 분명히 당신은 볼츠만 두뇌가 아니다. 그러나 나는 과학 문헌에 볼츠만 두뇌가 남긴 족적에는 더 심오한 메시지가 담겨 있다고 생각한다.

기본 물리학을 통해 우리는 실재를 더 가까이 들여다볼 수 있지만, 그럴수록 현실은 더욱 미끈거리며 손에서 슥 빠져나간다. 주된 원인은 우리가 수학을 지나치게 많이 사용하기 때문이다. 자연에 관한 기본적인 서술이 일상 경험에서 멀어질수록, 우리는 수학의 엄격성에 더 많이 의지하게 된다. 이 의존이 그런 결과를 초래한다. 실재를 서술하기 위해 수학을 사용한다는 것은 결국 같은 관측을 여러 가지 다양한 방법으로 동등하게 설명할 수 있다는 의미다. 이는 모든 가용 데이터에 대하여 정확히 같은 예측을 내놓는 수학적 공리들이 많이 있기 때문이다. 그러므로 만일 여러 가지 설명 중 하나에 '실재'를 부여하려 한다면, 어느 설명에 부여해야 할지 알지 못할 것이다.

예를 들어 아이작 뉴턴Isaac Newton의 시대에는 중력이 실재라고 주장해도 논란이 될 일이 없었다. 중력은 대포알의 궤적부터 달 궤도까지 무엇이든 계산해주는 대단히 쓸모 있는 수학적 도구였다. 그러나 알베르트 아인슈타인이 등장해서 우리가 '중력'이라고 부르는 효과는 시공간이 휘어서 생기는 것이라고 가르쳐주었다. 즉 중력은 힘이 아니다. 그렇다면 중력이 아인슈타인의 등장과 함께 더 이상 존재하지 않게 된 것일까? 이 사례의 진정한 의미는 실재란 결국 인간이 무엇을 실재라고 믿는가에 좌우된다는 것이다. 아마 대부분의 과학자들은 거기까지 가고 싶지는 않을 것이다.

어쩌면 여러분은 이렇게 말할지도 모르겠다. 아인슈타인과 함께 중력이 존재하지 않게 된 것이 아니라 애초에 존재한 적이 없었던 거다. 아인슈타인 이전 시대의 과학자들이 그냥 틀렸던 것이다! 아, 그러나 그럴 경우 우리가 지금 가진 이론 중 어느 것도 실재라고 주장할 수 없게 된다. 어느 날 이 이론들이 더 나은 이론으로 대체될 수도 있으니 말이다. 공간? 전자? 블랙홀? 전자기복사? 여러분은 이런 것들을 실재라고 부르도록 허락받지 못한다. 다시 말하지만, 대부분의 과학자들은 이런 실재의 개념 앞에서 멈칫거릴 것이다.

패러다임의 이동이 임박했다는 문제는 잠시 접어두더라도, 관측을 서술하기 위해 어떤 수학을 사용해야 하는지도 모호하다. 왜냐하면 물리학에서 우리는 쌍대 이론dual theory을 가지고 있기 때문이다. 쌍대성을 갖는 두 이론은 관측할 수 있는 하나의 현상을 서로 완전히 다른 수학적 형태로 서술한다. 쌍대성 이론은 마치 어떻게 보느냐에 따라 토끼인지 오리인지 달라지는 그림 같다(그림 6). 이것은 정말로 토끼일까[41] 아니면 정말로 오리일까? 글쎄다.

그림 6 토끼? 아니면 오리?

이것이 정말로 무엇이냐면 그냥 이렇게도 저렇게도 해석할 수 있는, 흰 배경 종이 위에 그려진 검은색 선이다.

물리학에서 쌍대성 이론으로 가장 유명한 예는 게이지 중력 쌍대성gauge-gravity duality이다. 이는 중력 이론(휘어진 시공간의 이론)과 이보다 한 차원이 적은 중력 없는(즉 시공간이 평평한) 입자 이론을 이어주는 수학적 등가 관계를 말한다. 우리는 이 두 이론 모두에서 측정 가능한 양(이를테면 금속의 전도도)을 계산할 방법과 과정을 얻는다. 이 두 이론은 (중력 이론 또는 입자 이론) 수학적 요소들도 다르고 계산법도 다르지만, 이론들이 내놓는 예측은 정확히 같다.

이 게이지 중력 쌍대성이 실질적으로 우리가 우주에서 관측하는 것을 서술하는 것인지는 다소 논란의 여지가 있다. 끈이론가들 다수는 실제로 서술하고 있다고 믿는다. 나 역시도 특별한 유형의 블랙홀에 관해 쌍대성을 갖는 특정 유형의 플라스마를 정확히 서술할 가능성이 꽤 높다고 생각한다. (아니면 어떤 유형의 플라스마에 대해 블랙홀이 쌍대성을 갖는 것일까?) 그러나 특정 쌍대성 이론이 자연을 정확하게 서술하고 있는지는 여기에서 조금 벗어나는 문제다. 임박한 패러다임 변화의 위협은 그 어떤 이론의 서술에도 '실재'를 부여할 수 없다는 결론으로 이어지는데, 쌍대 이론이라는 단순한 가능성만으로도 이 결론을 뒷받침할 수 있다. (양자역학의 다양한 해석은 또 다른 주제가 될 텐데, 이 이야기는 5장에서 다루도록 하겠다.)

이런 골칫거리 때문에 철학자들은 실재론의 변종을 제안하고 그 이름을 '구조적 실재론structural realism'이라고 지었다. 구조적 실재론에서는 실재인 것은 이론의 수학적 구조이지 어떤 특별한 서술이 아니라고 말한다. 아까 그 그림도 원한다면 토끼-오리 그림이라고 부를 수 있다. 아인슈타인의 일반상대성이론은 이전에 '중력'이라고 불렸던 것을 구조적으로 포함하는데, 이론에 '뉴턴 한계Newtonian limit'라는 근사를 적용하면 이 힘(중력)을 유도할 수 있기 때문이다. 이 한계가 관측을 항상 훌륭하게 서술하지 못한다고 해서(빛의 속도에 가깝거나 시공간이 크게 휘어 있을 때는 무너진다) 실재가 아니라는 의미는 아니다.

구조적 실재론에서는 중력이 단지 근사에 불과하더라도 중력을 실재라 부를 수 있다. 시공간이 언젠가 좀 더 근본적인 어떤 것, 이를테면 커다란 네트워크 같은 것으로 대체된다고 하더라도 실재라고 부르는 것이 허용된다. 더 나은 이론이 무엇이든 간에, 그 이론은 현재 우리가 적절한 한계 안에서 사용하는 구조를 반드시 재현해야 할 것이기 때문이다. 그러면 모든 게 앞뒤가 맞는다.

내가 실재론자라면 구조적 실재론자가 되었을 것이다. 그러나 나는 실재론자가 아니다. 그 이유는 내가 통 속에 든 뇌이고 내가 지금까지 배워온 자연법칙에 관한 지식이 전부 다 정교한 환상일 가능성을 배제할 수 없기 때문이다. 어쩌면 나는 아무 오점 하나 없는 우주 안에 외로이 존재하는 하나의 요동에 불과하다고, 지금까지 평생 배워온 것들은 그냥 다 주어진 정보라는 이야기가 터무니없다고 스스로 추론해 결론 내릴 수도 있을 것이다. 그러나 그렇다고 해도 애초에 나의 뇌 바깥에 우주가 있다는 것은 여전히 증명되지 않는다. 유아론은 철학이라고 할 수도 있겠지만, 원래는 생물학적 사실에서 비롯된 것이다. 우리는 우리 머릿속에서 혼자이고, 적어도 지금까지는, 우리 자신의 생각 너머에 있는 그 무엇도 직접적으로 추론할 가능성이 없다.

그렇다 하더라도, 나 자신의 존재 외에 그 어떤 것도 전적으로 확신할 수 없다고 주장하면서도, 동시에 그것이 곱씹어볼 정도로 쓸모 있는 철학은 아니라는 생각도 한다. 어쩌면 여러분은 존재하지 않을지도 모르고, 내가 이 책을 썼다는 것도 그냥 나의 환상일지 모른다. 그러나 내가 실재와 환상을 구분할 수 없다면, 굳이 그러려고 애쓸 필요가 있을까? 실재는 분명히 쓸모 있는 좋은 설명이다. 그러므로 실용적인 목적을 위해, 나는 (누가 물어본다면) 이 책이나 이 책의 독자가 실제로 존재한다는 것을 완벽하게 확신하지 못할 가능성을 인정하면서, 내가 관측한 모든 것이 실재인 것처럼 다룰 것이다.

간 단 한 답 변

우리가 나이를 먹어가는 것은 그것이 가장 일어날 법한 일이기 때문이다. 우리가 현재 가지고 있는 이론은 시간의 1차원적 본질과 '지금'에 관한 우리의 인식으로 잘 서술된다. 일부 물리학자들은 기존의 설명이 만족스럽지 않다고 여긴다. 더 나은 설명을 찾는 것은 분명 가치 있는 일이다. 그러나 그게 반드시 필요하다거나 심지어 가능할 거라고 생각할 이유는 없다. 만일 여러분이 스스로를 큰 통 속의 뇌라고 믿고 싶다면, 상관없다. 그러나 그게 무슨 차이가 있다고 생각하는지는 모르겠다.

4장

우리는 그저 원자가 든 자루일 뿐인가

Existential Physics

당신은 무엇인가

일부 대중 강연자들은 사람들 앞에서 강연을 해야 할 때 청중이 벌거벗고 있는 그림을 연상하면서 긴장을 푼다고 들었다. 나는 여러분을 모르지만, 그런 식으로는 생각하지 않는다. 나는 나의 독자들을 화학원소로 분해해서 상상하는 편을 더 좋아한다(그림 7).

인체는 약 60퍼센트가 물이니까, 일단 먼저 나의 독자들은 아주 많은 산소와 수소로 구성되어 있다. 나는 산소와 수소가 풍선 모양으로 둥둥 떠다니는 모습을 상상한다. 그런 다음, 한 사람 한 사람에 대하여, 큰 병에 탄소를 담는다. 탄소는 단백질과 지방의 주요 구성 성분이다. 탄소 자체로 치면 인체의 18퍼센트를 차지하

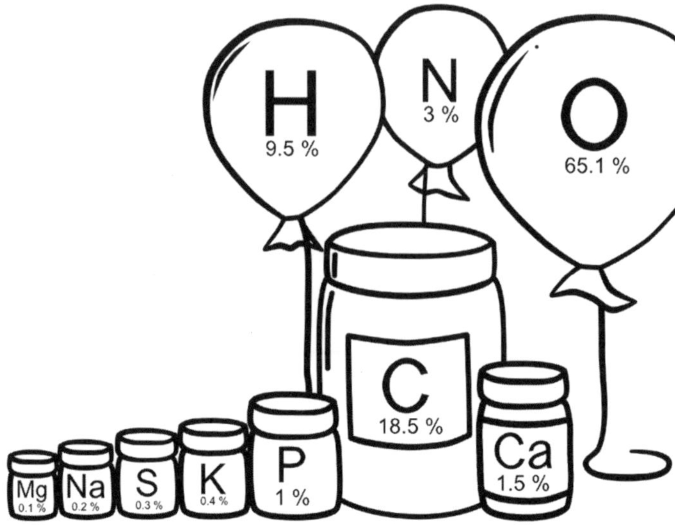

그림 7 인체를 구성하는 주요 원자들. 그림 비율과는 무관.

며, 평균적인 성인이라면 약 13.6킬로그램 정도가 된다. 그런 다음 기체인 질소(3퍼센트)가 있고, 탄소보다 작은 병에 든 칼슘(1.5퍼센트)과 인(1퍼센트)이 있고, 소량의 포타슘(칼륨), 황, 소듐(나트륨), 마그네슘이 있다. 이걸로 끝. 이게 인간이다. 인간은 비슷비슷해 보이는 화학원소들의 집합이다.

여러분한테 이 방법이 별로 효과가 없으면, 자신을 구성하는 원자가 어디에서 왔는지 곰곰이 생각해보면 도움이 될 것이다. 우주의 첫 시작은, 빅뱅 후 몇 분 만에 생성된 수소를 제외하면, 화학원소들이 모두 준비되어 있는 그런 상태는 아니었다. 원자핵이 화학원소가 되려면 어마어마한 압력을 받아야 하기 때문이다. 일단 수소 구름으로부터 중력의 작용을 받아 별이 형성되고 난 후에야 무거운 원소들이 생성될 수 있다. 붕괴하는 수소 구름 안에서 중력의 압력은 궁극적으로 핵융합을 촉발한다. 이로 인해 가벼운 핵자들이 모여 점점 더 무거운 핵으로 뭉쳐진다.

그러나 별이, 융합해야 할 것들을 모두 융합하는 순간이 온다. 생의 마지막을 맞이하는 별들은 대부분 어둑해지지만, 일부는 빠르게 붕괴하면서 엄청난 규모로 폭발한다. 그렇게 해서 '초신성'이 된다. 초신성은 폭발하면서 별의 내부를 우주로 날려버린다. 북적북적했던 별의 내부 환경에서 벗어나 자유롭게 풀려난 원자핵은 전자들을 붙잡아 제대로 된 원자가 된다.

그러나 초신성 폭발조차 별을 완전히 소멸시키지는 못한다. 폭발 뒤에는 잔여물이 남는데 이것이 중성자별이나 블랙홀이다. 중성자별은 핵 물질이 뭉친 거대한 덩어리로, 밀도가 매우 높아서 블랙홀로 붕괴하는 신세를 간신히 모면한다. 매우 무거운 원소들,[42] 이를테면 금이나 은은 중성자별 융합같이 특별히 거친 환경 안에서만 형성될 수 있다. 그러나 무거운 핵은 이런 융합에서도 탈출해 날아가서 은하 전반에 퍼져나가게 되고, 은하 안에서 전자를 포착해 원자가 된다.

이런 원자들 중 일부는 서로 결합하여 작은 분자나 심지어 미세한 알갱이가 되기도 한다. 이것이 우주진stardust, 즉 우주먼지다. 우주먼지는 섞여서 수소와 헬륨 구름이 되는데, 이 구름은 빅뱅

때부터 지금까지 주위를 날아다니고 있다. 그리고 중력은 계속 작용한다. 구름의 밀도가 높아져 빽빽해지면 다시 한번 붕괴하여 새로운 별이 탄생하고, 태양계와 행성이 탄생하고, 잠재적으로는 행성들에 생명을 탄생시킬 가능성도 있다.

이 과정은 주기적으로 일어나지 않으며, 현재까지 알려진 바로는 앞으로 영원히 계속될 수 없다. 먼 미래의 어느 때에(추정하기로는 지금으로부터 약 100조 년[43] 후에) 우주에 남은 핵연료는 영원히 고갈될 것이다. 이는 3장에서 논의했던 엔트로피 증가에 따른 결과 중 하나다. 우주는 오직 제한된 시간 동안에만 생명을 유지할 수 있다.

그러나 지금 여기에 우리가 있다. 빅뱅 직후에 만들어지거나, 별들의 마지막 폭발 때 성간에 던져진 원자들로 이루어진 우리. 요즘 유행하는 말처럼 우리는 별의 먼지로 만들어진 별의 아이들이다. 나는 개인적으로 내 원자들이 어디에서 왔는지 크게 개의치 않는다. 그러나 생각이 이 정도까지 오면 무대 공포증은 씻은 듯이 사라져버린다.

많을수록 많다

의식이 있는 존재가 만들어지려면 입자 이상의 무언가가 필요할까?

나는 인간의 의식이 뇌 안에 있는 수많은 입자의 상호작용으로부터 발생한다는 가능성을 거부하는 사람들을 많이 보았다. 그들은 의식에 관해서라면 어떻게든 무엇이든 달라야 한다는 생각에 집착하는 것 같다. 그리고 과학적인 정신을 가진 이들도 영혼이라는 단어만 쓰지 않을 뿐, 실제로는 영혼을 믿는다. 그들은 신비롭고, 설명할 수 없으며, 자신들의 존재를 특별하게 만드는 '추가적인 어떤 것'을 찾고 있다. 그들은 자신들이 품은 소중한 생각이 '단지' 수많은 입자가 자연법칙의 지시를 따라 행동한 결과일 뿐이라는 건 상상조차 할 수 없는 일이라고 여긴다. 분명히 그들은 의식이 이보다는 더 거창한 존재일 거라고 주장한다. 2019년의 조사[44]에서, 미국인의 75.8퍼센트는 이러한 '이원론dualism' 아이디어에 동의했다. 이원론이란 인간의 영혼이 복잡한 생물학적 장치 이상의 무엇이라는 생각을 말한다. 싱가포르에서는 이원론자의 비율이 훨씬 더 높아서 88.3퍼센트에 달한다.

만일 여러분이 이원론자에 해당된다면, 이야기를 더 진행하기 전에 먼저 합의를 해야 한다. 의식이 생기려면 물리학자들이 설명 못 하는 '추가적인 어떤 것'이 필요하다는 믿음을 잠시 접어두고 내가 하는 말을 듣기로 하자. 그에 대한 보상으로, 여러분이 이 책을 끝까지 다 읽고도 여전히 인간의 뇌는 자연법칙의 예외 대상이라고 주장한다면, 그냥 그 생각을 가지고 여생을 살도록 놔두겠다.

말은 이렇게 해도, 훈련을 받아 입자물리학자가 된 사람으로서 여러분에게 이 점은 미리 알려주어야 할 것 같다. 지금까지 우리가 수집해온 증거들에 따르면 전체는 부분들의 합일 뿐이며 그 이상도 이하도 아니다. 지난 1,000년간 무수히 많은 실험을 통해 확인한 사실은, 사물은 그보다 더 작은 것으로 만들어졌으며 그 작은 것들이 뭘 하는지 알면 큰 것이 하는 일도 알 수 있다는 것이다. 이 법칙에 관해서는 단 하나의 예외도 알려진 것이 없다. 예외가 있을 법하다고 일관성 있게 설명하는 이론도 없다.

한 나라의 역사가 시민들의 행동 그리고 그들과 환경의 상호작용의 결과물인 것처럼, 시민들의 행동은 그들을 구성하는 입자들의 성질과 상호작용의 결과다. 이 둘 모두 테스트를 통해 검증된 것이다. 지금까지는 그렇다. 따라서 나는 과학자로서 이 사실을 인정한다. 혹시 언젠가 바뀔 수도 있으니 궁극의 진리로서 인정하는 건 아니고, 단지 현재까지 알려진 최고의 지식으로서 인정한다.

많은 사람이 합성 물체(예, 인간)의 행동이 그 구성 물질(예, 아원자입자)의 행동에 의해 결정된다는 것이 단순한 철학적 입장에 불과하다고 생각하는 것 같다. 그들은 이런 아이디어를 환원주의 또는 '물질주의', 아주 가끔은 '물리주의physicalism'라고 부른다. 마치 이름 끝에 '주의'를 붙이면 뭐가 좀 달라지는 것처럼 말이다. 그러나 환원주의는(이 사조에 따르면 물체의 행동은 물체의 구성 요소의 성질, 행동, 상호작용으로부터 유도[철학자들은 '환원'이라고 하겠지만]될 수 있다) 철학이 아니다. 자연에 관해 최선으로 수립된 사실들 중 하나다.

그래도 나는 강경파 환원주의자는 아니다. 자연법칙에 관한 우리의 지식은 제한적이고, 아직 이해해야 할 것이 많으며, 앞으로 계속 얘기하겠지만 환원주의는 미묘한 방식으로 실패할 가능성이 있다. 그러나 규칙을 깨려면 먼저 그 규칙을 제대로 배워야 한다.

과학에서 우리의 규칙은 사실에 바탕을 두고 있다. 그리고 지금까지 알려진 사실은, 입자들로 이루어진 물체들 중에 환원론이 거짓임을 증명하는 행동을 하는 물체를 아직 발견하지 못했다는 것이다. 이런 일이 무수히 많이 일어날 수 있었다 해도 말이다. 우리가 원자에 관해 아는 사실을 바탕으로 볼 때, 예상되는 성질을 갖지 않은 분자는 아직 발견하지 못했다. 그리고 그 분자 구성으로 미루어볼 때 일으킬 수 없는 효과를 일으키는 약을 아직 본 적이 없다. 우리는 기본 입자의 물리와 상충하는 행동을 하는 물질을 아직 만들어본 적이 없다. 만일 누가 '전체론holism'(전체가 단순히 부분의 합이 아니라고 말하는 이론—옮긴이)이라고 말하는 소리를 들으면, 나는 '헛소리'라고 해석한다.

분명히 우리가 지금 알고 있는 것들 가운데 현재로서는 예측할 수 없는 것이 많다. 우리의 수학 기술과 연산 도구들이 제한적이기 때문이다. 예를 들어 평균적인 인간의 뇌는 약 1000조 곱하기 1조 개의 원자를 가지고 있다.• 오늘날의 가장 강력한 슈퍼컴

• 나처럼 큰 숫자들을 헷갈려 하는 분들을 위해 쓰자면, 대략 10^{27}개다.

퓨터를 동원해도, 이 원자들이 전부 다 어떤 식으로 상호작용하여 의식 있는 생각을 창조해내는지는 계산할 수 없다. 그러나 그것이 불가능하다고 생각할 이유도 없다. 현재까지 알려진 바에 따르면, 충분히 큰 컴퓨터만 있다면 원자 대 원자 수준으로 뇌를 시뮬레이션하는 데에는 전혀 문제가 없다.

이와는 대조적으로, 합성 시스템(뇌, 사회, 전체로서의 우주)이 구성 요소의 행동으로부터 유도되지 않는 행동을 보여준다고 가정하는 것은 불필요한 일이다. 이런 가정을 지지하는 증거가 없기 때문이다. 이 가정은 마치 신의 가설만큼이나 쓸모가 없다. 틀리지는 않지만 무과학적이다.

아마 이 내용이 충격으로 다가오는 분들도 있을 것이다. 필립 앤더슨Philip Anderson[45](무려 노벨상까지 받은 사람!)의 캐치프레이즈 "더 많으면 다르다"는 그 반대를 주장한 것 아닌가? 실제로 그는 그렇게 말했다. 그러나 노벨상을 받았다고 항상 옳은 말만 하는 것은 아니다.

＊＊＊

50여 년 전까지만 해도, 물리학자들은 다양한 해상도의 수학적 모형을 가지고 하나의 계를 서술했다. 그러니까 이를테면 물에 대해서는 이런 방정식들을 사용하고, 분자에 대해서는 저런 방정식을 사용하고, 원자와 그 구성 요소들에 대해서는 또 다른 방정식을 사용하는 식이었다. 이 각기 다른 수학 모형들은 서로 독립적이었다.

그러나 20세기 중반에 이르러 물리학자들은 이 서로 다른 모형들을 형식적으로 연결하기 시작했다. '형식적으로'라고 덧붙인 것은 대부분 계산이 너무 어려워서 수학적 파생이 아직 실행될 수 없었기 때문이다. 그러나 이제 물리학자들은 이를테면 원자의 성질로부터 물의 성질을 추론할 수 있는 과정을 잘 정의할 수 있게 되었다. 이런 과정은 거친 모형화coarse-graining라고 부른다. 수학은 다소 까다롭지만 아이디어는 단순하다.

높은 해상도로 하나의 계를 서술한다고 생각해보자. 짧은 거리에서 섬세한 구조들을 여럿 들여다본다는 뜻이다. 지형도를 상상해보면 이해가 갈 것이다. 이 지형도는 산등성이와 계곡의 위치뿐 아니라 그 아래 아스팔트 도로에 금이 간 부분과 목초지의 자갈까지 고스란히 다 보여준다. 지금 내가 하이킹을 계획하는 중이라면 이 지도의 여러 가지 세부적인 내용들이 다 필요하지는 않다. 목적에 맞게 지도를 잘 사용하려면, 이를테면 지형 위에 100미터 크기의 모눈을 그리고 각 사각형에 대한 평균값을 사용할 수 있다. 이렇게 하면 정보를 버리는 셈이 되지만, 그 정보는 어차피 필요하지 않은 정보다.

물리학에서 하는 거친 모형화는 이런 평균보다는 훨씬 더 복잡하지만, 결국 핵심만 추리고 불필요한 정보를 버리는 방법이라 할 수 있다. 물리학에서 모눈의 크기는 흔히 '컷오프cutoff'라고 부른다. 우리가 할 일은 컷오프에 따라 결정되는 해상도에서 충분히 정확한 근사 모형을 정하는 것이다. 여기에 잃어버린 세부 사항에 대한 작은 보정치를 더해주면 된다. 이 컷오프 아래의 작은 보정치들을 완전히 던져버리면, 물리학자들이 **유효 모형**이라고 부르는 것을 얻게 된다. 이 모형은 기본적으로 옳지 않다. 아까 평균을 냈던 지형도처럼 정보를 잃어버리기 때문이다. 그러나 우리가 흥미를 갖는 해상도 수준에서는 충분히 좋다.

유효 모형으로 가장 잘 알려진 예는 온도, 압력, 점도, 밀도 등의 집합적 양을 써서 기체와 유체를 한 덩어리로 서술하는 모형이다. 이 서술은 분자 수준에서 세부 사항을 평균한다. 물리학에서 사용하는 유효 모형은 그 외에도 많다.[46] 전형적인 유효 모형들은 사물과, 그 사물의 중심이 되는 양이 기본 이론에서 말하는 내용과 맞지 않다. 즉 대개 기본 이론 안에서 앞뒤가 맞지도 않는다. 금속의 전도도를 예로 들어보면, 전도도는 전자의 행동으로부터 유도되는 물질의 성질이다. 그러나 전자의 전도도라는 것은 아예 말이 안 된다. 실제로 아원자입자들의 모형을 가지고 작업을 하고 있다면 '금속'이라는 개념 자체가 말이 안 된다. 금속은 수많은 작은 입자가 이루는 특정 배열이다.

유효 이론effective theory에서는 중요한 역할을 하지만 기본 이론에는 등장하지 않는 성질과 사물을 **창발적**이라고 부른다.* 창발성과, 창발하는 사물은 다른 것으로부터 유도될 수도 있고 또는 다른 무언가로 유도될 수 있다. **기본**은 '창발'의 반대다. 기본 성질 또는 사물은 다른 것으로부터 유도되지 않고 다른 무언가로도 유도되지 않는다. 앞으로 더 기본적인 계층을 '깊은' 수준, 창발 계층은 '얕은' 수준이라고 부르겠다.

일상생활에서 우리가 다루는 것들은 거의 모두 창발적, 즉 얕은 수준의 성질 또는 사물이다. 물질의 색깔(얕은 수준)은 원자의 구조(깊은 수준)로부터 창발한다. 약의 효능(얕은 수준)은 분자 구성(깊은 수준)으로부터 창발하고, 나아가 분자의 구성은 분자를 이루는 원자들의 구성(그보다 더 깊은 수준)에서 창발한다. 세포의 운동은 분자들의 배열과 상호작용으로부터 창발한다. 생체 기관의 기능은 세포의 기능으로부터 창발한다. 이런 식으로 계속된다.

앞서 지형도로 거친 모형화의 특징을 살펴보았듯이, 창발성을 유도하는 과정에서 짧은 거리의 세부 정보들은 필연적으로 폐기된다. 그래서 이론 탑에서는 항상 하위 이론에서 상위 이론으로, 즉 일방통행으로 흘러갈 수밖에 없다. 원자 이론으로부터 유체역학(유체의 운동을 서술하는 분야) 법칙들을 유도할 수 있다. 그러나 유체역학에서 원자 이론을 유도할 수는 없다. 유효 모형을 유도하면서 정보들을 영원히 폐기해버렸기 때문이다. 수학에서는 일부 매개변수를 무한으로 보낼 때, 또는 같은 얘기지만, 작은 보정치

• 좀 더 정확히 말하면 이런 경우는 '약한' 창발성이라고 한다. 철학자들은 이것을 '강한' 창발성과 구분한다. 강한 창발성은 거시계가 그 구성 요소나 요소의 행동으로부터 유도될 수 없는 성질을 갖는다는 가설적인 사례를 말한다. 강한 창발성은 6장에서 자세히 얘기할 것이다.

들을 버릴 때 이런 일이 흔히 일어난다. 실제로 이 이론 탑이 양방향 통행이 불가능하기 때문에 우리는 지금 가지고 있는 법칙으로부터 더 기본적인 법칙을 유도할 수 없는 것이다. 유도할 수 있다면, 그 법칙은 애초에 기본이 아닌 것이다! (그러면 물리학자들은 더 기본적인 법칙을 어떻게 발견하는가? 여기에 관해서는 다음에 나올 데이비드 도이치David Deutsch와의 인터뷰에서 논의할 것이다.)

게다가 현재로서는 대부분의 경우에서 거친 모형화에 필요한 수학적 연산도 제대로 하지 못한다. 예를 들어 원자의 성질로부터 세포의 성질을 유도할 수 있는 사람은 아직 아무도 없다. 단백질 접힘 문제가 잘 보여주듯, 분자의 성질을 예측하는 것도 사실상 어렵다. 수학이 너무 어렵기 때문이다.

그러나 지금 우리의 논의에서는 깊은 수준과 얕은 수준을 연결시킬 수 있는 연산이 가능한가 가능하지 않은가는 크게 중요하지 않다. 지금은 자연법칙의 구조로부터 우리가 무엇을 배울 수 있는지가 더 중요하다. 그러므로 잘 정립된 이론을 따르면, 가장 깊은 수준의 이론이 그 위 수준의 이론을 결정한다는 것만 짚고 넘어가자. 이를 부정하려면 적어도 그것이 어떻게, 왜 가능한지를 설명해야 한다. 이를테면 금속에 관한 이론이 어떻게 금속의 구성 요소들에 관한 이론으로부터 도출되지 않는다는 것인가? 당신이 이 생각을 좀 더 밀어붙이고 싶다면, 이 문제는 당신이 직면해야 할 도전이다.

창발 이론이 기본 이론에 비해 덜 중요한 것은 아니다. 사실 창발 이론들은 관련성이 적은 세부 사항을 무시하기 때문에 '더' 유용하게 쓰이는 경향이 있다. 창발 이론들은 대부분 해당 수준의 정확도에서는 더 나은 설명이 되곤 한다. 그러나 현재까지 알려진 기본 이론들은, 현재 가장 깊은 수준인 **입자물리학의 표준모형**과 중력을 서술하는 아인슈타인의 일반상대성이론이 전부다.

나는 앞으로 나올 내용에서 기본 법칙을 연구하는 물리학 분야를 '기본 물리학'이라고 부를 것이다. 그 나머지 것은 모두 기본 법칙으로부터 창발하는 것인데, 대체로 원자물리학, 화학, 물질과학, 생물학, 심리학, 사회학 순서로 나온다. 나 자신도 포함해서 대부분의 물리학자들은 현재의 기본 이론들이 앞으로도 영원히 기본성을 유지하리라고는 생각하지 않는다. 좀 더 구체적으로 말하자면 현재의 기본 이론들은 더 깊은 수준으로부터 창발되었다고 판명되리라 생각한다.•

돌이켜보면 과학적 원리들이 이런 식으로 서로 묶여 있음이 명백한 것 같다. 그러나 지난 세기의 과학자들은 자연을 그런 식으로 생각하지 않았다. 실제로 기본 물리학의 영역 밖으로 나가면 모든 과학적 원리가 동등하게 기본적이라고 강렬히 주장하는 사람들이 여전히 많다.

그러면 이제 이 문제는 어느 범위에서는 용어를 두고 벌이는

• 더 깊은 수준을 탐색하는 과정은 내 이전 책 『수학의 함정: 아름다움에 사로잡힌 물리학자들*Lost in Math*』의 주제였다. 따라서 이 책에서 자세한 내용은 소개하지 않는다.

싸움이 된다. 내가 말하는 '기본'이란 "다른 이론으로부터 유도될 수 없다"는 뜻이다. 그런데 다른 원리를 다루는 과학자들은 가끔 덜 기본적이라는 것을 덜 중요하다는 의미로 받아들이고, 자신이 몸담은 분야를 모독한다고 생각한다. 그러나 물리학자들이 다른 과학자들을 과소평가하려고 모든 것이 입자로 만들어졌다고 말하는 것이 아니다. 그건 그냥 상황이 그런 것이다.

앞서 나는 여러분에게 솔직하겠다고 말했다. 그러니 일부 물리학자들은 자연법칙들이 실은 환원적이라는 것을 여전히 믿지 않는다는 얘기도 덧붙여야겠다. 이 문제에 관해서는 내가 제시한 증거를 보고 여러분이 직접 판단하라는 말 외에는 딱히 할 말이 없다. 자연이 환원적이라는 가설은 관측 증거에 의해(이론의 수준이 깊어질수록 제대로 작동하지만 반대로 가면 그렇지 않다는 점에서 설명이 된다) 그리고 최근 그 이면의 수학 일부를 이해하게 되면서 지지를 받고 있다.

말은 이렇게 하지만, 자연법칙의 계층 구조에 관해 일반적인 오해가 있다는 것도 언급해야 하겠다. 다시 말해 이를 거스르는 듯한 예가 있다는 것이다. 예를 들어 당신이 두 양성자를 충돌시키는 입자 충돌기를 켜는 버튼을 누른다고 해보자. 이 충돌기는 힉스 보손Higgs boson을 생성할 것이다. 이 과정에서, 아주 짧은 거리에서 발생한 사건을 일으킨 것은 당신의 결정(즉 더 위쪽 수준의 기능)이 아닌가? 그렇다면 말끔히 정돈된 이론 탑 구조라는 아이디어를 어기는 셈이 아닐까? 또 다른 예로는 정보 처리 과정에서 트랜지스터를 켜고 끄는 컴퓨터 알고리즘을 들 수 있다. 전자를 컨트롤하는 것은 당신이 프로그래밍한(더 위쪽 수준의 기능) 알고리즘이지 않은가? 유사한 예들은 얼마든지[47] 어렵지 않게 만들어낼 수 있다.

이런 사례들에서 빚어지는 오해는 항상 같다. 계의 특정 성질 또는 행동(당신, 컴퓨터 알고리즘)을 거시적 용어(그러려고 마음먹은 동기, 컴퓨터 코드)로 서술하는 것이 유용하다고 해서 거시적 서술이 더 기본적이라는 의미는 아니다. 아니, 유용하지도 않다. 한 대의 컴퓨터를 놓고 중성자, 양성자, 전자의 관점에서, 그 알고리즘까지 다 포함해 완전한 전체로 서술할 수 있지만, 당연하게도 그것은 완전히 쓸데없는 서술이다.

그러나 환원주의가 거짓임을 증명하고 싶다면, 거시적 용어로 계를 서술한 결과가 미시적 서술로부터 얻게 될 예측(그리고 이후 실험을 통해 거시 서술로부터 얻은 예측이 틀렸음을 시연하는 것)과 '다른' 예측이 됨을 보여야 한다. 아직 이걸 해낸 사람은 아무도 없다. 다시 말하지만 이건 불가능해서 못한 게 아니다. 원자의 행동에서 행성의 운동이 유도되는 대신, 그 반대로 행성의 운동으로부터 원자의 행동을 유도할 수 있는 그런 세상을 상상해보려 해도, 지금까지 알려진 바에 한해서는 그건 그냥 말이 안 된다.

이 이론 탑을 이해하려면, 합성체의 기능이 단순히 그 구성 요소로부터 유도되지 않는다는 점을 주목해야 한다. 합성체의 기능을 파악하려면 구성 요소들의 상호작용과 그 사이의 연관성도 알아야 한다. 다시 말해 완벽한 미시적 정보도 필요하다. 특히 양자 얽힘은 그야말로 연관성을 대표하는 현상(먼 거리의 입자들이 서로 연결되는 현상)이라고 할 수 있다. 이 현상은 거시적 거리에서도 작용할 수 있지만, 여전히 기본 수준에서 정의되는 성질이다. 얽힘에 관해서는 나중에 조금 더 얘기할 기회가 있을 것이고, 일단 지금은 이것이 환원주의의 모순이 아니라는 것만 짚고 넘어가자.

정리하자면, 지금까지 알려진 최선의 증거는 세상이 환원적임을 보여준다. 거대한 합성체들의 행동은 그 구성 요소의 행동으로부터 유도된다. 우리는 자연법칙이 왜 그런 식으로 돌아가는지 알지 못한다. 왜 짧은 거리의 세부적인 사항들이 먼 거리에서는 중요하지 않은가? 왜 원자 안의 양성자와 중성자의 행동이 행성의 궤도에는 안 중요한가? 왜 쿼크와 글루온이 양성자 안에서 하는 행동이 약물의 효능에 아무 영향을 미치지 않는가? 물리학자들은 이 단절에 대해서도 이름을 지어놨지만('눈금 분리decoupling of scales'라고 한다) 설명은 찾지 못했다. 어쩌면 설명은 존재하지 않는지도 모른다. 세상은 이렇게 움직이고 저렇게는 움직이지 않는다. 그리고 우리는 언제까지나 답이 없는 '왜'라는 질문을 품은 채 남겨질 것이다. 아니면 이 특별한 '왜'라는 질문은 우리가 서로 다른 계층들을 연결해주는 지배적 원리를 놓치고 있다고 말해줄지도 모른다.

한 번에 한 조각씩

여러분이 모두 나 같은 사람이라면, 스스로를 물리적으로 알차게 집약된 **국소적** 사물이자, 한쪽 끝에 발이 달리고 다른 끝에는 머리가 달린 존재라고 생각할 것이다. 그러나 이 직관적인 자화상은 현실적으로 근거가 없다.

우리 몸의 물리적 구성은 꾸준히 변화한다. 우리는 숨을 쉬고 마시고 먹을 때마다 우리가 만든 일부 입자를 새로운 것과 교체한다. 결국 우리가 이 정도 크기로 성장할 수 있었던 것은 이런 과정을 통해서였다. 원자는 빅뱅 때 또는 항성 핵융합으로 만들어져서 여러 동물, 식물, 토양, 또는 박테리아에 속해 있었고, 우리는 생애 전반에서 원자의 의도를 바꾸어나간다. 2005년의 탄소 연대 측정 연구에서 성인 신체를 구성하는 세포들의 평균 나이가 고작 7세밖에 되지 않는다는 사실을 밝혀냈다. 인간의 평생 동안 함께 살아가는 세포도 있지만, 피부 세포는 평균 2주마다 한 번씩 교체되고, 어떤 세포들(적혈구 세포 같은)은 약 2개월에 한 번 정도 교체[48]된다.

이런 까닭에, 우리는 스스로 생각하는 것보다는 물리적으로 덜 알차게 집약된 사물인데, 테세우스의 배랑 닮았다. 이 2,500년 묵은 난제에 등장하는 그리스 영웅 테세우스의 배는 박물관에 보관되어 있다. 시간이 흐르면서 배의 부품들은 낡아서 조금씩 바스러지고, 그럴 때마다 새 부품으로 교체된다. 이번에는 밧줄을 갈고, 저쪽에는 판자를 새로 대고, 여기서는 돛대를 세우고. 결국 처음의 부품들은 하나도 남지 않게 된다. 그리스 철학자들은 의문을 품었다. "그렇다면 이 배는 여전히 같은 배인가?" 이 고대의 논쟁으로부터 이런 말이 나왔다. "누구도 같은 강을 두 번 건너지 못한다. 강도 같은 강이 아닐뿐더러 그 사람도 같은 사람이 아니기 때문이다." 이 말은 흔히 헤라클레이토스Heracleitos가 한 말로 알려져 있다.•

이 문제의 답은 문제의 용어를 어떻게 정의하느냐에 달려 있다. '배'라고 말할 때 그것은 무슨 의미이며 '같다'는 말은 또 무슨 의미인가? 이 표현들을 제대로 정의해야만 문제의 답을 찾을 수 있을 것이다. 그리고 그 답은 여러 가지가 있다. 걱정 안 해도 된다. 나는 2,500년 전 철학을 구구절절 늘어놓을 마음은 없다. 곧 다시 물리학으로 돌아갈 것이다. 하지만 인정할 것은 인정하자. 옛 그리스인들은 그 옛날에 이미 사물의 구성 요소만 중요한 게 아니라는 것을 깨달았다. 심지어 배의 조각들을 마지막 하나까지 다 새것으로 교체했다 해도, 설계도(배를 짓는 데 필요한 정보)는 여전히 같다. 부품들을 바꾸어도 배에 있어 궁극적으로 바뀌지 않는 것을 '정보'라고 정의할 수도 있다.

사람도 비슷하다. 사람은 입자로 만들어져 있고, 그 입자들의 행동이 우리의 행동을 결정한다. 그러나 인간(또는 다른 복잡한 구

• 문제는 헤라클레이토스가 정확하게 이런 식으로 말하지 않았다는 것이다. 세월이 흘러 계속 다른 단어로 교체되어서 원래 했던 말이 하나도 남지 않으면, 그래도 여전히 같은 인용문일까? 이 답은 독자 여러분이 생각해보길 바란다.

조물)이 흥미로운 이유는 이 환원 때문이 아니다. 인간을 흥미롭게 만드는 것은 창발되는 더 높은 수준의 성질이다. 인간은 걷고 말하고 책을 쓴다. 일부는 번식을 한다. 또 어떤 사람은 달까지 날아간다. 병에 담긴 화학원소들은 그렇게 못 한다. 인간의 중요한 성질은 우리의 구성 요소가 아니라, 그 구성 요소들이 배열된 방식이다. 이것이 인간을 만들 때 필요한 정보이고, 이 정보가 인간이 무엇을 할 수 있는지를 말해준다.

나는 유전 부호를 말하는 것이 아니다. 유전자만으로는 한 사람을 정의하기에 충분하지 않기 때문이다. 여기에서 말하는 정보는 몸의 각 부분, 각각의 분자들이 하나씩 서로 상호작용하는 방식을 구체화하는 필수적인 세부 사항을 아울러 말하는 것이다. 여기에는 나의 뇌에 표시를 남긴 무수히 많은 크고 작은 경험들, 내가 먹었던 음식과 공기의 흔적, 과거에 앓았던 질병, 상처, 멍 등이 포함된다. 나를 나로 만드는 것은 이런 전체의 배열이다. 나의 나다움은, 그게 정확히 무엇이든 간에, 나를 구성하는 입자들의 배열로부터 발현된다. 우리가 현재 아는 바에 따르면 이 성질은 다양한 방식으로 발현될 수 있다.

캐나다의 과학자 겸 철학자 제논 필리신Zenon Pylyshyn은 1980년의 사고실험[49]으로 이 내용을 멋지게 설명했다. 여러분이 일상적인 생각을 하고 있다고 해보자. 이를테면 이제 커피 마실 때가 됐나 궁금해하고 있다고 하자. 이제, 누군가가 당신의 뉴런을 한 개 꺼내고 그 자리에 실리콘 칩을 끼워 넣었다고 가정하자. 실리콘 칩은 뇌의 나머지 부분으로부터 들고 나는 입출력 신호에 뉴런과 똑같이 반응하도록 설계된 것이다. 칩은 다른 뉴런들과 끊김 없이 연결되어 대체된 뉴런이 이전에 했던 것과 정확히 똑같은 기능을 수행한다. 그럼 이 과정이 당신의 개성에 어떤 변화를 일으킬까? 갑자기 커피가 싫어지고 대신 차를 마시고 싶어질까? 아니다. 왜 달라지겠는가? 결국 뇌가 정보를 처리하는 방식에는 아무 변화가 없는데. 좋다. 그럼 이제 그 옆의 뉴런도 칩으로 바꾸자. 그다음 것도. 또 그다음 것도. 그런 식으로 하나씩 당신의 뇌는 실리콘 칩으로 대체되어가고, 그래서 뇌가 전부 실리콘 칩이 될 때까지 바꿔보자. 그렇다면 당신은 여전히 같은 사람인가?

테세우스의 배처럼, 이 문제도 '당신' 그리고 '같음'을 어떻게 정의하느냐에 달려 있다. 어떤 의미에서는 같은 사람이 아니라고 볼 수도 있다. 이제 당신은 물리적으로 완전히 다른 부품으로 만들어졌기 때문이다. 그러나 지금 고려 대상은 물리적 부품이 아니다. 우리가 고민하는 것은 부품의 배열이다. 당신을 흥미롭게 만드는 것은 부품들이 수행하는 기능이다. 그런 의미에서 당신은 변하지 않았다. 당신은 여전히 같은 기능을 수행할 수 있다. 당신은 이전과 마찬가지로 여전히 흥미롭다.

그러나 당신은 정말로 같은 사람인가? 이 지점에서 물리학이 중요해진다. 뇌의 기능이든 뭐든 전혀 바꾸지 않고 뉴런을 실리콘 칩으로 바꿀 수 있다는 것은 이야기로서는 가능하다. 그러나 그것이 실제로 가능한지는 완전히 다른 문제다. 필리신의 사고실험에서는 암묵적으로 뉴런을 칩으로 '똑같이' 대체할 수 있다고 가정하고, 그 차이가 눈에 띄지 않을 만큼 작은 것이 아니라 아예 없다고 가정한다. 내가 만일 당신이 들고 있는 커피의 분자 하나를 차 분자 하나로 교체하면, 당신이 음미하는 그 음료의 맛은 여전히 같을 것이다. 이 정도는 눈에 띄지 않는 작은 차이다. 그러나 내가 계속 분자를 바꾸면 결국 언젠가는 당신도 알아채게 된다. 눈에 띄지 않는 작은 차이가 쌓이면 결국에는 눈에 띄는 큰 차이가 된다. 뉴런 교체 작업에서 이런 일이 일어나지 않으리라는 걸 어떻게 알겠는가?

분명한 답은 '모른다'이다. 아무도 이걸 해본 적이 없기 때문이다. 그래도 우리가 물리학에 관해 알고 있는 것을 바탕으로 무엇이 가능하고 가능하지 않은지 질문을 던질 수는 있다. 뉴런을 다른 것으로 바꾸고서도 그 하위 구조(실리콘 또는 탄소)가 아무 차이도 만들어내지 않도록 하는 것이 가능한가? 그렇다. 가능하다. 앞 절에서 논의했듯, 눈금이 분리되기 때문이다. 우리는 먼 거리에서의 창발적 행동을 얻기 위해 짧은 거리에서의 세부 사항을 무시할 수 있다. 그리고 또 창발적 행동이 같기만 하다면 짧은 거리의 물리학을 다른 것으로 대체할 수 있고, 뉴런도 칩이든 뭐든 대체할 수 있다. 그렇게 대체하더라도 달라지는 것은 없다는 뜻이다.

물론 늘 그렇듯이, 우리가 현재 사용하는 이론에 뭔가 오류가 있을 가능성은 얼마든지 있다. 따라서 이 주장도 아직 우리가 모르는 이유 때문에 실패할 수 있다. 예를 들어 노벨상 수상자인 물리학자[50] 헤라르뒤스 엇호프트Gerardus 't Hooft는, 우리가 양자적 무작위성이라고 생각하는 관측이 실은 짧은 거리에서의 새로운 현상 때문에 발생한 잡음이며, 우리가 아직 이를 이해하지 못했을 뿐이라고 주장했다. 그렇다면 눈금 분리는 실패할 수 있다. 어쩌면 엇호프트의 주장이 맞을지도 모른다. 그러나 지금으로서는 아무튼 그의 아이디어는 순수한 추정일 뿐이다.

지금 이 논의에서는 그렇게 중요하지 않지만, 엄밀히 따지면 우리의 정체성이 오로지 뇌로 인해서만 정해지는 것인지 아직 분명하지 않다는 문제도 있다. 최근의 연구 결과를 보면 인간의 인지 중 적어도 어느 측면은 체화된 부분도 있다. 다시 말해 인지 기능이 심장이나 내장 같은 신체의 다른 부위로부터 받는 신호에도 의존한다는 뜻이다. 이 사실은 부활을 꿈꾸며 뇌를 냉동시켜둔 사람들에게는 나쁜 소식이겠지만, 인간의 구성 요소를 물리적으로 다른 부품으로 대체할 수 있는가 하는 문제에는 크게 중요하지 않다. 뇌 안의 뉴런을 교체해도 인간의 인지가 온전히 실리콘 기반의 뇌로 옮겨지지 않는다면, 나머지 몸도 같이 다른 부품으로 교체된다고 상상해보자.

여러분을 여러분으로 만들어주는 정보는 여러 가지 물리적 형태로 부호화될 수 있다. 어느 날 스스로의 자아를 컴퓨터에 업로드해서 가상의 삶을 계속 이어나갈 가능성이 현대 기술로는 요원하다는 점은 분명하다. 이런 얘기가 완전히 미친 소리처럼 들리더라도, 우리가 현재 알고 있는 모든 것과 양립할 수 있다.

“

간단한 답변

여러분과 나, 그 외의 것은 모두 다 그보다 작은 구성 입자들로 만들어졌고, 모든 물체는 크든 작든 무수히 많은 작은 구성 요소가 하는 일의 결과물이다. 그러나 생명체 또는 사물의 특징적 성질은 수많은 구성 입자 자체가 아니라 입자들 사이의 관계와 상호작용에서 발현된다. 현재까지 알려진 바에 따르면, 존재 또는 사물의 기본 물질을 다른 것으로 교체할 수 있다. 이러한 교체가 이루어지더라도 특징적인 관계와 상호작용이 유지될 수 있다면, 여러 가지 기능과 함께 의식과 정체성도 유지될 것이다.

지식은 예측할 수 있는가

"다 왔습니다." 택시 기사가 허물어져가는 담을 가리키며 말했다. 그 너머에 잡초가 무성한 걸 보니 오랫동안 정원사를 부른 적 없는 땅인 것 같다. 이 주소가 맞는지 확신이 안 서지만, 많이 걷지는 않아도 될 것 같다. 나는 기사에게 돈을 주고 화창한 가을 공기 속으로 한 발 내디뎠다. 이곳은 옥스퍼드 외곽의 한적한 거리다. 여기에서 데이비드 도이치와 만나기로 했다.

앞집의 주소를 보니 맞게 찾아온 것 같다. 그래서 잡초로 뒤덮인 진입로를 따라 문을 향해 걸어갔다. 문 주위가 온통 거미줄투성이였고 새로 페인트칠도 해야 할 것 같았다. 나는 초인종을 눌렀다. 잠시 후 데이비드가 문을 열어주었다.

나는 사람 얼굴을 잘 못 알아보는 편인데, 데이비드 도이치는 쉽게 알아볼 수 있었다. 뾰족한 코와 마른 얼굴에 비해 눈은 지나치게 크고, 일반적인 영국 남자들처럼 머리카락은 너무 길었다. 그는 환한 미소로 나를 맞이하며 집 안으로 안내했다. 집 안이라고 해서 바깥보다 더 나을 것은 없었다. 그러나 초등학생 두 아이의 엄마로서, 곳곳에 무더기로 쌓여 있는 장난감과 책, 아이들이 만들어온 기기묘묘한 공예품들 주위로 조심스럽게 다니는 기술이 몸에 배어 있었다. 이 기술이 지금 이렇게 편리하게 쓰일 줄이야.

데이비드는 거실로 추정되는 공간으로 나를 안내했다. 방 안에는 소파가 있고 그 맞은편 책상 위에는 거대한 평면 모니터가 세워져 있었다. 곳곳에 접는 의자 몇 개와 책꽂이(찰스 미스너Charles Misner, 킵 손Kip Thorne, 존 휠러John Wheeler가 쓴 『중력*Gravitation*』이 꽂혀 있는 게 보였다), 정원용 도구, 수많은 상자, 케이블, 다양한 컴퓨터 액세서리, 파란색 미니 트램펄린, 그리고 밝은 빨간색의 일본산 마사지 의자가 있었다. 데이비드는 마사지 의자가 새것이라며 열심히 자랑했고, 다양한 기능을 직접 시연해 보였다. 그에게 대걸레와 진공청소기를 갖다달라는 말을 안 하려고 온 힘을 다해 참아야 했다. 그 대신, 나는 물 한 잔을 받고 노트를 꺼냈다.

데이비드는 양자 연산 분야에 중대한 기여를 한 사람으로 널리 알려져 있다. 2017년에는 그 공을 인정받아 국제이론물리학센터(ICTP)에서 디랙 메달을 받으면서 그의 길고 긴 수상 목록에 하나를 더 보탰다. 그러나 나는 그와 양자 연산 얘기를 하려고 여기 온 게 아니었다. 내가 여기 온 이유는[51] 그의 대중 과학 책인 『실재의 구조*The Fabric of Reality*』와 『진리는 바뀔 수도 있습니다: 옥스퍼드대 물리학자 데이비드 도이치가 바라보는 세상*The Beginning of Infinity*』을 감명 깊게 읽었기 때문이다. 데이비드는 자기 생각의 논리와 근거를 신중하게 제시할 뿐 아니라, 시대를 앞선 과학자로서 현대 기술보다는 과학 지식의 성장에 더 관심이 많았고, 그것이 우리 사회에 어떤 이득이 되는지 그리고 애초에 과학적 지식이란 무엇인지를 고민한다. 그 점이 나는 놀랍고 반가웠다. 데이비드는 환원주의의 한계를 상담할 적임자 같았다.

이번에도 그에게 종교를 가지고 있느냐고 묻는 것으로 인터뷰를 시작했다. 그는 단도직입적으로 '아니오'라고 대답했다. 특별히 더 할 말이 없어 보여서, 나는 환원주의로 주제를 옮겼다. "입자물리학의 관점에서 보면, 모든 것은 작은 입자로 만들어져 있고 원칙적으로 그 나머지 것들은 모두 입자로부터 유도됩니다. 당신은 이 아이디어에 동의하시나요? 아니면 자신의 구성 요소로 환원될 수 없는 무언가가 존재한다고 생각하시나요?"

"철학으로서의 환원주의에는 동의하지 않습니다." 데이비드가 말했다. "그러니까 환원주의적 설명만이 단 하나의 옳은 설명이라는 아이디어에 동의하지 않는다는 것이죠."

"좀 구체적으로 얘기해보죠. 당신이 말하는 환원주의는 어떤 유형인가요?" 내가 물었다. 일반적으로 이 정도까지 구분할 필요는 없지만, 환원주의는 크게 두 가지 유형이 있다. 하나는 이론적 환원주의다. 이는 앞 장에서 논의한 내용으로, 이론 단계에서 더 깊은 단계로부터 더 얕은 단계가 유도될 수 있다는 것이다. 다른 하나는 존재론적 환원주의로, 물리적으로 더 작은 규모로 들어갈수록 더 나은 설명을 얻을 수 있다는 아이디어다. 그러나 역사적으로 보면 이 둘은 언제나 함께였기 때문에 이런 구분은 별로 중요하지 않다.

"둘 다 철학적 원리로서는 틀렸다고 봅니다." 데이비드가 대답했다. "하지만 어쩌다 보니 어느 시대에나 최고의 이론은 항상 이 두 의미 모두의 환원주의적 이론이었지요. 예를 들면 주기율표가 그렇습니다. 주기율표는 19세기에 거둔 위업 중 하나이며 온갖 설명을 하나로 잇는 연결 고리였습니다. 그중에는 아주 오래된 유물에서 부활한, 물질은 무한히 나뉠 수 없다는 아이디어도 포함됩니다. 그리고 다른 모든 설명과 마찬가지로 주기율표 역시 새로운 문제를 불러일으켰어요. 원자가 더 작게 나뉠 수 없다면 어떻게 각기 다른 성질을 가지게 되는 걸까요? 그리고 이 성질들은 어떻게 규칙성을 가질까요? 이는 그 바탕에 어떤 구조가 있어야 한다는 것을 암시합니다. 그리고 이게 제가 현대 입자물리학을 보는 시각이기도 해요. 오늘날의 입자물리학은 꼭 19세기의 화학 같습니다. 그리고 입자물리학이 19세기 화학과 다른 점은, 사물을 더 작은 것으로 세분화해야만 답을 찾을 수 있다는 환원주의 철학의 오점을 가지고 있다는 거죠. 아, 죄송합니다. 딴 길로 샜네요. 주기율표 얘기에 너무 흥분해서 당신 질문을 잊어버렸어요!"

"지금 우리가 가진 최고의 이론 중 일부는 두 의미 모두의 환원주의적 이론이라고 말하고 있었어요."

"아, 그렇죠." 데이비드는 놓친 실타래를 다시 잡았다. "그러나 어떤 건 또 그렇지 않아요. 예를 들면 보편적 연산 이론은 모든 물리법칙이, 이를테면, 튜링 연산이 가능하다고 말합니다. 물리학의 관점에서 보면, 이 말은 어떤 가능한 물리적 객체가 있고(예를 들면 이 컴퓨터 같은 것이죠) 그런 물리적 객체의 가능한 모든 동작은 어떤 근사 안에서 그야말로 '모든 것'의 가능한 동작들과 일대일로 대응될 수 있다는 의미입니다."

그는 랩톱컴퓨터를 가리키며 말을 이었다. "이 내용은 우주에 대한 강력한 서술이에요. 그리고 우리가 떠올릴 수 있는 대부분의 물리법칙은 이 내용을 만족시키지 않을 겁니다. 우리는 실제 법칙들이 이걸 만족시킨다고 생각해요. 그렇지만 보편적 연산 이론에서 말하는 것은 복합적이면서 대단히 복잡한 것, 즉 보편적 컴퓨터입니다. 그러니까 모든 법칙이 튜링 연산성이 있다는 게 기본 원리라면,[52] 이 법칙들은 환원적이지 않은 거고 환원주의는 바로 그 지점에서 틀린 것이 되는 겁니다. 흔히들 하는 말로 높은 단계에 있는 특정 사물이 기본 성질을 가지고 있다고들 하죠. 나는 앞으로 이런 유의 법칙이 나올 여지가 있다고 봐요. 물론 그게 좋은 설명일 때에만 인정해야죠. 하지만 그런 법칙들이 환원주의적이 아니라고 지적하는 게, 내가 볼 때는 비판은 아니에요."

그는 덧붙인다. "마찬가지로 어떤 법칙이 환원적이라고 지적하는 것 역시 비판이 아닙니다. 어떤 사람들은 그 반대예요. 그들은 환원주의적 설명이 절대 기본이 될 수 없다고 생각합니다. 나는 그들의 생각 역시 틀렸다고 봐요."

"방금 하신 말씀은, 여기 이 컴퓨터가 있고, 그래서 기본 성질을 갖춘 더 높은 수준의 사물이 존재한다는 얘기죠. 그런데 여기에서 '기본'이라는 말이 뜻하는 바가 정확히 뭔가요?"

"우리가 세상에 대해 심오한 보편적 진리라고 생각하는 원리, 그냥 우연히 진실은 아닌 원리를 말하는 거죠." 데이비드가 말했다. "예를 들어 8개의 행성으로 이루어진 태양계가 존재한다는 명제를 생각해봐요. 그 행성들 중 안쪽 3개는 바위로 되어 있고요. 우리는 이게 진실이라는 걸 알아요. 우리가 그중 하나에서 살고 있으니까요. 그렇지만 그 사실을 기본 명제라고는 생각하지 않습니다. 그보다 에너지보존법칙을 더 심오한 진리라고 생각하죠. 더 깊은 수준의 진리이기 때문에 미래 이론들의 지침이 될 수 있는 거예요. 만일 우리가 기본 입자들이 따르는 새 법칙을 찾고 있다면, 아마 그 법칙은 일반적으로 에너지보존법칙을 따를 겁니다. 에너지보존법칙은 다른 무엇으로 설명할 필요가 없는 원리처럼 다루는 것이죠."

"그러니까 어떤 원리가 환원주의적이 아니라 기본인 이유는, 모든 것에 적용되기 때문인 거네요?"

"우리는 다른 법칙으로부터 에너지 보존을 유도하지 않습니다." 데이비드는 설명한다. "'에너지 보존'으로부터 다른 법칙들을 유도하죠. 흠, 물론 그게 틀릴 수는 있어요. 하지만 그게 틀리려면 그것이 틀릴 수 있는 설명을 제시해야 합니다. 예를 들어 일반상대성이론을 이해하는 방법 중에는 에너지가 보존되지 않는 경우도 있어요. 만일 그게 옳다고 판명되면, 그 원리를 버리게 되겠죠. 그런 일이 일어날 수도 있어요. 왜냐하면, 당신도 아시겠지만, 일반상대성이론이 전적으로 만족스럽지는 않거든요. 우리에게 필요한 건 양자중력 이론입니다."

나는 제안했다. "어쩌면 지금껏 양자중력 이론이 나오지 못한 이유는, 더 기본적인 법칙은 더 짧은 거리에서 발견될 거라는 아이디어에 너무 집착해서인지도 몰라요. 더 짧은 거리로 들어가는 게 그릇된 행동이 될 수도 있을까요?"

"네, 정말 그래요!" 데이비드가 동의한다. "아시다시피, 내 이론은 '생성자 이론constructor theory'이라고 하는데, 여기에서는 기본 법칙이 환원적이지 않습니다. 지금 당장은 꽤 조잡한 수준이지만 처음엔 아무튼 수면 위로 목부터 내밀어야 하니까요. 이 생성자 이론에서는 낮은 수준, 미시 법칙들은 모두 높은 수준 법칙의 창발성 성질이지만, 그 반대는 성립하지 않습니다."

"혹시 '인과적 배제 원리causal exclusion principle'[53]라고 하는 거 들어보셨나요?" 내가 물었다.

"아뇨."

"그게 지금 말씀하신 내용과 모순인 것 같은데요." 나는 설명을 이어갔다. "그러니까 입자물리학에서는, 작은 것들로 큰 것을 합성하면 작은 것들의 법칙을 통해 그 큰 것이 무엇을 할 것인지 알 수 있다고 생각해요. 그리고 그걸 알아내기 위해 유효 장 이론의 수학적 기틀을 사용하죠. 이를 통해 우리는 거시 사물을 위한 법칙을 이미 갖고 있다는 걸 알게 돼요. 인과적 배제 원리는, 이미 거시 사물에 대한 법칙이 있기 때문에, 다른 거시 법칙은 이미 가진 법칙으로부터 유도되거나 아니면 그중 하나는 틀렸다고 말하는 내용입니다."

데이비드가 대답한다. "나는 거시 사물에 대한 동역학 법칙들이 결정론적이며 미시 법칙으로부터 유도될 수 있다는 아이디어에 반대하지 않습니다. 하지만 그렇다고 그게 좋은 설명이라는 의미는 아니에요."

나는 여전히 내가 제대로 이해하는 건지 확신이 안 섰다. "그러니까 생성자 이론은 설명이 작은 규모에서부터 시작되지 않는다는 의미로 환원적이지 않다는 것인가요?"

"그래요." 데이비드가 말한다. "일례로 이렇게 가정해봅시다. 이 생성자 이론의 기본 법칙 중에 보편적 컴퓨터가 존재한다고 말하는 법칙이 있다고 말이죠. 실제로 임의의 거대한 메모리가 달린 보편적 컴퓨터가 존재한다고 치자고요." 그는 다시 그의 랩톱컴퓨터를 가리켰다. "이건 그 보편적 컴퓨터의 근사적인 존재예요. 하지만 미래에는 더 큰 메모리를 가진 컴퓨터가 있을 테고, 무제한의 미래에는 무제한의 메모리를 단 컴퓨터가 있을 겁니다. 그리고, 단지 논의를 위해서, 이게 진짜 기본 법칙 중 하나고 다른 기본 법칙들, 이를테면 양자역학이랑 기본 입자의 상호작용, 그런 법칙들은 환원적이라고 해보죠.

그러면 보편적 컴퓨터의 존재에 미시 동역학 법칙을 더하면 우주의 초기 상태에 관한 서술로 해석됩니다. 그러나 대단히 다루기 힘든 방식으로 해석되죠. 초기 상태가 가져야 하는 모든 성질을 실질적으로 계산할 방법이 없을 것이고, 그런 초기 상태가 이러한 최종 결과, 그러니까 보편적 컴퓨터를 탄생시킬 것이라고 말하는 것 외에는 방법이 없어요. 아마 이걸 배제하는 사람들도 있을 겁니다. 그런 사람들은 이게 목적론적 이론이라고 말할 거예요. 하지만 이건 그런 낡은 목적론적 이론이 아니거든요. 우리는 왜 우주가 애초에 그런 컴퓨터를 가졌는지부터 설명해야 합니다. 오늘날 우리가 사용하는 컴퓨터들도 물리법칙을 극도로 특이하게 만듭니다. 얼마나 특이하냐 하면 화학원소의 존재만큼이나 특이한 겁니다. 이것이 우리가 보는 세상의 특징이고 아직 설명하지 못한 특징이에요."

내가 말한다. "당연한 얘기지만 뭔가 설명하고 싶은 것을 생성자 이론에 집어넣는 것으로는 그걸 설명하지 못해요. 만일 우주는 원래 그래서 컴퓨터를 생산하게 된다고 말하면, 그걸로는 아무것도 설명이 안 되잖아요."

"맞습니다." 데이비드가 말한다. "우리가 여기 앉아 있는 것, 그리고 당신이 제 말을 회의적으로 보는 것은, '나는 그가 하는 말에 회의적이었다'라는 문장을 담은 책을 쓰려 하기 때문이라고 말하는 편이 나을 겁니다. 그리고 이 얘기를 당신 책에 쓸 것이기 때문에 당신이 지금 회의적인 것이고요. 이건 같은 논거지만 아무것도 설명하는 게 없습니다. 나로서는 컴퓨터 예를 이런 식으로 제시할 수밖에 없었어요. 아직 그걸 설명할 이론이 없으니까요."

"좋아요. 그러니까 당신 말은 무제한 메모리를 가진 보편적 컴퓨터를 '탄생시킬' 성질을 갖는 이론이 '있을 수 있다'는 건데, 그 이론이 뭔지는 모르신다는 거네요."

"네." 데이비드가 동의했다. "하지만 우리가 가진 생성자 이론은 그런 것에 호의적이거든요. 그런 식의 설명적 이론이 존재한다고 상상해도 바보 같은 짓은 아니라고요."

미래가 결정되어 있는가 하는 문제로 돌아가면서, 나는 다시 질문을 던졌다. "동역학 법칙이 결정론적이라고 해도 아무 문제가 없다고 말씀하셨잖아요. 같은 논리에 따라 모든 것이 다 결정론적이라고 주장하시겠어요? 컴퓨터뿐만 아니라 인간의 의식과 행동이나 그런 것들도요?"

데이비드가 말한다. "네, 결정론적이죠. 논리적으로 볼 때 어느 한때의 상태는 다른 때의 상태와 동역학 법칙에 의해 결정된다는 점에서 그렇습니다. 그러나 이후의 시간은 이전 시간에 의해 '설명이 될 수 있고' 그 반대는 성립하지 않죠."

"하지만 단지 결정론적이라 해서 예측 가능하다는 의미가 되지는 않죠." 내가 말한다. "지금 사실상 예측 가능하다는 의미로 말씀하신 건가요?"

"아뇨." 그가 말한다. "여기엔 세 가지 이유가 있습니다. 첫째,

양자역학에 따르면 우리는 상태를 정확히 완벽하게 측정할 수 없습니다. 따라서 각각의 상태가 어떻게 진화할지 안다고 해도, 결국 실제 상태는 알 수 없어요. 측정할 수가 없으니까요.

둘째, 혼돈이 있습니다. 양자역학에는 혼돈이 없어요.• 하지만 컴퓨터나 뇌 같은 것들이 작동하는 수준에서는 혼돈이 있거든요. 다시 말해 이 컴퓨터에서 단 하나의 비트만 바뀌더라도 미래에 그것이 무슨 일을 하든 엄청난 변화가 일어날 수 있다는 겁니다. 그리고 우리 마음의 상태 같은 것은 측정의 정확성을 말하는 것 자체가 어불성설이라 우리가 예측이 불가능한 존재인 겁니다.

그리고 세 번째 이유가 있어요. 이게 가장 중요한데요, 누구도 앞으로 지식이 어떻게 성장할지 예측할 수 없다는 겁니다. 어떤 이론도 그 뒤를 이어 등장할 이론의 내용을 예측할 만큼 성능이 좋지 않아요. 어떤 사람을 유리 공 안에 넣어놓고 외부 세계와의 상호작용을 절대 허용하지 않는다고 상상해보세요. 그러면 원칙적으로 이 사람이 할 일을 모두 예측할 수 있다고 생각하겠죠. 그러나 그건 환상입니다. 그 사람이 새로운 아이디어를 떠올리는 것을, 예를 들어 새 물리법칙을 떠올리는 것을, 이 실험을 시작했을 때 미리 알 방법이 없으니까요. 만일 그가 무슨 일을 할지 컴퓨터가 알아낸다면(컴퓨터가 어느 날 갑자기 그가 앞으로 7일 동안 뭘 할지

• 양자 혼돈quantum chaos이라는 개념이 있지만, 이때의 '혼돈'은 우리가 일상에서 쓰는 의미와는 조금 다르게 정의된다. 따라서 데이비드의 말이 틀린 것은 아니다.

알아낸다고 합시다), 그럼 그 사람이 발견하기 전에 이미 새 물리법칙을 알게 된다는 것이고, 컴퓨터가 수행한 연산은 실제로는 사람이 되는 거예요. 근본적으로 그 사람이 되는 거라고요. 그러니까 그 사람이 미래에 할 일을 연산하려면, 먼저 그 사람을 봉인된 유리 공 안에서 끄집어내야 하고 그 사람 안에 컴퓨터를 집어넣은 다음 가상의 형태로 그 사람을 실행시켜야 하는 겁니다. 아, 가상 형태로 누군가를 실행한다는 게 결국 실제 형태로 실행하는 것과 정확히 같다고 말해야겠군요. 생각이 바로 연산이니까요."

"그러니까 지금 당신 말씀은 그건 더 이상 예측이 아니다, 그게 예측이라면 당신 컴퓨터 안에 이미 실제의 것을 갖고 있기 때문이다, 이런 얘기인 거죠?"

"그래요." 데이비드가 말한다. "우리는 미래의 지식 성장을 예측할 수 없어요. 만일 그걸 할 수 있다고 하면, 예측을 시도하는 그 순간 이전에 이미 그걸 얻게 되기 때문이죠. 예측 불가능성으로 이어지는 것이 지식의 특징입니다. 결정론적 시스템에서도 그래요."

"아까 했던 얘기로 돌아가서, 만일 우리가 더 작은 규모로 감으로써 더 기본적인 법칙을 유도할 수 있다고 주장한다면, 지식의 성장은 설명되지 않은 채로 남아 있다는 것인가요?"

"그렇습니다." 데이비드가 말한다. "처음에 원자 이론은 증거가 없는 생각에 불과했어요. 고대인들이 가지고 있던 문제는, 만일 세상이 연속체라면 A로부터 B를 얻기 위해 무한개의 점을 통과해야 한다는 것이었습니다. 그렇다고 해서 세상이 연속체가 아니라고 하면, 분명하게 구분되는 하나의 점에서 어떻게 다음 점으로 넘어갈 수 있을까요? 둘 다 불가능한 것 같죠. 원자들의 이론이 개발된 이유는 그들이 출구를 찾으려 노력했기 때문이에요. 그 이론은 너무 난해해서 현실적인 의미는 아예 없는 것처럼 보였을 수도 있습니다. 그러나 [이런 아이디어들이] 모든 걸 좋게 만들었거든요. 제가 보는 입자물리학, 환원주의, 전체주의가 다 이런 아이디어들입니다. 이 아이디어들은 모두 세상을 설명하는 임무 아래 종속되어야 해요."

그리고 나는 그가 한 말에 회의적이었다.

간단한 답변

만일 당신의 지식이 어떻게 성장할지 예측할 수 있다면, 당신의 지식은 성장하지 않는다.

5장

정말 다른 세계에 또 다른 내가 존재하는가

Existential Physics

다세계

나는 양자역학을 다루는 대중 과학 뉴스가 당최 이해가 안 가면서도 대단히 불만스럽다. 누가 나한테 방정식을 하나 던져주면 잘 다룰 수 있다. 그러나 양자역학으로 체셔 고양이(『이상한 나라의 앨리스』에 나오는 웃고 있는 모습의 고양이. 양자역학의 비유에 사용된다.—옮긴이)로부터 미소를 분리할 수 있다거나, 어떤 실험을 통해 "친구들과 위그너 씨들(유진 위그너의 사고실험 '위그너의 친구'를 비꼰 것이다.—옮긴이) 사이의 양립할 수 없는 부조화"[54]가 밝혀졌다는 얘기가 들리면, 누가 이 엉망진창을 설명해달라고 조르기 전에 조용히 돌아서서 그 방을 나갈 것이다. 나는 양자역학을 양자 신발, 양자 동전, 양자 상자, 그리고 그 상자를 들락날락하는 양자

동물들로 채워진 동물원으로 소개하는 수많은 선의의 입문서 때문에 고통받아왔다. 여러분이 그런 책에 나오는 설명을 진정으로 이해한다면, 나는 여러분에게 경의를 표한다. 양자역학을 먼저 알지 못했다면 나는 그런 내용을 여전히 몰랐을 것이기 때문이다.

이런 얘기를 하는 것은 여러분이 양자 신발에서 느낄 재미를 반감시키기 위해서가 아니고, 내가 어디에 속한 사람인지 이해를 구하기 위해서다. 나는 대단히 수학적인 사람이고, 개인적으로 수학을 일상생활의 언어로 번역할 필요를 느끼지 못한다. 추상적인 수학적 구조는 그 자신의 언어로 다룰 때 가장 잘 다루어질 수 있다. 따로 해석할 필요도, 직관적으로 이해할 필요도 없다. 수학이 다른 어떤 것과 '비슷해야 할' 필요도 없다. 대부분의 경우 수학은 그 어떤 것과도 비슷하지 않기 때문이다. 그리고 애초에 우리가 수학을 사용하는 이유도 수학과 비슷한 다른 것이 전혀 없어서다.

추상적 수학을 직관적 언어로 설명할 때 뭐가 문제인지를 단적으로 보여주는 예가 바로 양자역학이다. 중첩을 예로 들어보자. 양자역학에서는 초기 상태를 슈뢰딩거방정식에 넣고 시간에 따른 상태 변화를 계산한다. 이 슈뢰딩거방정식은 서로 다른 두 개의 초기 상태를 입력하여 풀면 각 해解의 합은 임의의 계수가 곱해진 형태로 나오는 성질이 있는데, 그 합도 방정식의 해가 된다.• 이게

• 간단히 말해서 이 방정식은 선형 방정식이라는 뜻이다. 선형 방정식은 비선형 방정식과 반대되는 개념으로, 혼돈계와 일반상대성이론에서 찾아볼 수 있다.

바로 중첩이다. 풀이들의 합. 그게 전부다. 아니, 나 지금 농담하는 거 아니다. 얽힌 상태는 중첩의 특별한 한 형태다. 그렇다. 얽힘 역시 합이다. 그런데 사람들이 생각하는 뜬구름 잡는 이야기 같은 기이함은 도대체 어디에서 온 것인가?

이 기이함은 수학을 말로 풀어서 표현하려 할 때에만 나타난다. 슈뢰딩거방정식의 풀이로 얻은 상태 중 하나는 오른쪽으로 움직이는 입자를 서술하고 다른 풀이는 왼쪽으로 움직이는 입자를 서술한다면, 이 둘의 합은 무엇인가? 최근에는 이 상황을 설명하면서 "입자가 동시에 양방향으로 움직인다"는 표현을 자주 쓴다. 이 표현이 중첩을 적절히 설명하고 있을까? 솔직히 말해서 나는 잘 모르겠다. 나는 그냥 '중첩'이라고 하는 편을 더 좋아한다.

물론 일상에서 접근할 수 있는 언어로 수학을 표현할 필요성은 나도 이해한다. 나 역시도 시간이 없거나 자세히 설명할 공간이 부족할 때는 중첩의 비유를 사용하곤 한다. 이 책에서도 수학을 생략하고 독자에게 의미를 전달하려는 노력을 계속할 것이다. 그러나 소위 말하는 양자역학의 기이함은 대부분 양자역학을 일상의 언어로 억지로 설명하려는 데에서 기인한다는 것을 독자들이 알았으면 좋겠다. 양자역학에 대해서는 정확한 비유 같은 것이 없다. 그 비유가 정확하다면 더 이상 비유가 아니기 때문이다.

양자역학이 이상하다, 기이하다, 또는 기괴하다고 주장하는 헤드라인이 사람들의 시선을 끌고, 그래서 대중 과학 컨텐츠가 이 말을 지나치게 자주, 또는 유쾌하게 남용하는 것도 썩 도움이 되지 않는다. 이제 100살이 넘은 양자역학이 "기이함을 넘어설 때도 되었다"고 말한 필립 볼Philip Ball의 견해에 동의한다.[55] 이제 이 정도 얘기했으니, 양자역학이 사후 세계에 관해 우리에게 무슨 이야기를 해주는지 살펴보기로 하자.

* * *

양자역학만 없으면, 자연법칙은 결정론적이다. 그러니까 초기 상태를 알면 이후 어느 때라도 무슨 일이 일어날지 분명하게 계산할 수 있다는 말이다. 펜을 떨어뜨려서 바닥으로 떨어졌다고 해보자. 이 펜이 정확히 어느 위치에서 출발했는지 측정할 수 있고, 그 주위 공기 분자들의 정확한 위치와 운동을 모두 안다면, 우리는 펜이 언제 어떻게 착지할지 계산할 수 있다.

물론 우리가 모든 공기 분자의 위치를 정확하게 측정할 수는 없는 노릇이고, 설령 할 수 있다고 해도 그걸 사용해 결과를 예측하는 것은 실현 가능성이 없다. 그러나 양자역학이 없다면, 원칙적으로 결과의 불확실성은 모두 초기 조건에 관한 지식이 부족해서 발생하는 것이다. 우리는 이런 비非양자이론의 유형을 **고전** 이론이라 부른다.

양자역학은 다르게 돌아간다. 양자역학에서는 모든 것을 파동함수로 서술한다. 전자에 대한 파동함수가 있고 빛알에 대한 파동함수가 있고, 자몽, 뇌, 심지어 우주 전체에 대한 파동함수도 있다.

이 파동함수들은 부분적으로는 결정론적으로 진화하지만, 가끔 측정이 일어날 때 비결정론적인 도약을 한다.

이 도약은 전적으로 예측이 불가능하지는 않다. 도약이 일어날 확률과 그 결과에 대한 확률은 예측할 수 있다. 그러나 도약은 근본적으로 무작위인 요소를 가지고 있다. 양자역학에서 결과 측정이 불확실한 것은 초기 조건의 지식이 부족해서가 아니다. 양자역학에 따르면, 그건 그냥 그런 것이다.

이 양자역학의 예측 불가능한 무작위성은 아원자 규모에만 제한된 것이 아니다. 그러니 과학자들이 실험실에서나 가끔 볼 수 있는 별것 아닌 자연의 기이한 현상 정도로 치부해버릴 문제가 아니다. 측정 결과가 예측 불가능하다는 바로 그 이유 때문에, 당신과 나 같은 거시 사물에서 무작위성이 발현되는 것이다.

다음 상황을 가정해보자. 실험자가 화면 위의 깜박임을 관찰하고 있다. 그래서 입자가 화면 왼쪽에 나타나면 집에 가기로 하고, 오른쪽에 나타나면 실험실에 더 머물기로 한다. 어쩌면 실험자가 도로에서 교통사고를 당할지 아닐지를 이 입자가 결정할 수도 있다. 단일 양자 사건의 무작위성이 그녀의 인생 전체를 바꿀 수도 있다. 이런 일이 실험실에서만 일어나는 것은 아니다. 만일 우주선cosmic ray이 살아 있는 조직을 건드려 유전 부호를 손상시키면, 궁극적으로는 양자 비결정론으로 귀결된다.

그러나 양자역학이 어마어마한 성공을 거둔 이론인 반면, 양자역학의 수학이 의미하는 바는 20세기 초 이론이 개발되던 때부터 줄곧 논란거리가 되었다. 어떤 이는 자연이 기본적으로 무작위적일 수가 없으며("신은 주사위 놀이를 하지 않는다"라고 주장했던 아인슈타인처럼) 그저 양자역학이 불완전할 뿐이라고 주장했다. 반면 양자역학의 창시자 중 하나인 닐스 보어Niels Bohr 같은 사람은, 우리가 한물간 결정론적 사고방식을 극복해야 한다고 주장했다.

현대의 물리학자들은 대부분 이런 논쟁 자체를 무시하고, 그냥 예측을 토해내는 도구처럼 양자역학을 사용한다. 양자역학을 너무 깊이 생각해서는 안 된다고 여긴다. '닥치고 계산이나 하자'는 태도는 양자역학에 대한 실용주의적 방식이다. 이런 태도가 위대한 발전을 이끌었으니 가볍게 웃어넘길 일은 아니다. 그러나 기본 물리학을 연구하는 수많은 학자는 양자역학 문제를 무시하는 건 실수라고 느낀다. 이 문제를 해결하려는 과정에서 많은 것을 배워왔기 때문이다.

양자역학 문제를 이해하기 위해, 아인슈타인의 특수상대성이론, 즉 빛의 속도보다 빠르게 움직이는 것은 아무것도 없다는 내용을 상기해보자. 양자역학에서는 측정이 일어나는 순간 확률이 순간적으로 모든 곳에서 바뀐다. 이 파동함수의 업데이트는 **비국소적**이고, 아인슈타인의 말에 따르면 "원격의 유령 작용"[56]이다. 그러나 안타깝게도, 측정 과정에서 그 어떤 정보도 빛의 속도보다 빠르게 전송되지 못한다는 것으로 판명되었다. 실제로 양자역학에서도 빛의 속도보다 빠르게 정보를 보내는 것은 불가능하다고 수학적으로 증명할 수 있다.[57] 그러므로 이론에 구체적으로 무슨 오류가 있다거나 하는 것은 아니다. 그냥 틀린 것처럼 느껴질 뿐이다.

연구자들은 이 상황을 다룰 방법을 여러 가지로 제안했다. 어떤 이는 양자역학이 그냥 옳은 이론이 아니고 더 나은 다른 이론으로 대체되어야 한다고 주장한다. 이 가능성은 나도 연구했던 것이지만,[58] 지나치게 이론적이고 주제에서 다소 벗어난 얘기라 이 책에서는 논의하고 싶지 않다. 이 책의 목적을 위해서는 현재 널리 인정받는 연구 내용만 다루기로 하자.

만일 실질적으로 양자역학을 뜯어고치고 싶지 않다면, 이야기의 앞뒤가 맞도록 수학을 다양하게 해석해볼 수도 있다. 그런 해석은 여러 가지가 있다. 예를 들어 닐스 보어가 제안한 해석에서는 파동함수를 실재로 고려해서는 안 된다고 주장한다. 보어는 파동함수가 측정을 위한 예측을 내놓는 장치지만, 측정을 하지 않는다면 실제로 무슨 일이 일어나는 거냐고 물어봤자 의미가 없다고 말한다. 이것은 흔히 '코펜하겐 해석Copenhagen interpretation'이라고 부르며, 학교에서 가장 보편적으로 배우는 내용이기 때문에 그냥 '표준 해석standard interpretation'이라고도 한다.

두말하면 잔소리겠지만, 물리학자들은 뭘 물어보지 말라는 말을 싫어한다. 그래서 그들은 좀 더 직관적으로 수학을 이해할 수 있는 다른 방식을 찾으려 노력해왔다. 그중 하나가 데이비드 봄이 추종하던 대안적 해석이다. 오늘날에는 '봄 역학Bohmian mechanic'이라고 알려져 있다.

봄은 양자역학의 방정식을 재구성해서 고전역학의 방정식과 가까워지도록 했다. 봄의 방정식에도 파동함수는 여전히 존재하지만, 이제 이 함수는 입자를 '유도하는' 장을 서술한다. 봄의 해석에 따르면 비결정론적 측정 결과는 고전물리학에서처럼 지식이 부족하기 때문에 발생한다. 그리고 안타깝게도 봄 역학 역시 이 지식 부족은 절대 고칠 수 없다고 말한다. 결국 그 결과는 정확히 코펜하겐 해석에서의 그것과 같다. 봄의 해석은 대중적 인기를 얻지 못했지만, 오늘날에도 여전히 추종자가 있다.

양자 수학을 해석하는 또 다른 방식은 휴 에버렛Hugh Everett이 선도하고 이후 브라이스 디윗Bryce DeWitt이 개발했다. 그들은 측정 업데이트를 제거함으로써 결정론적 진화로 돌아가야 한다고 주장했다. 이러한 다세계 해석에서는 가능한 각각의 측정 결과가 발생하는데, 이 결과는 각자의 우주에서 발생한다. 화면의 오른쪽 또는 왼쪽을 50 대 50의 확률로 때리는 입자를 다시 생각해보자. 다세계 해석에서는 입자가 오른쪽을 때리는 우주가 있고 왼쪽을 때리는 다른 우주가 또 있다. 그리고 입자가 화면을 때리는 순간, 이 두 우주는 영원히 갈라지게 된다. 두 우주는 흔히 일컫는 대로 각자의 '가지'를 따라 진화하게 될 것이다.

이야기를 더 진전시키기 전에, 다세계 해석에 관한 일반적인 오해를 짚고 넘어가야겠다. 앞에서 잠깐 다루었던 방법인데, 양자역학의 원리를 설명하는 방법 중 하나는 입자가 처음 위치부터 최종 위치까지 취할 수 있는 모든 경로를 다 취한다는 것이다. 예를 들어, 두 개의 가는 틈이 나 있는 스크린으로(이게 그 유명한 이중

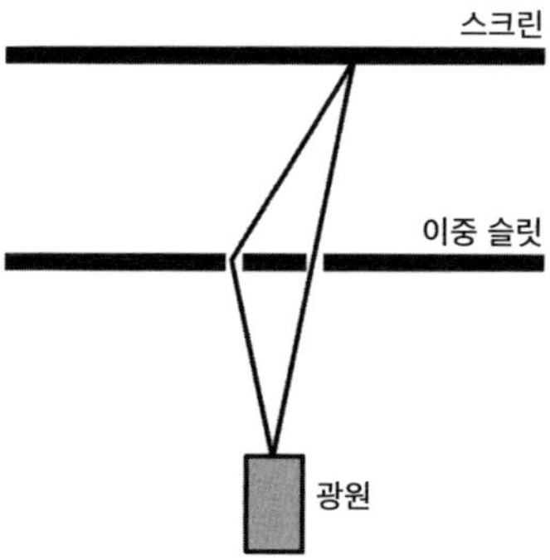

그림 8 이중 슬릿 실험은 입자가 동시에 모든 경로를 다 취한다고 해석할 수 있다. 그림에서는 스크린상의 특정 위치로 향하는, 확률이 가장 높은 두 경로를 표시하였다.

슬릿이다) 레이저 빔을 겨누면 레이저 빔을 구성하는 입자들 각각은 두 슬릿을 모두 통과한다. 입자 하나는 왼쪽으로 지나가고 다음 입자는 오른쪽 슬릿을 통과하는 게 아니라, 각각의 입자가 두 슬릿을 모두 지나가는 것이다(그림 8).

다시 말하지만 이것은 수학적 해석이며, 원래는 파인만이 제안한 것으로 경로 적분 접근법path-integral approach이라고 불린다. 그다음으로는 가능한 모든 경로를 수학적으로 더해서 입자가 하나의 특정 위치로 갈 확률을 계산해야 한다. 핵심만 말하자면, 이 결과는 기존의 슈뢰딩거방정식으로 얻은 결과와 같다. 그러나 물리학자들은 경로 적분 쪽을 더 좋아하는 경향이 있다. 이 접근법이 좀 더 어려운 상황에서도 일반화될 수 있기 때문이다.

입자가 별개의 우주에 있는 각각의 경로를 취한다는 식으로 경로 적분을 해석할 수도 있다. 그러나 나는 개인적으로 이 해석이 의미 없는 서술인 것 같다. 수학에는 이 경로들이 다른 우주에 있다고 말하는 부분이 없다. 그렇다고 해서 틀린 것도 아니다. 그리고 나는 수학을 다양한 관점에서 바라보는 방식을 지지한다. 그러다 보면 새로운 통찰로 이어질 수도 있어서다. 그러니까 그런 해석도 괜찮다.

그러나 이 일반적인 경로 적분 안의 서로 다른 경로들(원한다면 서로 다른 우주라고 불러도 좋다)은 오로지 측정 '전에만' 존재한다. 반면 다세계 해석에서는 여러 우주가 측정 '후에도' 여전히 존재한다. 그러니까 양자역학을 경로 적분의 측면에서 재구성할 수 있다고 해서 다세계 해석이 정확하다는 의미는 아니다. 이 둘은 서로 다르다.

다세계 해석의 핵심적인 특징은 양자 측정이 일어날 때마다 우주가 갈라지면서 흔히 '다중우주'라 불리는 것을 만들어낸다는 것이다.• 그리고 앞에서 보았듯이 (전문 용어를 오용한 데 사과도 곁들여서) 심지어 공기 또는 우주 마이크로파 배경과의 상호작용도 측정을 일으킬 수 있으므로, 무수히 많은 우주가 급속도로 생성된다. 이는 무수히 많은 물리학자를 급속도로 불편하게 만든다.

이 아이디어의 문제점은 누구도 우주가 갈라지는 것을 본 적

• 그렇다. 어원학상으로 보면 다중우주를 '우주'라 부르는 편이 더 이치에 맞고, 지금까지 우리가 우주라고 불렀던 것은 '서브 우주'라고 부르는 게 맞다. 그러나 언어가 논리의 규칙을 따르는 경우는 드물다.

이 없다는 것이다. 다세계 해석에 따르면, 검출기 그리고 일반화된 버전의 검출기들(당신과 나 같은)도 우주들과 함께 갈라지기 때문이다. 우리가 어느 우주로 갈지를 무엇이 결정할까? 어쩌면 그 우주들 전부에 다 들어가게 될지도 모르겠다. 어차피 이것은 우리가 경험할 수 있는 것이 아니기 때문에, 다세계 해석으로 하나의 특정 우주로 들어갈 확률을 계산할 방법을 구체화할 때 추가적인 추정(슈뢰딩거방정식 말고도 더)이 필요하다. 이 과정에서 비결정론이 슬그머니 다시 끼어든다.

자세한 수학은 굳이 설명하지 않겠다. 여기에서는 수학이 중요하지 않기 때문이다. 중요한 건 이전에 측정 업데이트라고 불렀던 예측을 재현하려면 여러 가지 추정을 넉넉히 추가해야 한다는 것이다. 이런 추정들이 존재하는 데에는 다 이유가 있다. 그 이유란, 관측을 서술하려면 추정들이 있어야 하고, 추정이 없으면 우리가 가진 이론은 정확한 예측을 내놓지 못하기 때문이다. 실제로 우리는 실험이 보여줄 수 있는 모든 결과를 다 관측하지는 못한다.

연산에 관해서만 말하자면, 다세계 해석은 내용이 같고 표현 방식이 다른 추정들을 통해 표준 해석의 양자역학과 정확히 같은 예측을 내놓는다. 주요한 차이는 수학이 아니라 믿음이다. 다세계 해석을 지지하는 사람들은 (우리가 관측하지 못한) 다른 우주들 모두 우리의 우주만큼이나 실재라고 믿는다.

그러나 도대체 어떤 의미로 실재라는 것인가? 관측할 수 없는 우주는 당연히 우리의 관측을 서술하는 데 필요가 없다. 따라서 그것을 실재라고 가정할 필요도 없다. 과학 이론은 불필요한 가정을 포함해서는 안 된다. 만일 이를 허용하면 신이 우주를 창조했다는 가정도 허용해야 한다. 그런 쓸데없는 가정들은 틀린 것은 아니다. 그냥 과학이 아닐 뿐이다. 다세계 해석에서 말하는 추가적인 우주들이 실재라는 가정 역시 무과학적인 가정이다.

그렇다고 해서 다세계 해석의 평행우주가 실재가 아니라는 의미도 아님을 강조해야겠다. 다만 평행우주의 실재성에 관한 서술 자체가 무과학이란 의미다. 이것은 믿을 수도 있고 안 믿을 수도 있지만, 과학은 무엇이 옳은지에 관해서는 아무것도 알려주지 않고, 알려줄 수도 없다. 역으로 생각하면, 저 바깥 어디에 무한히 많은 내가 존재한다는 아이디어 자체는 현재까지 알려진 지식과 전혀 충돌하지 않는다. 이것은 과학과 양립할 수 있는 신념 체계다.

그런데 이 해석은 몇 가지 특이한 결과를 낳는다. 예를 들어, 깊숙이 내려가면 우리 뇌에서 일어나는 모든 과정은 다 양자 과정이기 때문에, 우리가 내리는 선택 하나하나에 대하여 그와 다른 선택을 하는 다른 우주가 존재하게 된다. 우리의 선택이 사실상 양자 효과를 바탕으로 이루어진다는 것을 믿지 못하는 분들을 위해 흥미로운 앱을 소개한다. 유니버스 스플리터Universe Splitter[59]라는 앱은 반투명한 거울 너머로 빛알을 쏜다. 당신은 빛알이 거울을 통과하느냐 못하느냐에 따라 파스타 또는 치킨, 수락 또는 거절, 빨간 알약 또는 파란 알약 중 하나를 선택할 수 있다. 그러는 동안 당신의 복제본은 당신이 선택하지 않았던 옵션을 선택한 세상에서 살고 있다고 믿을 수 있다.

이것만으로도 이미 굉장하지만, 다중우주의 결과 중 가장 기이한 예는 단연 '양자 자살' 아이디어일 것이다. 지금 당신이 50퍼센트의 확률로 당신을 죽이는 양자 과정 실험을 반복하고 있다고 상상해보자. 양자역학의 표준 해석에 따르면, 당신의 생존 확률은 실험을 한 번 반복할 때마다 절반씩 줄어든다. 20번을 반복하면 당신이 죽을 확률은 99.9999퍼센트다.

그러나 다세계 해석에 따르면, 한 번의 실험에서 50퍼센트의 확률로 죽지 않는다. 그 대신 처음 실험을 수행했을 때 우주가 두 개로 갈라지고, 한쪽 우주에서는 당신은 죽고 다른 쪽 우주에서는 생존한다. 두 번째 실험에서 두 우주는 각각 2개로 갈라져 4개가 된다. 그중 두 우주에서는 당신이 첫 번째 실험에서 이미 죽었으니까, 두 번째 실험은 중요하지 않다. 그렇다면 첫 회에서는 생존했지만 두 번째에서 죽은 우주가 있을 것이고, 두 번 다 생존한 우주가 있을 것이다. 실험을 또 반복하면 4개의 우주는 8개로 갈라지고, 이런 식으로 계속 진행된다(그림 9 참고). 이렇게 20회를 시행하면, 당신은 100퍼센트의 확률로 여전히 살아 있다. 다만 수백만 개의 우주 중 한 우주에서만 생존할 수 있다.

상황은 점점 나아진다. 모든 분자 과정은 양자역학으로 귀결되므로, 이 얘기는 누군가 죽었을 때 사인이 무엇이었든, 그 사람은 아주 작은, 적어도 0은 아닌, 생존 확률을 가졌다는 의미가 된

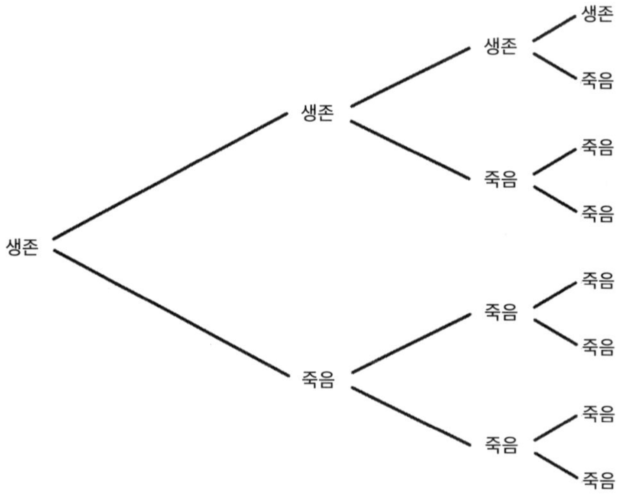

그림 9 양자 자살의 다세계.

다. 이것이 가능한 이유는 양자 무작위성 때문이다. 병이 저절로 나아지고, 손상된 세포가 갑자기 재생되고, 심장이 멈췄다가 다시 뛰기 시작할 확률은 언제나 존재한다. 그리고 이런 일이 일어날 확률이 아무리 낮다 해도, 다세계 해석에 따르면 다중우주 중 어느 한 가지에서 이런 일이 우리 모두에게 일어날 수 있다.

이것은 당연히 아직도 공룡이 어슬렁거리고, 히틀러가 태어난 적이 없고, 스프레이형 치즈가 세상에 나온 적 없던 다중우주의 한 가지가 존재한다는 의미도 된다. 분명한 건 우리는 이 가지에서 살고 있지 않다. 그러면 이걸로 우리는 뭘 하면 좋은가?

만일 당신이 다세계 해석을 믿는다면, 우리 우주에 살면서 확률을 따지는 행위는 다중우주의 가지가 몇 개인지를 따지는 것과 같다. 그리고 당신이 다른 가지를 선택했던 시간으로 돌아갈 수 없기 때문에, 이 확률들은 당신이 현재 관측하는 우주와 상관성이 있다. 실용적인 목적으로 따지자면 결과는 정확히 같다. 공룡은 멸종했고, 제2차 세계대전은 발발했으며, 스프레이형 치즈는 진짜 괜찮은 아이템이다. 당신은 다중우주의 모든 가지에서 죽지 않을 수 있겠지만, 당신의 생존 확률(또는 공룡의 생존 확률)은 표준 해석에서와 마찬가지로 줄어든다. 이것이 아무도 양자 자살을 감행하지 않는 이유다. 양자 자살이 그들이 생존하는 우주의 개수를 줄일 것이기 때문이다.

관측에 한해 보자면 다세계 해석은 기존 해석과 전혀 다를 바가 없다. 그러나 무한히 많은 당신의 복제본이 가능한 대안적 삶을 모두 살아가며 존재한다고 믿고 싶다면, 그렇게 믿어도 된다. 그 믿음은 과학과 전혀 충돌하지 않는다.

다중 나쁨

다세계 해석은 다중우주의 한 유형일 뿐이다. 다중우주의 몇몇 버전은 지난 수십 년간 대중적으로 큰 인기를 끌었다.

그중 하나가 급팽창 아이디어의 확장이다. 급팽창은 초기 우주가 기하급수적으로 팽창했다는 가설 중 한 단계다. 영원한 급팽창eternal inflation이라고 불리는 확장판에서는, 우리 우주의 초기 상태가 급팽창에 적합하도록 만드는 어떤 메커니즘을 가정한다. 이를 위한 방법 중 현재 가장 인기 있는 것은 빅뱅이 모든 곳에서 항상 일어나는 다중우주를 추정하는 것이다. 어떤 빅뱅에서 창조된 우주는 우리 우주와 비슷할 수 있고, 또는 우리가 아는 것과는 완전히 다른 물리법칙으로 이어지는 다른 자연 상수들을 가질 수도 있다.

빅뱅에 따라 자연 상수가 달라질 수 있다는 가설은 원래 다른 다중우주 아이디어에서 나온 것이다. 그것이 바로 끈이론 풍경string-theory landscape이다. 끈이론가들은 처음에는 자연 상수들을 직접 계산해낼 수 있기를 바랐지만 뜻대로 되지 않았다. 그래서 지금 자신들이 상수를 계산할 수 없다는 것은 결국 가능한 모든 값이 다중우주 어딘가에 존재한다는 의미여야 한다고 주장하고 있다.

우리는 이러한 다양한 다중우주를 하나의 거대한 메가 다중우주로 합칠 수 있다.

다세계 해석에서처럼 다중우주에서도 우리 것 외의 다른 우주들은 구조적으로 관측이 불가능하다.• 그리고 그 우주들에는 더 많은 우리의 복제본이 살고 있지만, 이 복제들이 생겨나는 이유는

• 다중우주의 여러 버전 중에는 관측 가능한 결과를 내놓는 버전도 있다. 이를테면 우리 우주가 다른 우주와 충돌하거나 얽힌다는 결과다. 안타깝게도 이런 아이디어는 거짓으로 입증될 수 있는 범위 안에서 거짓임이 입증되었다. 따라서 이 책에서는 논의할 가치가 없다.

실로 다양하다. 초기 상태의 아주 작은 변이로도 우리 우주와 거의 비슷한, 그러나 정확히 같지는 않은 역사를 가진 우주가 생겨날 수 있다. 물론 다중우주에서 어떤 초기 상태가 실질적으로 가능한지 우리는 사실상 알지 못하고 앞으로도 영영 알 수 없을 것이다. 그에 대한 관측 증거를 수집할 수 없기 때문이다. 이것은 순수한 추정일 뿐이다.

따라서 과학에서 다중우주 아이디어가 차지하는 지위는 정확히 다세계 해석의 지위와 같다. 관측할 수 없는 어떤 것이 실재라는 가정은 우리가 관측하는 것을 서술하는 데 불필요하다. 따라서 이런 우주들이 실재라고 가정하는 것은 무과학이다.

이것은 특별히 어려운 논증은 아니다. 그래서 동료들이 이걸 이해하지 못하는 것 같은 모습에 크게 놀라곤 한다. 아니나 다를까, 그들은 이렇게 말하곤 한다. "그런 식으로 따지면 블랙홀 내부에 관해 얘기하는 것도 비과학적이라고 주장해야 하지 않나?" 그렇지 않다. 블랙홀 쪽은 상황이 완전히 다르다. 하나만 예로 들면, 블랙홀 안에 뭐가 있는지는 (원칙적으로!) 관찰할 수 있다. 다만 관찰자가 돌아와서 우리에게 뭘 봤는지 얘기해줄 수 없을 뿐이다. 더 중요한 사실은 블랙홀이 증발한다는 것이다. 그러니까 블랙홀의 내부는 영원히 단절된 상태로 유지되는 게 아니다. 블랙홀이 증발하면 그 지평선도 수축해서 블랙홀은 완전히 사라지게 된다. 이게 사실이 아니라면, 나 자신이 앞장서서 블랙홀 내부에 대한 논의가 과학적으로 의미가 있는지 의문을 제기할 것이다.

그러면 아마 그들은 이런 주장을 펼칠 것이다. "하지만 말이야. 빛의 속도는 유한하고 우주는 겨우 138억 년밖에 되지 않았으니, 우주가 무한히 크다고 해도 어차피 우리는 우주의 일부만 볼 수 있을 뿐이라고." 그러나 나는 분명히 현재 우리가 볼 수 있는 경계 너머에 우주가 존재하지 않는다고는 믿지 않는다.

누차 얘기했지만, 이건 내가 뭘 믿고 안 믿고에 관한 얘기가 아니다. 우리가 무엇을 알 수 있고 무엇을 알 수 없는가에 관한 얘기다. 나의 주장은 우리가 관찰할 수 있는 범위를 넘어서면 그때부터는 순전히 믿음의 문제라는 것이다. 과학은 그게 존재하는지 아닌지에 관해서는 아무 말도 하지 않는다. 따라서 그게 존재한다고 주장하는 것도, 존재하지 않는다고 주장하는 것도 다 무과학이다. 여기에 관해 얘기하고 싶다면, 상관없다. 하지만 그게 과학인 척하지는 말자. 이 지점에서 물리학자들은 대개 혼란스러워하거나 불쾌해하거나, 아니면 두 감정을 다 느낀다.

지금까지 나는 물리학자들이 나쁜 버릇을 고치고 믿음을 과학으로 부풀리는 일을 그만둬야 한다고 계속 주장해왔다. 그 이유는, 그들의 혼란상이 비전문가들에게도 뻔히 보이기 때문이다. 브라이언 그린Brian Greene부터 레너드 서스킨드Leonard Susskind와 브라이언 콕스Brian Cox, 안드레이 린데Andrei Linde 같은 물리학자들은 마치 다중우주가 최선의 과학적 관행인 것처럼 공공연하게 이야기하고 있다. 그리고 다중우주 아이디어는 수많은 매체의 관심을 끌고 있기 때문에, 높은 수준의 구성원들을 유지하는 과학 커뮤니티의 역량에 좋지 않은 인상을 남긴다.

이런 피해 사례로 가장 유명한 예는 2016년 공화당의 대통령 경선 후보였던 벤 카슨Ben Carson의 강연이다. 카슨은 은퇴한 신경외과 의사이고 물리학을 많이 아는 것 같지는 않은데, 그나마 얼마 안 되는 지식도 전부 다중우주 지지자들에게 배웠던 모양이다. 2015년 9월 22일에[60] 카슨은 오하이오의 침례교 재단 학교에서 강연을 하면서, 청중에게 "과학이 언제나 정확하지는 않다"고 말했다. 물론 이 말은 맞는 말이다. 그런데 자신의 과학 회의론을 정당화하려고 다중우주를 예로 들며 조롱했다.

> 과학자들은 그런 다음 확률 이론으로 넘어갑니다. 그러면서 이렇게 말하죠. "만일 아주 오랫동안 빅뱅이 충분히 많이 일어났다면, 그중 하나는 완벽한 빅뱅일 테고 모든 것은 완벽하게 구성될 것"이라고요.

강연의 첫머리에서[61] 그는 이런 식으로 유쾌하게 운을 뗐다. "자, 여러분, 동화 같은 얘기를 하나 들려드릴까요? 아주 놀라운 얘기가 있는데요."

카슨의 강연을 들어보면 그가 열역학과 우주론을 상당히 잘못 이해하고 있다[62]는 건 분명하다. 하지만 정말로 중요한 건 그게 아니다. 나는 신경외과의가 기초 물리학 전문가가 될 필요는 없다고 생각한다. 그리고 카슨의 청중도 나와 같은 생각이길 바란다.

요점은, 과학자들이 사실과 허구를 뒤섞을 때 무슨 일이 벌어지는지를 카슨이 극명하게 보여주었다는 것이다. 비전문가는 둘을 뭉뚱그려 같이 던져버린다.

카슨의 강연은 이렇게 계속 이어진다. "그래서 내가 과학자들한테 그랬죠. '이봐요. 나는 당신을 비판하려는 건 아닙니다. 당신은 나보다 믿음이 더 깊네요……. 그건 인정하겠습니다. 하지만 나는 당신의 믿음 때문에 당신을 비하하지 않을 겁니다. 그러니 당신도 내 믿음 때문에 날 비하하지 말아요'라고요."

나는 이 문제에 관해서는 카슨 편이다. 누구도 그가 믿는 것 때문에 비하받아서는 안 된다. 만일 여러분이 무수히 많은 우주와 그 안에 있는 여러분의 복제본이 무수히 많이 존재한다고 믿고 싶대도, 그리고 그 복제본 중 일부가 불멸이라 해도, 나는 상관하지 않는다. 하지만 그게 과학인 척은 하지 말자.

우리는 컴퓨터 시뮬레이션 안에서 살고 있나?

나는 우리가 컴퓨터 시뮬레이션 안에서 살고 있다는 아이디어를 무척 좋아한다. 이런 생각을 하다 보면 다음 단계에서는 모든 게 좋아질 거라는 희망을 품게 된다. '시뮬레이션 가설'이라 불리는 이 아이디어는 물리학자들에게는 대체로 무시당해왔지만, 철학자들 그리고 스스로를 지식인으로 생각하는 사람들 사이에서는 꽤 인기를 얻고 있다. 분명히 이 아이디어는 물리학을 모를수록 더 매력적이다.

시뮬레이션 가설[63]의 가장 강력한 지지자는 철학자 닉 보스트롬Nick Bostrom이다. 그는 (내가 곧 소개할 구체적인 가정을 감안하면) 우리가 시뮬레이션되는 존재라는 결론은 순수한 논리적 추론의 결과라고 주장해왔다. 일론 머스크Elon Musk는 그 주장을 믿는 사람 중 하나다.[64] "우리가 시뮬레이션 안에 존재할 가능성은 대단히 큽니다." 머스크는 이렇게 말한다. 심지어 닐 디그래스 타이슨Neil deGrasse Tyson도[65] 시뮬레이션 가설이 옳을 확률이 "50 대 50보다는 높다"고 말했다.

내가 시뮬레이션 가설을 불쾌하게 생각하는 이유는 사람들이 실제로 그걸 믿을 것 같아서가 아니다. 대부분의 사람들은 이 아이디어가 과학적 엄밀성이 떨어진다는 것을 잘 알고 있다. 시뮬레이션 가설이 나를 불쾌하게 하는 이유는 이것이 물리학자들의 영역을 침범하기 때문이다. 이 가설은 우리가 현재 알고 있는 자연법칙은 조금도 신경 쓰지 않으면서 자연법칙에 관해 대담한 주장을 펼친다.

대충 요약하자면, 시뮬레이션 가설은 우리가 경험하는 모든 것이 지적 존재에 의해 프로그래밍된 것이며, 우리는 컴퓨터 코드의 일부라고 주장한다. 우리가 어떤 유형의 연산 속에서 살고 있다는 생각은 그 자체로는 아주 충격적인 주장은 아니다. 현재까지 알려진 바로는 자연법칙은 수학적이고, 따라서 우주가 정말로 이

법칙들을 연산하고 있을 뿐이라고 주장할 수도 있겠다. 이런 표현이 다소 약간 기이하게 여겨질 수도 있고 나도 여기에 동의하지만, 그 자체로 논쟁거리는 아니다. 시뮬레이션 가설에서 문제가 되는 부분은 어떤 존재 또는 어떤 것이 우리가 자연법칙이라고 믿는 것을 통제하거나, 심지어 그 법칙을 간섭하는 다른 수준의 현실이 있다고 가정하는 데 있다.

자연법칙을 간섭할 수는 있지만 무슨 까닭인지 우리에겐 모습을 드러내지 않는 전지전능한 존재를 믿는 것은 유일신 신앙들의 공통 요소다. 차이가 있다면 시뮬레이션 가설을 믿는 사람들은 자신의 이성을 통해 믿음에 도달했다고 주장한다는 것뿐이다. 그들의 논거는 일반적으로 닉 보스트롬의 논거를 따른다. 닉 보스트롬의 논리는 요약하자면 이런 식이다. 만일 (a)수많은 문명이 있고, 이 문명들이 (b)컴퓨터를 제조해 의식을 가진 존재를 시뮬레이션할 수 있다면, (c)실제 존재보다 시뮬레이션상에서 의식을 가진 존재들의 수가 훨씬 더 많아지고, 그러면 우리는 시뮬레이션 안에서 살고 있을 확률이 높다는 것이다.

제일 먼저 짚어볼 점은, 두 전제 중 하나 또는 둘 다 틀릴 수 있다는 것이다. 어쩌면 다른 문명이 없을 수도 있고, 또는 그 문명이 시뮬레이션에 관심이 없을 수도 있다. 물론 그렇다고 해서 논거 자체가 틀린 것이 되지는 않는다. 단지 그런 결론이 도출될 수 없다는 의미일 뿐이다. 그러니 전제가 틀렸을 가능성은 일단 접어두겠다. 이를 확인할 수 있는 견고한 증거가 없기 때문이다.

보스트롬의 논증을 비판하는 사람들이 가장 자주 지적하는 부분은, 그가 인간과 비슷한 지성을 시뮬레이션할 수 있다고 무턱대고 가정한다는 점이다. 우리는 이게 가능한지 사실상 알지 못한다. 그러나 이것이 가능하지 않다고 가정하려면 설명이 필요하다. 그 이유는, 현재까지 알려진 바로는 의식이 단순히 다량의 정보를 처리하는 특정 계의 성질일 뿐이기 때문이다. 이 같은 정보처리가 정확히 어떤 물리적 기반에서 이루어지는지는 중요하지 않다. 그게 뉴런일 수도 있고 트랜지스터일 수도 있다. 또는 자기가 뉴런인 줄 아는 트랜지스터일 수도 있다. 나는 의식을 시뮬레이션한다는 점이 딱히 문제가 된다고는 생각지 않는다.

내가 볼 때 보스트롬의 논증이 가진 문제점은, 물리학자들이 대단히 높은 정확도로 확인한 자연법칙을 사용하는 대신 그와 완전히 다른, 프로그래머가 실행하는 알고리즘을 바탕으로 우리가 관측해온 모든 것을 재현하는 게 가능하다고 가정한다는 것이다. 보스트롬이 정확히 이런 내용을 의도한 것은 아니라고 생각하지만, 실제로 그의 주장은 이런 내용이다. 그는 다른 어떤 것을 사용해 물리학의 기반을 쉽게 재구성할 수 있다고 암묵적으로 주장한다. 이게 그의 논증에서 가장 문제가 되는 부분이다.

먼저 양자역학을 예로 들어보자. 양자역학의 현상들은 통상적인 컴퓨터로는 유한한 시간 내에[66] 연산이 불가능하다. 그러므로 양자역학을 시뮬레이션하려면 최소한 양자컴퓨터가 있어야 한다. 두 상태(이를테면 0과 1)의 중첩인 양자 비트들, 즉 큐비트로 작동하는 컴퓨터 말이다.

그러나 일반상대성이론과 입자물리학의 표준모형을 재현할 수 있는 기계와 알고리즘은 아직 알려진 것이 없다. 손을 휘저으며 "헤이, 양자컴퓨터"라고 아무리 외쳐본들 전혀 도움을 받을 수 없다. 컴퓨터 시뮬레이션으로 우리가 아는 법칙들을 '근사'할 수는 있지만(학자들이 늘 하는 게 이거다) 그게 실제로 자연이 구동되는 방식이라고 하기에는 차이점이 눈에 띈다. 실제로 물리학자들은[67] 자연법칙이 단계적으로 진행되는, 이를테면 컴퓨터 코드처럼 실행되는 징후를 계속 찾아봤지만, 결과는 늘 빈손으로 끝났다. 지금까지 알고리즘으로 자연법칙을 재현하려는 시도들은 모두 아인슈타인의 특수상대성이론과 일반상대성이론이 보여주는 완전한 대칭과 양립하지 못했다. 여기에서 진짜와 근사의 차이가 드러난다. 아인슈타인을 능가하는 게 만만한 일은 아니다.

이 문제는 저 높은 곳에 계시는 프로그래머가 우리를 시뮬레이션할 때 무슨 법칙을 쓰고 있는지와는 무관하게 존재한다. 우리는 지금 우리가 관측하는 자연법칙을 재현할 수 있는 알고리즘도, 그 알고리즘을 실행할 수 있는 기계도 전혀 알지 못한다. 만일 그걸 알았다면 벌써 만물의 이론을 발견했을 것이다.

보스트롬의 논증에서 두 번째로 볼 문제는, 이게 말이 되려면 하나의 문명이 수많은 의식을 가진 존재를 시뮬레이션할 수 있어야 하고, 이 의식을 가진 존재가 또 의식을 가진 존재를 시뮬레이션하려 시도하고, 이렇게 첩첩이 계속되어야 한다는 것이다. 입력만 받아 작동하는 뇌 하나 정도는 어떻게 시뮬레이션해볼 수도 있겠지만, 실제 뇌보다 시뮬레이션된 뇌가 더 많으므로 우리가 시뮬레이션 안에서 살 가능성이 높다는 결론이 성립하려면 그 정도 가지고는 안 된다. 이 가설이 맞으려면 실질적으로 엄청나게 많은 뇌가 필요하다. 그런데 이게 가능하려면 우주 안에 포함된 정보를 압축해야 한다. 그렇지 않으면 이 시뮬레이션의 용량이 디스크 용량을 초과해버리기 때문이다. 따라서 보스트롬의 가설은, 지금 누구도 거들떠보지 않는 세상 어느 한 부분의 세부 사항은 크게 신경 쓰지 않으면서도, 혹시라도 누가 볼 때를 대비해 그 부분을 어떻게든 채워놓을 수 있다고 주장하는 것이다.

다시 말하지만, 그는 이게 어떻게 가능하다는 것인지 설명하지 않는다. 실제로 이런 작업을 해낼 수 있는 컴퓨터 코드는 어떤 유형인가? 어떤 알고리즘이 의식이 있는 하위 시스템과, 그 시스템의 의도를 정의한 다음 눈에 띄는 불일치성을 만들어내지 않으면서도 필요한 정보를 재빨리 채워 넣을 수 있는가? 이건 보스트롬이 인지하는 것보다 훨씬 더 어려운 문제다. 그의 가정이 작동하려면 의식은 연산이 가능하면서 동시에 환원적이어야 한다. 그렇지 않으면 누가 어디를 쳐다볼지 미리 예측할 수가 없다. 그와 동시에 짧은 거리의 물리적 과정들을 무시하지 않으면서 먼 거리에서도 올바른 결과를 얻어야 한다.

지구 기후 모형은 이를 설명할 아주 좋은 예다. 우리는 현재 약 10킬로미터보다 더 짧은 거리의 해상도에서 기후를 연산할 수 있는 능력이 없다. 그러나 이 규모 이하의 물리를 전부 다 무시할 수는 없다. 기후는 비선형 시스템이라서, 짧은 규모의 사소한 것 하나가 큰 규모에 흔적을 남기게 된다. 나비의 날갯짓이 토네이도를 일으킬 수도 있는 것이다. 만일 짧은 거리의 물리를 연산할 수 없다면 적어도 적당한 무언가로 대체할 수 있어야 한다. 이 작업은 근사적으로만 수행하더라도 제대로 해내기가 꽤 어렵다. 기후 과학자들이 이 작업을 근사적으로 올바르게 해내는 유일한 이유는, 근사가 제대로 작동하는지 여부를 확인할 수 있는 관측 결과가 있기 때문이다. 시뮬레이션 가설에 등장하는 프로그래머처럼 오로지 시뮬레이션만 돌린다면 이 작업은 결코 해낼 수 없다.

이것이 내가 생각하는 시뮬레이션 가설의 문제점이다. 이 가설을 믿는 사람들은, 대개 자신도 그 원리를 잘 모르는 채로 컴퓨터 시뮬레이션으로 어떤 자연법칙이 재현될 수 있다고 큰 가정을 세워놓고 그게 어떻게 작동하는지는 설명하지 않는다. 그러나 우리가 관측하는 내용을 전부 다 높은 정확도로 대응시키는 대안적 설명을 찾기란 정말이지 어려운 일이다. 그게 얼마나 어려운지 다른 사람은 몰라도 나는 안다. 그게 기본 물리학 분야에서 우리가 하는 일이니까.

어쩌면 여러분은 지금쯤 못마땅한 얼굴로 혀를 차고 있을지도 모르겠다. 아니, 얼간이들이 재미있는 생각을 좀 하는 게 뭐 그리 대수라고 그렇게 정색을? 게다가 그냥 지적인 오락거리에 불과한 이야기들도 있는데. 그러나 나는 시뮬레이션 가설을 일반 대중에게 널리 알리는 게 해롭지 않은 즐거움이라고는 생각하지 않는다. 이것은 과학과 신앙을 뒤섞는 것이고, 그건 일반적으로 나쁜 생각이다. 그리고 우리에겐 누군가 우리의 플러그를 잡아 뽑지 않을까 하는 걱정 말고도 걱정할 거리가 많다고 생각한다.

요약하자면, 시뮬레이션 가설은 진지한 과학적 논거가 아니다. 그렇다고 틀렸다는 의미는 아니지만, 이런 가설은 당신이 믿기 때문에 믿어야 하는 것이지 이를 뒷받침할 논리가 있기 때문에 믿어야 한다는 의미는 아니다.

간단한 답변

우리의 복제본이 다중우주 안에 존재한다는 아이디어는 과학적이지 않다. 그런 복제본들은 관측할 수 없고 실제로 우리가 관측할 수 있는 것을 설명하는 데에도 불필요하기 때문이다. 다중우주론은 수학이 실재를 서술하는 도구가 아니라 그 자체로 실재라고 믿는 물리학자들이 홍보했다. 그러므로 자신의 복제본이 존재한다고 믿고 싶다면 얼마든지 그래도 좋다. 그러나 이 가설이 옳다는 증거는 없다. 우리 우주가 컴퓨터 시뮬레이션이라는 가설은 현재의 과학적 기준을 충족하지 못한다.

6장

물리학은 자유의지를 부정하는가

Existential Physics

회피의 늪

자유의지 토론에서 주된 문제는, 비철학자들이 보기에 '자유의지'와는 아무 상관도 없다고 생각하는 정의定義를 철학자들이 무더기로 쌓아놓는 데 있다. 나는 '철학자'의 반대 개념으로 '정상인'이라고 쓰고 싶은 유혹을 느꼈지만, 그건 약간 몰인정한 것 같다. 그리고 나는 몰인정한 사람이 되고 싶지는 않다. 절대로.

이런 이유로, '자유의지'라는 단어를 쓰지 않고 문제를 서술하며 이야기를 시작해보겠다. 현재 수립된 자연법칙은 양자역학에서 비롯된 무작위 요소가 있으면서 결정론적이다. 이 말은 미래가 정해져 있으며, 예외적으로 우리가 영향을 미칠 수 없는 간헐적 양자 사건이 존재한다는 뜻이다. 혼돈 이론이 있더라도 상황은 바꿔지 않는다. 혼돈 법칙도 실은 결정론적이다. 다만 초기 조건에 대단히 민감하게 의존하기 때문에(나비의 날갯짓 같은 것들) 예측하기가 어려울 뿐이다.

따라서 우리의 인생은, 각각의 길에 가능한 미래가 하나씩 대응되고 어느 길이 현실이 될 것인지는 우리에게 달린, 호르헤 루이스 보르헤스Jorge Luis Borges의 표현을 빌리자면, "갈래 길의 정원"[68]이 아니다(그림 10). 자연법칙은 그냥 그런 식으로 돌아가지 않는다. 대부분은 오직 하나의 길만 존재하는데, 그 이유는 양자 효과가 거시적으로 발현되는 경우가 드물어서다. 당신이 오늘 하는 일은 어제의 우주의 상태로부터 이어진 것이고, 그 상태는 지난 수요일의 우주의 상태에서 이어진 것이고, 그런 식으로 빅뱅까지 거슬러 올라간다.

그러나 간혹 무작위 양자 사건이 우리 삶에 커다란 변화를 일으킬 때가 있다. 입자가 어느 쪽 화면에 나타나는지에 따라 고속도로에서 사고를 당할 수도 있는 연구자의 이야기 기억하는가? 길은 때때로 갈라지지만, 우리는 발언권이 없다. 양자 사건은 근본적으로 무작위적이며 그 어떤 것에도 영향을 받지 않는다. 아무튼 우리 생각의 영향을 받지 않는 것은 틀림없다.

이렇게 약속대로 '자유의지'라는 말을 쓰지 않고 문제를 설명해보았다. 그럼 이제 우리가 영향을 미칠 수 없는 간헐적 양자 사건을 제외하고는 미래가 정해져 있다는 말이 무슨 뜻인지 논의해보자.

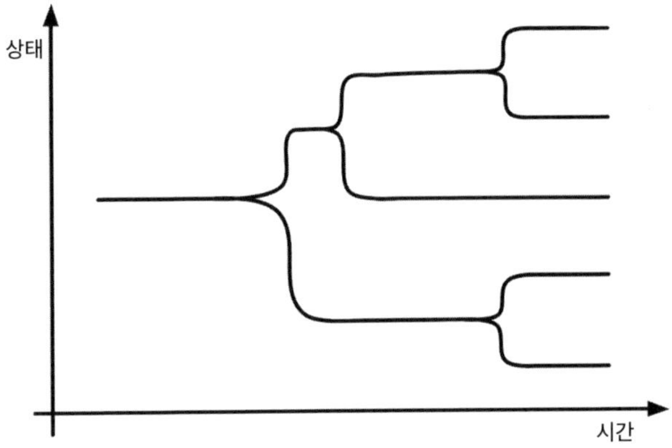

그림 10 갈라진 경로들. 자유의지의 문제는 갈림길에서 일어날 일을 우리가 선택할 수 없다는 것이다.

개인적으로 나는 그 말이 자유의지는 존재하지 않으며 상황 종료라는 뜻이라고 말하겠다. 나보다 현명한 많은 이가 지적했듯이 자유의지는 그 자체로 일관성이 없는 아이디어이므로 용기 내어 이렇게 말할 수 있다. 당신의 의지가 자유로우려면, 다른 무엇도 그 의지의 원인이 되어서는 안 된다. 그러나 만일 아무것도 원인이 아니라면(프리드리히 니체Friedrich Nietzsche의 말대로 "원인 불명의 원인"이라면) 당신도 그 의지의 원인이 될 수 없다. 당신이 '당신'이라는 말을 어떤 의미로 쓰든지 간에 말이다. 니체가 요약한 대로, 그것은 "지금까지 나온 것들 중에 최고의 자기 모순이다". 나는 니체의 말에 동의한다.

그 대신 나는 이런 식으로 생각한다. 우리 뇌는 입력을 받고 초기 상태에 작용하는 방정식을 따라 연산을 수행한다. 이 연산이 알고리즘 기반인지 여부는 나중에 자세히 다루겠지만, 우리 뇌의 신피질(인간의 뇌에서 가장 크고 강력한 영역으로, 정신 활동을 포함한 여러 기능을 주관한다—옮긴이)에 자연법칙을 능가할 수 있게 해주는 마법의 용액 같은 것은 없다. 우리가 하는 일이라고는 제한된 정보 안에서 내릴 수 있는 최선의 결정이 무엇인지 가늠하는 것이 전부다. 결정은 우리 진화의 결과이며, 자연법칙 이상의 무언가를 요구하지 않는다. 내 스마트폰은 잠금 화면 위에 어떤 알림을 띄울지 계산할 때마다 결정을 내린다. 분명히 결정을 내리는 데 자유의지가 필수는 아니다.

'최선의 결정'이라는 것이 무슨 의미인가를 두고도 긴 토론을 이어갈 수 있겠지만, 이것은 물리학 문제가 아니므로 접어두기로 하자. 요약하자면, 우리는 입력을 산정하고 어떤 기준을 사용하여 우리 삶을 최적화하려 노력한다. 이 기준은 일부는 학습된 것이고 일부는 태생적으로 우리 뇌에 새겨진 것이다. 그 이상도 이하도 아니다. 이 결론 중에서 신경생물학에 의존하는 부분은 하나도 없다. 우리의 의사 결정 능력 중에서 어디까지가 의식적이고 어디까지가 무의식의 영향인지는 아직 불분명하다. 그러나 의식과 무의식의 구분 자체는 그 결과가 결정론적인지 아닌지 하는 문제와는 크게 상관이 없다.

만일 자유의지가 말이 안 되는 것이라면, 왜 그렇게 많은 사람이 자신들의 판단이 자유의지를 바탕으로 한다고 느낄까? 그 이유는 모든 게 끝나기 전에는 우리 사고의 결과를 알지 못하기 때문이다. 그걸 미리 알았다면 애초에 사고를 할 필요가 없었을 것이다. 루트비히 비트겐슈타인Ludwig Wittgenstein의 말대로,[69] "의지의 자유는 미래의 행동을 지금 알 수 없다는 사실에서 비롯된다". 그의 『논리-철학 논고*Tractatus Logico-Philosophicus*』가 나온 지 100년은 되었으니, 이 말이 딱히 충격적인 뉴스 같지는 않다.

그럼 얘기 다 끝난 건가? 물론 아니다.

분명 누군가는 '무언가'를 정의해서 그것을 자유의지라 부를 수 있기 때문이다. 이것은 '양립 가능론compatibilism'의 철학인데, 여기에서는 자유의지와 결정론이 양립할 수 있다고 주장한다. 그러면서(다시 한번 상기시키자면) 우리가 영향을 미칠 수 없는 간헐적 양자 사건이라는 예외가 아니면 미래는 정해져 있다는 점은 절대 신경 쓰지 않는다. 현재 양립 가능론은 철학자들 사이에서 주류를 형성하고 있다. 전문 철학자들을 대상으로 수행된 2009년 조사에서, 59퍼센트의 응답자가 자신을 양립 가능론자라고 밝혔다.[70]

철학자들 사이에서 두 번째로 큰 주류는 자유의지론자들이다. 그들은 자유의지와 결정론은 양립할 수 없는데 자유의지는 존재하므로 결정론이 틀린 것이라고 주장한다. 흠……. 이 주장은 우리가 아는 자연과는 양립할 수 없으므로, 이 책에서는 자유의지론은 다루지 않으려 한다.

그러니 양립 가능론에 관해 조금 더[71] 얘기해보기로 하자. 양립 가능론은 이마누엘 칸트Immanuel Kant가 '비열한 속임수'라는 매력적인 별명으로 규정했고, 19세기 철학자 윌리엄 제임스William James는 '회피의 늪'이라고 불렀고, 현대철학자 월리스 맷슨Wallace Matson은 "주제 변경의 오류를 보여주는 가장 놀라운 사례"라고 언급한 철학이다. 그렇다, 정말로, 우리가 영향을 미칠 수 없는 간헐적 양자 사건 외에는 미래가 정해져 있다면, 도대체 어떻게 자유의지를 자연법칙과 양립시킬 수 있단 말인가?

이 주장을 뒷받침하기 위해 할 수 있는 한 가지는 물리학을 조금 손보는 것이다. 철학자 존 마틴 피셔John Martin Fischer[72]는 이런 작업을 하는 철학자들에게 '다중 과거 양립 가능론자' 그리고 '국소적 기적 양립 가능론자'라는 이름을 지어주었다. 다중 과거 양립 가능론자는 지금의 내 행동이 과거의 어떤 것을 바꾼다고 주장한다. 국소적 기적 양립 가능론자는 자연법칙을 넘어서는 초자연적인 사건이 어떤 식으로든, 나의 결정이 지금까지 여러 차례 검증되어온 이론의 예측을 피할 수 있게 해준다고 주장한다. 이러한 주장들도 이 책에서는 다루지 않을 것이다. 이 책의 주제는 우리가 물리학에서 무엇을 배울 수 있는가이지 어떻게 하면 창조적으로 물리학을 무시할 수 있는가가 아니기 때문이다.

적어도 틀리지는 않은 양립 가능론의 아이디어 중 가장 인기 있는 것은, 우리의 의지가 자유로운 이유는 예측이 불가능하기 때문이라는 주장이다. 확실히 우리의 의지는 현실에서 예측할 수 없고 심지어 원칙적으로 따져도 예측이 불가능하다. 이러한 아이디어는 대니얼 데닛Daniel C. Dennett이 가장 앞장서서 주장하고 있다.

만일 여러분이 자유의지를 그런 식으로 생각하고 싶다면, 좋다. 그러나 미래는 여전히 우리가 영향을 미칠 수 없는 간헐적 양자 사건을 제외하고는 정해져 있다.

철학자 제넌 이즈마엘Jennan Ismael[73]은 한 걸음 더 나아가 자유의지는 자율적 시스템의 성질이라고 주장해왔다. 그녀는 우주의 다양한 하위 시스템은 외부 입력 대 내부 연산의 비중에 따라 그 행동이 얼마나 달라지는지로 분류할 수 있다고 주장한다. 예를 들어 토스트기는 자율성이 매우 적어서 버튼을 누르면 곧바로 반응한다. 그에 비해 인간의 자율성은 훨씬 더 크다. 인간의 깊은 사고는 대부분 외부 입력으로부터 분리되어 돌아가기 때문이다. 만일 여러분이 이걸 자유의지라고 부르고 싶다면, 그것도 좋다. 그러나 미래는 여전히 우리가 영향을 미칠 수 없는 간헐적 양자 사건을 제외하고는 정해져 있다.

자유의지를 자연법칙에 포함시킬 수 있는 틈새를 찾아내어 양립 가능론을 지지하는 물리학자들도 꽤 많다.• 숀 캐럴과 카를로

• 일반적으로 물리학자들은 (나 자신도 포함해서) 자유의지와 결정론의 양립 가능성을 논하기보다는 (이것은 고전 자유의지론/양립 가능론을 나누는 것이다) 표준 해석의 양자역학이 갖는 근본적인 무작위 요소를 고려할 때 자유의지가 자연법칙과 양립할 수 있는지를 따지는 편이다. 이 구분은 사실 큰 차이는 없다. 양자 무작위성에는 '의지'가 없기 때문이다. 그러나 이런 구분이 가끔 혼동으로 이어지곤 한다. 예를 들어, 양립 가능론을 추종하는 물리학자는 인간의 행동이 우주의 초기 상태에 의해 결정되어 있는지, 또는 완벽한 정보가 있으면 예측할 수 있는지 질문을 받으면 '아니오'라고 대답할 것이다. 그러나 어떤 조사에서는 이렇게 답하는 사람들을 자유의지론자로 분류하고 있다.

로벨리Carlo Roveli는 자유의지를 시스템의 창발적 성질로 해석해야 한다고 제안한다. 이 주장의 업그레이드된 버전[74]은 최근에 필립 볼이 제시하였다. 그는 거시적 개념들(즉 창발적 성질들) 사이의 인과 관계를 '자유의지'를 정의하는 데 사용한다.

창발적 성질은 거대 규모를 근사적으로 서술하려고 할 때 미시 규모의 세부 사항들을 평균하면서 나타나는 성질임을 기억하자. 그림 11은 이 같은 구조가 어떻게 자유의지의 정의에 사용될 수 있는지를 보여준다. 미시 수준의 경로(흰색 선)는 초깃값, 즉 왼쪽에서부터 출발하는 위치에 의해 결정된다. 그러나 거시 수준에서는 정확한 초기 조건을 보지 않는다. 거시적 경로(검은 테두리 선)는 미시 경로들을 평균해서 집단적으로 뭉뚱그려 바라본 것인데, 그러면 포크처럼 갈라져 보인다.

앞에서 언급했던 물리학자들은, 미시 수준에서 입자들의 결정된 행동들을 무시하면 거시 수준에서 더 이상 예측을 할 수 없다고 말한다. 경로가 갈라지니까. 만세! 물론 예측을 못하는 건 단순히 실제로 일어나고 있는 일을 무시했기 때문일 뿐이다. 그래, 뭐 그런 것쯤 무시해도 된다. 그러나 미래는 우리가 영향을 미칠 수 없는 간헐적인 양자 사건을 제외하고는 여전히 결정되어 있다. 숀 캐럴[75]이 양립 가능론자로서의 입장을 요약하면서 "자유의지는 야구공처럼 실재한다"라고 말했을 때, 그 뒤에 "그리고 야구공과 똑같이 자유롭다"는 말도 덧붙였어야 했다.

말이 나왔으니 말인데, 나는 물리학자 또는 철학자가 '자유의

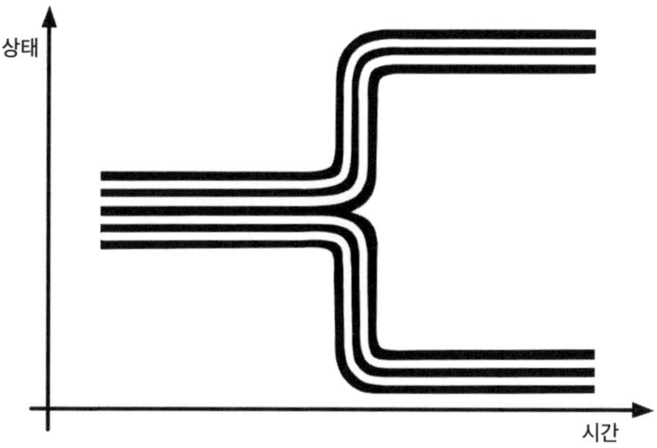

그림 11 자유의지는 어떻게 물리학과 양립할 수 있는가.

지'에 대해 내린 양립 가능론적 정의가 그렇게 문제될 게 없다고 본다. 결국 그건 정의일 뿐이고, 맞거나 틀린 것도 아니고, 그냥 대체로 쓸모있는 것에 불과하다. 그러나 나는 이런 언어유희가 일반인들의(미안하다. 그러니까 비철학자들 말이다) 걱정을 해결해준다고는 생각지 않는다. 21개국의 5,000명 이상이 참여한 2019년 설문 조사[76]를 보면 "다양한 문화권에서, 인지적 사고의 수준이 높은 참여자들은 자유의지가 인과적 결정론과 양립할 수 없다고 보는 경향이 더 컸다"는 사실이 밝혀졌다. 아무래도 우리는 양립 가능론자로 태어나지는 않았던 모양이다. 그래서 우리 중 다수는 물리학을 배우며 이른바 자유의지에 관한 신념이 흔들리게 되는 것이다. 내가 그랬던 것처럼. 내 생각엔 이게 해결돼야 할 문제다.

* * *

보다시피 자연법칙을 존중하면서 자유의지를 이해하기란 쉽지 않다. 근본적인 문제는, 현재까지 알려진 바로는 강한 창발이 가능하지 않다는 것이다. 이 말은 더 높은 수준의 계가 갖는 성질들(거대 규모에 있는 성질들)이 입자물리학이 적용되는 더 낮은 수준으로부터 전부 다 유도된다는 뜻이다. 그러니까 우리가 '자유의지'를 어떻게 정의하든 그런 건 중요하지 않다. 자유의지도 어차피 입자들의 미시적 행동으로부터 유도되는 것이다. 다른 것들도 다 그러니까.

그러므로 내가 볼 때 자유의지를 이해하는 유일한 방법은, 미시 이론으로부터의 유도가 어떤 이유에서인지 경우에 따라 실패하기도 한다고 생각하는 것이다. 그러면 강한 창발은 자연의 실제 성질이 될 수 있고, 우리는 미시 물리와는 독립적인 거시 현상(그 중에서도 특히 자유의지)을 얻을 수 있다. 이런 일이 실제로 일어난다는 증거는 아직 찾지 못했지만, 이것이 어디로 이어질지 생각해 보면 재미있다.

먼저, 미시 법칙과 거시 법칙을 연관짓는 방정식을 풀 때 사용하는 수학적 기술이 항상 작동하는 것은 아니다. 이 기술은 종종 특정 근사에 의존하는데,[77] 이 근사가 관심 있는 계를 서술하기에 적합하지 않으면 방정식은 무용지물이 된다. 분명히 말해두자면 이 문제는 실용적인 문제고, 법칙의 성질에 관한 한 그리 중요하지 않다. 우리가 두 법칙 사이의 관계를 규정짓는 방정식을 풀 줄 모른다고 해서 그 관계 자체가 사라지지는 않는다.

강한 창발에 조금이라도 근접할 수 있도록 해주는[78] 예제가 두 가지 있는데, 즉 물리학자들은 컴퓨터가 값을 결정할 수 없는 속성을 복합계가 가질 수 있는지 여부를 연구해왔다. 만일 이게 가능하다면, 미시 물리로부터 '자유로운' 거시 현상을 논할 때 단지 계산법을 모른다고 말하는 것보다 훨씬 더 나은 논거가 될 것이다. 그리고 사실상 연산이 불가능하다는 것도 증명할 수 있다. 그러나 이 논거가 성립하려면 이 두 예제에서는 무한히 큰 계가 필요하다. 그렇다면 이 서술은 특정 성질이 무한히 큰 계에서 유한한 시간 동안 고전적인 컴퓨터로는 연산될 수 없다고 정리된다. 이는 우리가 현실에서 마주칠 수 있는 상황이 아니므로 자유의지 문제에는 도움이 되지 않는다.

그러나 미시 물리에서 거시 행동을 유도하는 일은 다른 이유로 실패할 수 있다. 이를테면 연산 과정에서 넘어설 수 없는 특이점이 종종 나타난다. 이 특이점은 현실적으로도 원칙적으로도 뛰어넘을 수 없다. 이 특이점이 반드시 무한으로 이어지는 것은 아니다. 수학에서 특이점이 항상 무한과 관련되는 것은 아니기 때문이다. 특이점은 단지 함수가 연속될 수 없는 점일 뿐이다.

현재로서는 우리 우주에서 실현되는 미시 물리에서 이런 일이 실제로 일어난다고 생각할 근거가 전혀 없지만, 수학을 더 잘 이해하면 그렇다고 판명될 수도 있다. 따라서 자유의지가 실제로 기본 입자들의 법칙과는 무관한 다른 자연법칙의 지배를 받는다고 믿고 싶다면, 거시 물리학 법칙을 유도하는 과정에서 특이점을 만날 가능성을 논하는 게 내가 보기엔 가장 합리적인 주장인 것 같다. 모험을 건 시도[79]지만, 이는 현재까지 알려진 내용 모두와 양립할 수 있다.

자유의지가 없는 삶

미국의 과학 저술가 존 호건John Horgan은 나를 "자유의지 부정론자"라고 부른다. 지금까지의 내용을 읽었다면 그 이유를 이해했을 것이다. 나는 많은 사람이 스스로 자유의지가 있다는 느낌을 품고 있다는 점은 부정하지 않는다. 그러나 우리는 현재의 순간이 특별하다는 느낌도 품고 있는데, 이는 앞서 살펴보았듯이 환상일 뿐이다. 내가 가진 느낌만 가지고 판단한다면, 나는 그림 12의 수평선이 평행하지 않다고 말하겠다. 기본 물리학을 연구하면서 내가 배운 한 가지는, 개인의 느낌에 기대서는 안 된다는 것이다. 자연이 실제로 어떻게 돌아가는지를 추론하려면 느낌 이상의 것이 필요하다.

자랑은 아니지만, 우리 인간은 뇌가 가진 한계에도 불구하고 자연법칙을 꽤 잘 알아냈다고 생각한다. 결국 우리는 '지금'이 환상임을 이해했고, 우리 뇌를 멋지게 사용하여 그림 12의 선들을

그림 12 카페 벽지 착시. 수평선은 평행선이다.

측정한 후 이 선들이 실제로는 평행선이라고 스스로를 납득시킬 수 있다. 평행선처럼 '보이지는' 않겠지만, 그럼에도 이 선들이 평행하다는 것을 안다. 나는 자유의지도 같은 방식으로 다루어야 한다고 생각한다. 직관적 느낌을 옆으로 치워놓고 대신 이성을 따라 결론에 도달해야 한다고 말이다. 당신은 여전히 자유의지를 가지고 있는 것처럼 '느끼겠지만', 실제로는 당신의 신경 처리 기관이 복잡한 연산을 수행하고 있음을 알게 될 것이다.

그러나 나는 지금 누구를 전도하려는 것이 아니다. 앞에서도 말했듯이 자유의지의 존재 여부 문제는 '자유의지'를 어떻게 정의하느냐에 따라 전적으로 좌우된다. 만일 양립 가능론에서 말하는 '자유의지'의 정의를 선호하고 계속 사용하고 싶다면, 여기에 과학은 전혀 반대하지 않는다. 그러므로 이 장의 주제인 '물리학은 자유의지를 부정하는가'에 대한 답은 '아니오'다. 물리학은 단지 자유의지에 관한 특정 아이디어들을 부정할 뿐이다. 현재까지 알려진 바에 따르면 미래는 우리가 영향을 미칠 수 없는 간헐적 양자 사건 외에는 정해져 있기 때문이다.

그렇다면 이 문제를 어떻게 다룰 것인가? 나는 이 질문을 굉장히 많이 받는다. 내가 보기에 문제의 핵심은 이거다. 사람들은 성장하면서 본인의 의사 결정 과정에 관해 어렴풋한 생각을 갖게 되는데, 물리학을 배우게 되면서 이 순진한 아이디어들이 물리학과 충돌한다는 것을 알게 되고, 이에 따라 스스로의 자화상을 재조정해야 한다는 것이다. 이게 말처럼 쉬운 일은 아니다. 그러나 이 문제를 해결할 방법이 몇 가지가 있다.

먼저 가장 쉬운 방법은 이원론을 통해 접근하는 것이다. 이원론에 따르면 영혼은 비물리적 요소다. 이원론을 이용하면 자유의지를 무과학적 개념으로 다룰 수 있고, 원한다면 영혼의 성질처럼 다룰 수도 있다. 비물리적 성분이 물리적 성분과 상호작용하지 않는 한 자유의지는 물리학과 양립할 수 있다. 비물리적 성분과 물리적 성분이 상호작용을 한다면 우리가 가진 증거에 모순이며, 결국 그것이 물리적 성분이라는 의미가 된다. 어차피 우리가 결정을 내릴 때는 뇌의 물리적 부분을 사용하므로 비물리적 자유의지를 믿어서 뭘 얻을 수 있다는 건지는 모르겠지만, 이원론에서는 이게 새로운 얘기도 아니고 적어도 틀리지는 않다.

또는 앞서 상세히 설명한 미시 물리로부터의 유도 과정에서 있을 수 있는 작은 허점을 적극 활용하는 것도 좋은 방법이다. 물론 친구들에게 재규격화된 방정식들이 본질적인 특이점과 충돌할 수 있다는 이유로 자유의지가 실재라고 믿는다고 본인의 소신을 밝히면, 이마에 페인트로 '괴짜'라고 쓰고 돌아다니는 것과 마찬가지일 거라는 생각이 들긴 한다.

개인적으로 나는, 불변의 미래를 맞이하는 최고의 방법은 우주의 역사 안에서 우리의 역할을 생각하는 방식 자체를 바꾸는 것이라고 생각한다. 자유의지가 있든 없든 우리는 지금 여기 있고, 그러므로 우리는 중요하다. 그러나 우리의 이야기가 해피 엔딩일지 새드 엔딩일지, 우리 문명이 번성할지 시들지, 우리가 기억될지 잊힐지 아직은 모른다. 그러므로 나는 우리가 직접 가능한 미래를 선택할 수 있다고 생각하는 대신, 앞으로 올 것에 호기심을 가지고 우리 자신에 관해, 그리고 우리가 사는 우주에 관해 더 많이 배우려 노력하자고 제안한다.

나도 자유의지 아이디어를 폐기하면서 내 사고에 관해 생각하는 방식이 바뀌었다. 나는 인간의 인지 능력이 가진 결점, 논리적 오류, 편견에 관해 알려진 것들에 더 많은 관심을 쏟게 되었다. 결국 나는 내가 수집한 입력 정보를 바탕으로 작동하는 존재에 불과하다는 사실을 깨달았고, 읽고 듣는 것을 선택할 때 더욱 신중하고 조심스러워졌다.

이상한 얘기처럼 들리겠지만, 어떤 상황에서는 스스로에게 더 귀를 기울이라고 애써 설득해야 했다. 이를테면 이런 일이 있었다. 몇 년 동안 독일과 스웨덴을 오가며 통근한 적이 있었는데, 1년에 수십 차례 비행기를 타야 했다. 그런데도 항공사 멤버십 서비스에 가입해야겠다는 생각이 떠오르지 않았다. 그렇게 통근한 지 2년쯤 지나고 나서 누군가 마일리지에 관해 물었을 때, 나는 바보가 된 기분이었다. 그러나 그 즉시 항공사 멤버십에 가입하지 않고 여전히 미적거렸다. 그러면서 혼자 생각한 이유는, 어차피 이미 혜택을 많이 놓쳤는데 굳이 귀찮게 신경 쓸 일을 만들 필요가 있나 하는 것이었다. 이것은 희한한 논리의 손실 회피였다("이미 많은 돈을 낭비한 후에 돈을 더 쓰기"). 비록 이 경우는 실제로 뭘 잃어버린 건 아니고 부가 혜택을 놓친 것이었지만 말이다. 이 사실을 깨닫고 나는 결국 멤버십 가입 서류에 서명을 했다. 만일 이게 인지 편향이라는 걸 몰랐다면 아마 나는 멤버십에 가입하지 않았을 것이다. 그 대신 그냥 최선을 다해 잊어버리고, 내 이익에 반하는 행동을 했을 것이다.

내가 이 얘기를 하는 이유는 이성적인 결정을 내린 것이 (적어도 이 경우에는) 자랑스러워서가 아니다. 오히려 정반대로, 나 역시 다른 사람들과 마찬가지로 비이성적인 사고를 한다는 걸 강조하기 위해서다. 그러나 나는 나의 뇌가 기계라는 점을 인정함으로써 (그렇다. 복잡하고 정교한 기계다. 그렇지만 쉽게 오류를 범한다) 이익을 얻었고, 그 덕에 뇌가 어떤 작업에 어려움을 겪는지 이해하는 데 도움이 된다.

내가 자유의지를 믿지 않는다고 말하면, 사람들은 대부분 자유의지가 없었다면 그런 말을 할 수 없었을 거라고 농담을 하곤 한다. 이 책을 읽는 여러분도 지금 마음속으로 이 농담을 떠올렸다면, 왜 그렇게 쉽게 예측할 수 있었는지 생각해볼 가치가 있다.

자유의지와 윤리

2021년 1월 13일, 리사 마리 몽고메리Lisa Marie Montgomery는 미국에서 네 번째로 사형을 당한 여성이 되었다. 미국에서의 사형 집행은 67년 만이었다. 그녀는 23세의 보비 조 스티넷Bobbie Jo Stinnett을 살해한 혐의로 사형을 선고받았다. 범행 당시 피해자는 임신 8개월이었다. 2004년에 몽고메리는 보비 스티넷과 친구가 되었다. 그해 12월 16일, 몽고메리는 스티넷의 집을 방문해 그녀의 목을 졸라 살해하고 자궁에서 태아를 끄집어냈다. 이후 며칠 동안 몽고메리는 그 신생아가 자기 아기인 척했지만, 경찰의 추궁을 받자 곧 실토했다. 아기는 무사히 아버지에게 갔다.

왜 어떤 이들은 이렇게 잔인하고 아무 의미 없는 범죄를 저지르는 것일까? 몽고메리의 삶을 들여다보면 깜짝 놀랄 만한 단서를 발견하게 된다.

몽고메리의 변호사에 따르면, 몽고메리는 어린 시절 내내 어머니에게서 신체적 학대를 받았다. 갓 열세 살을 넘기고서는 알콜 중독자인 계부와 친구들에게 꾸준히 강간을 당했다. 그녀는 거듭

해서 기관에 도움을 요청했지만 아무 도움도 받지 못했다. 몽고메리는 18세라는 어린 나이에 결혼했다. 첫 번째 남편과 아이를 넷 낳았지만, 남편에게도 폭행을 당했다. 범행을 저질렀을 당시 그녀는 불임이었지만, 가끔 다시 임신이 된 것처럼 행세했다. 교도소에서 검진을 받았을 때 몽고메리는 정신의학에서 정의하는 모든 문제를 다 가지고 있는 것으로 진단받았다.[80] "양극성 장애(조울증), 측두엽 뇌전증, 복합 외상 후 스트레스 장애, 해리성 인격 장애, 조현병, 외상성 뇌손상, 태아 알코올 증후군(산모가 임신 중에 만성적으로 알코올을 섭취할 경우 태아에게 신체적 기형 또는 정신 장애가 나타나는 증후군—옮긴이)의 가능성도 있음."

이 내용을 읽고도 몽고메리에 대한 생각이 바뀌지 않았다면, 나는 놀랄 것이다. 혹 이 이야기를 이미 알고 있었다면, 처음 이 이야기를 들었을 때 당연히 비슷한 반응을 보였을 것이라 생각한다. 몽고메리가 다른 이들에게 받았던 학대가 그녀의 범죄에 영향을 미쳤다는 데는 의심의 여지가 없다. 학대는 몽고메리의 마음과 성격에 흔적을 남겼고, 그것이 그녀의 행동에 영향을 미쳤다. 그녀는 자신의 행위에 어느 범위까지 책임이 있을까? 마땅히 도움을 받았어야 할 기관들로부터 외면당했고, 책임을 묻기엔 너무나 망가져버린 그녀 자신도 실은 피해자가 아니었을까? 그녀는 자신의 자유의지에 따라 행동했던 것일까?

우리는 이런 식으로 자유의지와 도덕적 책임을 자주 연관 짓는다. 그러다 보면 정치, 종교, 범죄, 징벌이 논의에 끼어들게 된다. 또 많은 이가 죄, 후회, 비난의 정도를 가늠하려고 자유의지를 이성적 도구처럼 사용하기도 한다. 실제로 철학 책에서 다루는 자유의지에 관한 논쟁 중 대부분은 자유의지가 애초에 존재하느냐 아니냐가 아니라, 자유의지가 도덕적 책임과 어떻게 연결되느냐에 초점이 맞춰져 있다. 일각에서는 자연법칙에게 책임을 묻는 것은 무의미하므로 만일 자유의지가 쓸모없어지면 우리 사회가 무너질 것이라고 우려한다.

나는 이 우려가 바보 같다고 본다. 자유의지가 존재하지 않는다면 어차피 지금껏 존재했던 적이 없는 것이다. 그렇다면 인간이 물리학을 더 잘 이해하게 되었다고 해서 지금까지 잘 작동하던 도덕적 책임이 왜 갑자기 무너지겠는가? 그건 천둥 번개가 제우스가 집어던지는 번개 모양 창이 아니라는 걸 깨달았다고 해서 천둥 번개가 갑자기 그치지 않는 것과 마찬가지다.

따라서 도덕적 책임에 관한 철학적 담론은 내가 보기엔 불필요해 보인다. 우리가 왜 (개인과 사회로서) 자연법칙이 아니라 사람들에게 책임을 묻는지는 쉽게 설명할 수 있다. 우리는 우리의 행복을 최적화하기 위한 최선의 전략을 찾는다. 그리고 자연법칙을 바꾸려는 시도는 나쁜 전략이다.

다시 말하지만, '행복'이라는 게 정확히 무슨 의미인지를 두고 논쟁을 벌일 수는 있다. 그리고 우리가 겪는 갈등의 주된 원인은 사람들이 그 의미에 모두 동의하지 않는다는 데서 비롯된다. 그러나 우리의 뇌가 정확히 무엇을 최적화하려는 것인지, 그리고 당신과 나의 최적화 사이에는 어떤 차이가 있는지, 그런 건 중요하지 않다. 중요한 점은, 살인자를 가둬두면 잠재적 희생자에게 이익이 되지만 우주의 초기 조건을 바꿔봤자 누구에게도 이롭지 않다고 주장하려고 자유의지를 믿을 필요는 없다는 것이다. 결국 이 문제는 이렇게 귀결된다. 우리는 미래의 삶을 개선할 가능성이 가장 큰 행동을 가늠한다. 그리고 이런 문제라면, '책임'을 정의할 가장 좋은 방법을 철학자들이 찾았든 못 찾았든 그게 뭐 그리 중요하겠는가? 지금 당신이 문제를 일으키고 있다면, 다른 사람들이 그 문제를 해결하기 위한 절차를 밟을 것이다. 그들은 당신이 사회에 위협을 가한다는 이유만으로 '당신에게 책임을 물을' 것이다.

이런 식으로, 우리는 자유의지 또는 도덕적 책임의 문제를 '자유의지'라는 단어를 쓰지 않고도 재정의할 수 있다. 예를 들어 인간의 자유의지에 의문을 던지는 대신, 교도소가 정말로 가장 유용한 해결책인지 논의해볼 수 있다. 늘 그렇지는 않을 것이다. 상황에 따라서는 정신 건강을 관리하고 가정 폭력을 방지하는 쪽이 범죄율을 낮추는 더 긴 지렛대가 될 수도 있다. 물론 보복이나 억지력 같은, 고려해야 할 다른 요소들도 있다. 그러나 이 책은 이런 문제를 논의할 자리가 아니다. 나는 단지 자유의지를 언급하지 않고도 이런 논의를 할 수 있다는 걸 보여주려 할 뿐이다.

개인적인 상황에서도 마찬가지다. "혹시 그들이 다르게 행동할 수도 있었을까?"라고 자문할 때마다, 당신은 그 사건이 반복될 가능성을 가늠하는 것이다. 만일 그 일이 다시 일어날 가능성이 낮다는 결론에 도달하면(자유의지의 관점에서는 "그들에겐 다른 선택이 없었어"라고 말할 것이다) 당신은 그들을 용서할 것이다("그들에겐 책임이 없지"). 만일 그 일이 다시 일어날 것 같으면("그들은 일부러 그런 짓을 저지른 거야") 앞으로 그런 사람들을 피하면 된다("그건 그 사람들 책임이야"). 그러나 이 논의는 최선의 전략을 산정한다는 관점에서 도덕적 책임에 관한 논의로 재구성할 수 있다. 예를 들면 이렇게 논리를 세워도 된다. "그 사람들이 지각을 한 건 타이어가 펑크가 났기 때문이야. 따라서 이런 일이 또 일어날 가능성은 거의 없어. 내가 이것 때문에 그들에게 화를 낸다면, 나는 좋은 친구들을 잃게 되겠지." 이렇게 보면 자유의지는 완전히 쓸모없어진다.

다시 강조하지만, 나는 여러분에게 이제 자유의지 얘기는 그만하라고 말하려는 게 아니다. 만일 그게 편리할 것 같으면, 아무렴, 계속해도 된다. 다만 자유의지 없이도 도덕적인 판단을 내릴 수 있다는 예를 들어 보이고 싶었을 뿐이다. 이걸 중요하게 여기는 이유는, 자유의지가 모순이라는 니체의 주장에 동의한다는 이유만으로 나를 도덕적으로 타락한 사람처럼 공격하는 이들이 있기 때문이다.

자유의지를 믿지 않는 사람들이 남을 속이거나 해칠 가능성이 더 크다는 주장이 계속 되풀이되는 것도 썩 도움이 되지는 않는다. 이런 견해를 보여주는 예로,[81] 2014년 『사이언티픽 아메리칸 *Scientific American*』에서 아짐 샤리프Azim Shariff와 캐슬린 보스Kathleen Vohs

는 "자유의지를 의심하는 사람들은 범죄를 저지른 이들에게 더 관대해지는 경향이 있고, 그들 자신도 규칙을 어기고 원하는 것을 얻기 위해 다른 이들을 해치려는 의지를 강하게 드러내곤 한다"라는 내용의 기사를 게재했다.

먼저 주목할 부분은, 심리학에서는 흔한 경우인데, 다른 연구에서는 다른 결과를 제시해왔다는 점이다. 예를 들어 자유의지와 도덕적 행동에 관한 2017년의 연구[82]는 "우리는 자유의지에 관한 불신이 다른 이들의 도덕성을 평가하는 데 긍정적인 영향을 미쳤음을 관찰했다"는 결론을 내린다. 이 문제는 현재 연구가 진행 중이다. 그러니까 간단히 말해서 자유의지에 대한 믿음이 도덕적 행동과 어떤 연관성이 있는지는 아직 규명되지 않았다.

그러므로 이 연구들이 애초에 어떤 식으로 수행되었는지를 들여다보면 더 많은 아이디어를 얻을 수 있을 것이다. 연구팀들은 두 집단을 구성하여 실험했는데, 한쪽은 자유의지를 의심하는 사람들의 집단이고, 다른 쪽은 중립적인 대조군이다. '자유의지는 없다'고 믿는 사람들에게는[83] 1994년에 출간된 프랜시스 크릭Francis Crick의 책, 『놀라운 가설: 영혼에 관한 과학적 탐구*The Astonishing Hypothesis*』의 일부를 읽게 했다. 다음은 그 발췌문이다.

> 당신, 당신의 기쁨과 슬픔, 당신의 추억과 야망, 개인적 정체성에 대한 감각과 자유의지는 실은 광범위하게 결합된 신경세포들과 그에 관련된 분자들의 행동에 불과하다. 결국 당신

은 한 묶음의 뉴런일 뿐이다.

그러나 이 글은 사람들에게 자연법칙이 자유의지와 양립할 수 없다는 중립적인 정보를 제공하는 이상의 일을 한다. 게다가 "불과하다"와 "~일 뿐"이라는 표현을 써서 인간의 목적과 작용을 폄하해 부정적인 인상을 품도록 한다. 이 글은 독자들에게 "광범위하게 결합된 신경세포들"이 정말로 놀라운 일을 해낼 수 있다는 것, 이를테면 이런 글을 읽을 수도 있고 인간이 무엇으로 이루어졌는지를 알아낼 수도 있었다는 것을 일깨워주지 못했다.

물론 크릭의 글은 메시지를 전달하기 위해 의도적으로 예리하게 다듬어진 것이고(바로 이 책의 4장 「우리는 그저 원자가 든 자루일 뿐인가」에도 비슷한 부분이 있다), 글의 내용이나 글 자체는 문제될 게 없다. 사람들이 자유의지를 궁금해하도록 만들지 않는 게 문제지. 이 글은 대신 운명론을 생각하게 한다. 당신이 뭘 하든 중요하지 않다는 아이디어 말이다. 연구팀이 실험 대상자들에게 다음 글을 읽게 했다고 가정해보자.

> 당신, 당신의 기쁨과 슬픔, 당신의 추억과 야망, 개인적 정체성에 대한 감각과 자유의지는, 정교하게 결합하여 조직된 신경세포들과 그에 관련된 분자들의 결과물이다. 그렇게 결합된 뉴런들은 수십억 년에 걸친 진화의 산물이다. 당신은 이를 통해 비할 데 없는 소통과 협력의 능력을 얻었고, 다른 종

들을 모두 앞서는 이성적 사고의 역량도 함께 얻었다.

인정한다. 내 글은 크릭의 글처럼 아주 효과적이지는 않다. 그러나 이 글에 나의 의도가 잘 드러났기를 바란다. 나의 글도 독자들에게 그들의 생각과 행동이 온전히 신경세포의 활동의 결과임을 알려준다. 그러나 이 글은 우리의 사고 능력이 정말로 놀라운 것임을 강조한다. 이런 식으로 자유의지를 불신하게 된 사람들이 실험에서 남들을 속일 가능성이 과연 더 큰지 지켜보는 것도 흥미롭지 않을까?

간단한 답변

현재까지 수립된 자연법칙에 따르면, 미래는 우리가 영향을 미칠 수 없는 간헐적 양자 사건을 제외하고는 과거에 의해 결정된다. 이것을 자유의지가 존재하지 않는다는 의미로 받아들일 것인지는 여러분이 '자유의지'를 어떻게 정의하느냐에 달려 있다.

의식은 연산 가능한가

로저 펜로즈Roger Penrose의 사무실에 들어섰을 때, 그는 책상 위로 몸을 굽히고 랩톱컴퓨터 화면을 코앞에 약 10센티미터 정도 두고 앉아 있었다. 그는 눈을 가늘게 뜨고 두꺼운 안경알 너머로 곧 있을 강연의 슬라이드를 보고 있었다. 이제 40대 중반에 접어든 나는 스스로를 늙었다고 여겼는데, 생각해보니 로저는 내 나이의 두 배가 넘는다. 그는 내가 태어나기도 전부터 각종 상과 메달, 훈장 등을 수집해왔다. 이제 옥스퍼드대학교의 명예 수학 교수인 로저는 이름 뒤에 붙는 것들이 굉장히 많아졌다(펜로즈 쪽매맞춤, 펜로즈 다이어그램, 펜로즈의 삼각형, 펜로즈 과정, 펜로즈-호킹 정리). 그가 그때까지도 노벨상을 받지 못했다는 사실이 믿기 어렵다. 이때가 2019년이었는데, 그가 이듬해 노벨상을 받게 되리라는 것은 전혀 알지 못했다.

로저는 나를 슬쩍 쳐다보고는 기다리게 해서 미안하다고 모호한 사과를 했다. 그러면서 슬라이드의 서체 크기를 200포인트는 됨직하게 확대해놓았다. 나는 그에게 괜찮다고 말하고 가방에서 노트와 녹음기를 꺼냈다.

나는 의식의 수학적 모형에 관한 학회에 참석하러 이곳 옥스퍼드대학교에 와 있다. 그러나 로저는 친절하게도 휴식 시간에 인터뷰에 응해줬다. 그의 강연은 휴식 시간 바로 다음으로 예정되어 있다. 그는 슬라이드를 배열하느라 바쁘다. 수학, 양자역학, 우주론, 신경생물학이 두루두루 섞인 내용이다.

로저는 수학 기술을 물리 문제(이를테면 별이 붕괴하여 블랙홀이 될 수 있는지 같은 문제)에 적용하여 푸는 것 말고도 자연이 근본적으로 어떻게 돌아가는지에 관해 수많은 추정을 내놓았다. 그중에는 중력이 파동함수의 환원을 일으킨다거나, 우주가 팽창과 수축을 주기적으로 반복하면서 새 빅뱅이 무한히 자주 일어난다는 내용도 있었다. 이야깃거리는 많겠지만, 나는 특별히 의식에 관한 그의 견해에 관심이 있었다.

이번에도 이 질문으로 인터뷰를 시작하기로 했다. "종교가 있으신가요?"

"사람들이 흔히 말하는 의미의 종교는 없습니다." 그가 대답했다.

"다른 형태로는요?"

"신을 믿느냐고요?" 로저가 자문했다. "아뇨, 언어가 갖는 일반적 의미로는 믿지 않습니다."

"우주가 목적이 있다는 건 믿으시나요?" 그가 하고 싶은 말이 좀 더 있어 보여서 재차 물었다.

"비슷해요……." 로저는 주저하며 말했다. "우주가 목적이 있는지는 모르겠지만, 그 이상의 무언가가 있다고 말하겠습니다. 의식을 가진 존재는 뭔가 좀 더 심오한, 그냥 무작위는 아닌 그런 존재라는 의미에서 말이죠. 어려운 이야기입니다. 내 믿음에 명료하게 얘기할 거리가 있어서 그런 건 아니고요. 단지 의식은 우연일 뿐이라는 게 충분한 설명이라고는 생각하지 않는 것이죠."

"물리학자들이 지금까지 제시한 기틀에 의식이 잘 맞아 들어간다고 생각하세요?" 내가 물었다.

"아뇨." 로저가 말했다. "이건 내가 오랫동안 품어왔던 믿음이에요. 학부생 시절에, 괴델의 정리를 배우면서 굉장히 고생을 했어요. 괴델의 정리는 수학에 우리가 증명할 수 없는 것들이 있다는 얘기 같았거든요. 그러다 [수학자인] 스터턴 스틴Stourton Steen 교수님의 강의를 들었죠. 그분은 증명할 수 없는 게 있다는 식으로 괴델의 정리를 설명하지 않으시더군요. 그분 설명은 이래요. 어떤 논리 시스템이 있으면 이 시스템은 원칙적으로 컴퓨터 안에 들어갈 수 있고, 거기에 수학 정리를 하나 집어넣으면 그게 알아서 돌아가며 그 정리가 참인지 거짓인지 알려주거나 아니면 영원히 생각에 잠긴다는 겁니다. 이 시스템은 당신이 신뢰하는 논리를 따르게 되어 있습니다. 그렇지 않으면 무슨 쓸모가 있겠어요? 그러니까 이 시스템은 규칙을 따르고, 시스템이 참이라고 말하면 우리는 참이라고 믿는 거죠.

하지만 이 규칙을 따르는, 다른 수학적 명제도 세울 수 있어요. 그게 괴델의 명제인 겁니다. 그리고 그 명제가 구성되는 방식으로부터 괴델의 명제가 참임을 알 수 있습니다. '괴델의 명제'의 진실성은 그 시스템만이 진실을 알려줄 수 있다는 당신의 믿음으로부터 유도되는 것입니다. 그러나 '괴델의 명제'의 구조를 통해 컴퓨터는 그것이 참임을 추론할 수 없다는 것을 보여줄 수 있어요."

그 유명한 괴델의 (제2) 불완전성정리는 일반적으로 몇 개의 수학적 공리(즉, 논리적 결론을 이끌어내는 가정)에 대한 명제로 제시된다. 괴델은 어떠한 공리계(적어도 자연수 집합만큼 복잡한 계)에 모순이 없음을 증명하는 것이 불가능함을 보였다. 그는 참인 명제들로(괴델 명제 또는 괴델 문장) 공리계를 구성했지만 그 공리계 안에서는 명제들이 참임을 '증명'할 수 없다. 펜로즈의 해석에 따르면, 이는 무모순성을 따져야 하는 공리들이 입력된 컴퓨터 알고리즘이 보지 못하는 진실을 우리 인간이 인식할 수 있다는 의미라고 한다. 만일 알고리즘이 진실성을 파악할 수 있다면 증명할 수도 있을 텐데, 이는 괴델의 정리에 모순이다. 여기에 관해서는 9장에서 좀 더 자세히 다루겠지만, 일단 지금은 로저의 얘기에 귀 기울여보자.

"난 이게 정말 놀랍다고 생각해요. 왜냐하면 이건 시스템이 작동할 거라는 우리의 믿음이 시스템 자체보다 더 강하다는 얘기가 되니까요. 시스템을 초월하기 위해 당신은 무얼 하고 있나요? 거기에서 무슨 일이 일어나고 있는 거죠? 나에게 이 정리는 이해력을 대단히 명료하게 보여주는 내용입니다. 나는 이해가 무엇인지는 모르지만, 적어도 그게 연산일 수는 없는 것 같다고 생각합니다. 의식적인 이해에서 무슨 일이 벌어지든 간에, 복잡한 연산과 같은 것일 수는 없다는 거죠."

나로서는 도저히 이해가 가지 않는 말이다. 나는 물었다. "그럼 그게 우리가 결국엔 입자로 만들어졌고 이 입자들이 연산 가능한 방정식을 따른다는 걸 알고 있다는 사실과는 어떻게 부합될까요?"

"그래요. 그게 어떻게 작동될까요?" 로저는 고개를 끄덕이며 말했다. "처음엔 혼자서 그렇게 생각했어요. '어쩌면 이해는 연속체일 거야. 그래서 엄밀히 말하면 연산이 아닌 거야'라고요. 하지만 지금은 그렇게 생각하지 않습니다. 이를테면 뉴턴역학과 일반상대성이론을 컴퓨터에 집어넣고, 그 연산을 원하는 만큼 정확하게 만들 수 있어요. 그럼 이런 생각이 들죠. '그럼 양자역학은 어떨까?' 슈뢰딩거방정식이 있긴 하지만, 그것도 여전히 연산이잖아요. 하지만 여기엔 측정 과정이란 게 있습니다. 그래서 생각했죠. '흠, 이건 우리 이해에 뚫린 큰 구멍이구나.' 그래서 나는 양자 상태로의 환원에서 진짜로 무슨 일이 벌어지는 건지 설명할 이론이 있어야 한다고 생각해요. 그리고 이 부분이 내가 볼 수 있는 유일한 구멍이기 때문에, 여길 파봐야겠다고 생각했죠."

그는 웃으며 말을 잇는다. "은퇴할 때의 계획이 있었어요. 먼 훗날 일일 줄 알았는데, 이제는 먼 과거의 일이 되었네요. 은퇴를 하면 책을 써야겠다고 마음먹었죠. 그 책이 『황제의 새 마음: 컴퓨터, 마음, 물리법칙에 관하여*The Emperor's New Mind*』이었습니다. 실은 은퇴하기 전에 쓰긴 했지만요. 이 책에서는 먼저 내가 물리학에 대해 뭘 알고 있는지 설명했고, 그런 다음 신경생리학과 시냅스, 그리고 시냅스의 흥미로운 작동 방식에 관해 뭔가를 알아내보려고 했습니다. 그때 나는 그걸 다 배웠다고 생각했고, 양자 상태 환원이 활약하는 지점을 보았다고 생각했어요. 하지만 그렇지 않았죠. 그래서 그 책은 결론이 좀 흐지부지했어요. 적어도 내가 볼 때는요. 나는 다소 바보 같은 아이디어를, 나조차 믿지 않는 아이디어를 제시했던 거고, 그래서 그 책을 어설프게 마무리 지었어요."

로저는 설명을 이어갔다. "나는 내 책이 젊은이들을 자극하고, 그래서 그 부분을 연구할 동기를 부여해주길 바랐어요. 하지만 듣자 하니 은퇴한 노인들만 읽었다는 거예요. 확실히 그런 책을 읽을 만한 시간 여유가 있는 사람들은 노인들뿐이었던 겁니다! 그러던 중에 스튜어트 해머로프Stuart Hameroff에게 편지를 받았는데, 거기 이렇게 쓰여 있었습니다. '미세소관microtubule이라고 하는 작은 튜브들이 있는데, 이걸 한번 보셔야 합니다.' 그 무렵 나한테는 온갖 헛소리를 적은 편지들이 다 날아들고 있었어요. 그래서 '또 하나가 더 왔군' 하고 생각했죠. 하지만 그걸 찾아보고는 이걸 일찍이 알고 있었어야 했는데 하는 생각이 들더군요. 미세소관은 양자 결맞음을 위한 좋은 장소예요."

로저 펜로즈와 스튜어트 해머로프는 함께 미세소관에 관한 논문을 몇 편 썼다. 미세소관은 작은 단백질 관이며, 뉴런을 포함한 여러 세포에서 발견된다. 이들의 아이디어는, 뉴런 안의 미세소관들이 양자 행동을 보여줄 수 있다는 것이다. 이 미세소관들의 양자 상태[84]가 환원되면(즉 양자 효과가 사라지면) 의식의 자각이 발생하여 자유의지가 가능해진다. 이 추정은 조화 객관 환원 orchestrated objective reduction[85], 또는 줄여서 'Orch OR'이라고 부른다.

과학자들은, 물리학자뿐 아니라 신경생물학자도 조화 객관 환원에 회의적이었다. 주된 이유는[86], 표준 양자역학의 관점에서 보면 미세소관은 신경 활동에서 무슨 역할을 할 만큼 충분히 오래, 원격으로 양자 효과를 유지할 수 없었기 때문이다. 다시 말해 이 아이디어가 제대로 작동하면 양자역학을 상당히 뜯어고쳐야 한다[87]는 뜻이다. 실제로 펜로즈와 해머로프도 앞으로 그렇게 될 것이라고 주장한다. 가능은 하다. 그러나 설득력이 없고 증거가 부족하다. 게다가 미세소관에서 양자 효과가 사라지는 것이 의식이나 자유의지와 무슨 상관이 있는지도 여전히 불분명하다.

이미 짐작하셨겠지만, 나는 미세소관 얘기에는 설득되지 않았다. 그럼에도 로저가 생각하는 의식과 파동함수 환원 사이의 연결고리에 흥미를 느낀다.

"제가 요약해봐도 될까요?" 내가 말했다. "그러니까 양자 측정 과정이 기본 물리학에서 우리가 가진 틈새라는 말씀이시죠. 그리고 만일 이해가 연산이 아니라면, 바로 이 부분을 파고들어야 하는 것이고요. 그러니까 측정 과정이 인간의 의식에 의존한다는 것이죠?"

"이 내용은 제대로 읽어야 합니다." 로저가 말했다. "존 폰 노이만John von Neumann과 유진 위그너도 포함해서, 기본 양자역학을 연구한 사람 중 다수는 상태의 환원이 어떤 식으로든 의식적인 존재가 그걸 들여다볼 때 일어난다는 견해를 가지고 있었어요. 나는 이 부분이 이해가 가지 않았습니다."

그는 예를 제시했다. "지구에서 발사된 우주 탐사 로켓이 행성들을 바라본다고 상상해보세요. 탐사 로켓이 방문한 행성에는 어디에도 의식을 가진 존재가 없어요. 행성 위에도, 근처 어디에도 의식이 있는 존재는 없습니다. 그리고 로켓은 사진을 찍습니다. 자, 이 행성의 기후는 혼돈계이고 궁극적으로는 양자 효과에 의존합니다. 그래서 탐사 로켓은 다양한 날씨의 중첩을 봅니다. 로켓은 사진을 찍어 지구로 전송하죠. 그 후로 시간이 얼마나 흘렀는지는 모르지만, 아주 오랜 후에 누군가 화면 위의 그 사진을 봅니다. 그리고 이 의식을 가진 존재가 사진을 보면, 갑자기 딸깍, 하고 구체적인 날씨로 바뀌나요? 이게 내가 볼 땐 전혀 말이 안 된단 말입니다. 이건 옳은 답이 아닌 것 같다는 거죠."

"그러니까 의식이 파동함수의 환원을 일으키는 게 아니고, 파동함수의 환원이 의식에 어떤 작용을 하고 있다는 건가요?"

"그래요." 로저가 말했다. "그리고 사람들은 그런 식으로 생각하지 않습니다. 나는 그런 식으로 생각하는 사람들이 그토록 적다는 것에 대단히 놀라고 있어요. 그러니까 뇌의 과정에서 무슨 일이 일어나고 있다는 거예요. 어쩌면 미세소관이 뭔가 하고 있을 수도 있지만, 그것만 그런 것은 아닐 겁니다. 문제는 상태를 붕괴로 유도하는 게 무엇이냐 하는 것이죠. 그게 무엇이든 기본적인 것이어야 하고, 표준 양자역학 바깥에 있는 무언가여야 해요."

간단한 답변

만일 의식이 우리가 이미 아는 물리의 기본 법칙으로부터 발현된 것이라면, 의식은 연산 가능하다. 그러나 양자역학의 파동함수 업데이트는 우리가 어느 부분을 놓치고 있다는 신호일 수 있으며, 이 놓친 부분은 아마도 연산이 불가능할 것이다. 만일 그렇다면 의식 역시 연산이 불가능할 것이다. 이것은 의식이 파동함수의 업데이트를 일으킨다는 의미가 아니다. 오히려 그와는 정반대다. 파동함수의 업데이트가 의식의 지각에 무언가 작용을 한다는 것이다. 이것은 전적으로 추정이며 뒷받침할 증거는 전혀 없다. 그러나 현재로서는 우리가 아는 내용과 양립할 수 있다.

7장

우주는 우리를 위해 만들어졌는가

Existential Physics

종교가 없다고 상상해봐요

우리는 태어나자마자 걷지도 못하고 눈의 초점도 맞추지 못하고 질문도 하지 못했다. 우리가 자라면서 우리의 세상은 확장된다. 우리는 요람을, 방 안을, 아파트와 발코니를 탐험한다. 놀이터로 첫 여행을 떠난다. 학교와 대학, 비행기 탑승도 모두 첫 시작이 있다. 우리는 지구 위에서 70억 명의 다른 사람들과 함께 살고 있음을 깨닫고, 우리가 소속된 문화가 수백 개의 문화 중 하나에 불과하다는 것을 알게 된다. 지구의 나이는 수십억 살이고, 현대 문명은 지구의 연대기에서 하나의 작은 깜박임일 뿐이며, 밤하늘의 반짝이는 점들은 별이고, 그중 어떤 것은 온전한 은하이며, 이 모든 것을 아우르는 우주는 아마 무한히 클 것이다.

우리는 세상을 탐색하며 우리 자신의 하찮음을 깨닫게 되고, 과학은 이 메시지를 더욱 냉혹하게 심화한다. 우주는 크고 우리는 작다. 우리는 중간 정도 크기의 바위투성이 행성 위를 기어 다니는 생물에 불과하고, 이 행성은 우리가 보는 우주 안에 있는 약 2000억 개의 은하 중 하나에 포함된 약 1000억 개 행성 중 하나일 뿐이다. 우리는 문자 그대로 아무것도 아니다. 우주 안에 든 물질 대부분(약 85퍼센트)은 암흑물질이고, 우리의 구성 물질은 암흑물질이 아니다. 그리고 아무튼, 우리가 뭘 이루고 성취하든 결국엔 엔트로피 증가로 다 씻겨져 없어질 것이다.

어떤 이는 이 하찮음에서 위안을 찾는다. 또 어떤 이는 이것을 불쾌하게 여기는데, 인간이 좀 더 중요한 역할을 맡아야 한다고 생각한다. 우리가 존재하는 데에는 뭔가 특별한 의미가 있어야 한다고 주장한다. 그들은 이렇게 묻는다. 우주가 지금 이런 식이라서 우리가 지금 이런 모습이라는 게 이상하지 않은가? 여기엔 뭔가 특별한 의미가 있지 않을까?

우리 우주는 생명 발달에 최적화된 것인가? 우리 인간의 존재가 만물을 '올바르게' 만들어낸 지적 존재가 있음을 알리는 신호는 아닐까? 이 문제는 과학과 종교의 경계 위를 떠돈다. 예를 들어 우주에 창조자가 필요하다는 입장은 철학자 겸 신학자인 리처드 스윈번Richard Swinburne 그리고 천체물리학자 제레인트 루이스Geraint Lewis와 루크 반스Luke Barnes의 주장이기도 하다. 이들은 자신들의 견해가 과학을 기반으로 한다고 주장한다. 이와 정반대의 견해를 가장 주도적으로 펼친 사람은 스티븐 호킹이다. 호킹은 우리가 창조자의 필요성을 배제하는 다중우주 안에서 살고 있다고 주장한다.

이 주장들은 서로 완전히 정반대의 입장에 선 것 같다. 한쪽은 창조자가 반드시 필요하다고 하고, 다른 쪽은 필요 없다고 주장한다. 그럼에도 둘 다 무과학이라는 점에서는 비슷하다. 양측이 가정하는 것은 우리의 관측 내용을 서술하는 데 불필요하다.

***

문제는 이거다. 현재 알려진 자연법칙[88]에는 26개의 상수가 포함되어 있다. 우리는 이 상수들을 계산할 수 없고, 측정을 통해 값을 결정해야 한다. 미세구조 상수(α)는 전자기력의 세기를 정한다. 플랑크상수($\hbar$)는 양자역학이 의미가 있는 순간을 알려준다. 뉴턴상수(G)는 중력의 세기를 정량화한다. 우주상수(Λ)는 우주의 팽창률을 결정한다. 그다음으로 기본 입자들의 질량이 있다. 이런 식으로 계속된다.

그러면 자연스럽게 이런 궁금증이 생긴다. "이런 상수들 중 한 개 또는 여러 개가 우리가 측정한 값과 약간 다른 값인 우주는 어떻게 생겼을까?" 작은 조절 다이얼들이 달린 커다란 패널 앞에 신이 앉아 있는 모습을 상상해보자. 이 조절 다이얼 각각에는 상수의 이름이 붙어 있다. 신은 짓궂은 미소를 띠고는 다이얼 하나를 골라 우리 우주에서의 값과 달라지도록 돌린다. 그러면 갑자기, 인간이 사라진다.

자연의 상수들을 너무 많이 바꾸면 우리가 알고 있는 생명 발현에 필수적인 과정들이 일어나지 않을 수도 있고, 그러면 우리는 존재할 수 없다. 예를 들어 우주상수가 너무 크면 은하는 아예 형성되지 못한다. 전자기력이 너무 세면 핵융합이 별을 점화하지 못할 것이다. 이런 식의 연산은 굉장히 많지만, 지금 이 논거에서는 특별히 중요하지 않으니 일일이 짚지 않겠다.

그 대신 중요한 부분으로 넘어가보자. 그러니까 이런 식이다. 이 상수들이 우리가 존재할 수 있도록 하는 정확한 값으로 우연히 맞춰졌을 리가 없다. 따라서 우리가 관찰하는 우주를 설명해야 할 필요가 있고, 그 궁극의 답은 이런 다이얼들을 섬세하게 맞춘 신이 있어야 한다는 것이다. 신이 존재하지 않는다면 다른 설명이 필요하다. 그리고 그런 설명으로 다중우주 가설이 있다. 다중우주 가설은 우주 안에 상수들의 가능한 조합이 모두 존재한다면[89] 우리가 보는 상수 조합도 분명히 그중 하나일 것이며, 따라서 설명이 된다고 주장한다.

그러나 다중우주 가설은 아무것도 설명하는 게 없다. 좋은 과학적 가설은 측정 결과를 계산할 때 유용하게 쓰여야 한다. 그러므로 과학자들이 어떤 가설을 실제로(그리고 성공적으로) 측정 결과 계산에 사용하는지 지켜보면 그 가설이 좋은지 아닌지를 알 수 있다. 그런데 실용적인 결과를 얻기 위한 계산에 다중우주 가설을 쓰는 사람은 아무도 없다. 우리 우주에서 관측한 결과를 계산하려면 이 상수들이 필요하기 때문이다. 단순히 '상수들이 존재한다'는 선언만으로는 도움이 안 된다.

그런데도 물리학자들이 다중우주로 뭐든 계산을 해보려고 할 때는, 결과가 (또는 결과의 부재가) 아주 우스꽝스러워질 수 있다. 이 계산을 할 때, 물리학자들은 다양한 우주(다양한 상수 값)가 특정 확률로 존재한다고 가정한다. 이것을 '확률분포'라고 한다. 정상적인 주사위의 확률분포, 즉 각 면이 나올 확률은 각각 6분의 1이다.

다른 우주들이 존재할 확률은 측정할 수 없다. 관측할 수 없는 것은 측정하지 못하기 때문이다. 그래서 물리학자들은 일단 단순한 추정을 세운다. 그런 다음 우리 우주의 어떤 부분을 관측할 확률을 계산하려고 하면, 단지 추정했던 것을 다시 고쳐 쓰는 셈이 되어버린다. 따라서 새로운 것은 아무것도 알아내지 못한다. 쓰레기를 넣으면 쓰레기가 나오는 것이나 마찬가지다. 그러나 여기에서 새로운 문제가 생긴다. 이제는 애초에 다중우주 안에서 누군가 어떤 것을 관측할 확률을 계산해야 한다는 것이다. 자연법칙이 다른 우주의 '누군가'란 도대체 무슨 의미인가?

일례로 몇 년 전에, 천체물리학자 팀이 다중우주 가설을 써서 은하가 어떻게 지금의 모습처럼 보일 수 있는지 그리고 우주상수는 어떻게 그런 값을 갖게 되는지를 알아내려 한 적이 있다.[90] 그들은 컴퓨터 시뮬레이션을 이용해 다양한 우주상수를 가진 여러 우주에서 은하가 어떤 식으로 형성되는지를 보였다. 다음은 논문에서 발췌한 내용이다.

> 우리는 복잡한 문제는 무시하려 한다. 이를테면, 정확히 어떤 존재를 관찰자로 간주할 수 있는가 하는 문제다. 우리는 특별한 변화를 불러올 정도로 상세하게 관찰자의 출현을 예측할 수 없다. 즉, 관찰자로 간주할 수 있는 생명체는 복잡한 구조를 가져야 하는지(개미?), 아니면 서로 의사소통을 한다는 증거가 있어야 하는지(돌고래?), 아니면 우주 전체를 적극적으로 관측할 수 있어야 하는지(천문학자?) 궁금하다.

물론 우리는 우주상수의 값들 전부가 다 관측 내용과 양립할 수 없다는 걸 알고 있다. 이 상수는 우주의 팽창 속도를 결정하는 상수인데, 만일 우주가 너무 빠르게 팽창하면 은하들이 다 갈가리 찢겨나가게 된다. 컴퓨터 시뮬레이션으로 이런 걸 보면 굉장히 멋지겠지만, 다중우주에 사는 돌고래를 정교하게 만들어본들 무슨 심오한 통찰을 얻겠는가. 그런 작업들은 그저 관측할 수 없는 우주에 대하여 관측될 수 없는 무작위적 확률분포만 더할 뿐이다. 논문 저자들은 그들의 난제를 이렇게 설명한다.

> 두 개의 다른 예측을 유도하기 위해 두 개의 다른 것[확률분포][91]을 이 모형에 적용한다는 것은 무슨 의미일까? 어떻게

> 모든 물리적 사실이 동일하면서도 모형의 예측들은 두 사례에서 서로 다르게 나올 수 있는가? 우주가 아니라면 이것[확률분포]은 무슨 의미인가? 단지 우리 자신의 주관적 의견일 뿐일까? 만일 그렇다면 다중우주 모형에 관해 직접적인 의견을 가짐으로써 확률을 계산하는 수고를 덜 수 있다.

맞는 말이다. 실제로 그런 수고를 덜 수 있다. 이것은 지금까지 과학 문헌에 오른 가장 정직한 토론일 것이다.

그러니까 다중우주가 상수들의 값을 설명하지 못한다면, 결국 창조주가 필요하다는 뜻일까? 아니다. 이 결론 역시 무과학이다. 과학적 관점에서 설명을 요구하는 게 아무것도 없기 때문이다. 창조자에 관한 미세 조정 논쟁은 지금 상수로 관찰되는 값들이 있을 법하지 않다는 주장을 바탕으로 한다. 그러나 이 확률을 정량화할 방법은 없다. 우리는 지금 이 값 외에 다른 값을 가진 자연 상수들을 절대로 측정하지 못할 것이기 때문이다.

확률을 정량화하려면 샘플 데이터를 수집해야 한다. 예를 들어 주사위 같은 경우는 던져서 데이터를 수집할 수 있다. 주사위를 충분히 많이 던지면 경험적으로 뒷받침되는 확률분포를 얻게 된다. 그러나 자연 상수에 대해서는 경험적으로 뒷받침되는 확률분포를 얻지 못한다. 왜 그럴까? 그 이유는 (두구두구……) 그게 상수이기 때문이다(따란)!• 우리가 지금껏 관측해온 유일한 값이 "있을 법하지 않다"고 말하는 것은 과학적으로 무의미한 명제다.

우리에게는 관측하지 못하는 어떤 것의 확률을 정량화할 데이터가 없으며 앞으로도 없을 것이다. 있을 법하지 않은 것 중 정량화될 수 있는 게 전혀 없고, 따라서 설명이 필요한 것도 전혀 없다.

예를 들어보자. 눈을 감고 가방을 뒤져 종이 한 장을 꺼냈는데 거기에 77974806905273이라고 쓰여 있다고 하자. 그러면 "와, 이건 정말 있을 법하지 않은 일이야! 뭔가 설명이 필요해!"라고 주장하겠는가? 아마 아닐 것이다. 왜냐하면 가방 안에 다른 게 뭐가 더 들었는지 모르기 때문이다. 어쩌면 가방 안에 같은 숫자가 적힌 종잇조각이 1조 개 정도 더 들었을 수도 있고, 잃어버린 오른쪽 양말 짝이 있을 수도 있고, 그 아래로 지구를 떠받치는 거북이들이 있을 수도 있다. 아니면 아예 아무것도 없을 수도 있다. 당신이 단 하나의 숫자를 뽑았다면, 그 숫자를 뽑을 확률에 관해서는 전혀 아는 바가 없다. 자연 상수도 마찬가지다. 우리는 한 무더기의 숫자들을 뽑았다. 그런데 그게 우리에게 주어진 유일한 뽑기 기회였다. 우리는 이 숫자들이 있을 법한지 아닌지 전혀 모른다. 앞으로도 영영 모를 것이다.

물론 미세 조정 주장이 말이 되도록 자연 상수의 확률분포를 가정할 수는 있다. 다중우주 때 했던 것처럼 말이다. 그러나 그렇게 해도 같은 문제가 생긴다. 우리 우주가 존재할 가능성이 있는

• 어떤 물리학자들은 자연 상수들을 시간 또는 위치에 따라 바뀔 수 있는 매개변수로 대체하는 이론을 제안했다. 그러나 이것은 완전히 다른 얘기고 미세 조정 논쟁과는 아무 상관도 없다.

지 아닌지에 관한 결론은 애초에 무엇을 집어넣느냐에 따라 결정된다. 우리가 측정하는 상수들이 있을 법하지 않도록 하는 확률분포도 있고, 있을 법하게 만드는 확률분포도 있다. 우리 우주가 미세 조정되어 있다고 주장하는 사람들은 후자를 사용하지 않는다. 그걸 사용했다간 그들이 원하는 결론으로 이어지지 않기 때문이다.

간단히 말해서, 생명 출현을 위해 자연 상수가 미세 조정되어 있다는 주장은 과학적으로 건전한 주장이 아니다. 제멋대로 세운 가정에 의존하기 때문이다. 과학은 창조자 또는 다중우주를 배제하지 않지만, 그들의 존재를 필요로 하지도 않는다.

* * *

최근에 나는 영국의 어느 기독교 기관이 주관한 토론회에 참석했다. 우주가 미세 조정된 것인지를 토론하는 자리였다. 내 토론 파트너[92]는 루크 반스였다. 그는 자연 상수들의 값이 설명을 필요로 한다고 주장하는 사람이다. 2016년 출간된 책 『행운의 우주: 미세하게 조정된 우주 안의 생명*A Fortunate Universe: Life in a Finely Tuned Cosmos*』의 저자 중 한 명이기도 하다.

나는 그 토론을 기대하지 않았다. 미세 조정 신봉자들과 논쟁하는 게 부질없다는 것을 이미 잘 알고 있었기 때문이다. 그들은 자신들의 주장에서 과학과 무과학을 구분하는 데 아무 관심이 없다. 게다가 나는 어마어마하게 내성적인 사람이다. 곤혹스러운 질문을 받으면 뻔한 답인데도 제대로 대답하지 못한다. 가끔 내 이름도 제대로 발음 못할 때도 있다. 그럼 도대체 그런 자리에는 왜 참여했냐고? 여러분에게만 특별히 공개한다. 내가 이 토론에 참여하기로 한 주된 이유는 그들이 돈을 주었기 때문이다.

토론회가 열린 2021년 초에 영국과 독일은 모두 코로나19 팬데믹 때문에 봉쇄 상태였다. 이벤트는 인터넷상에서 진행되었다. 나는 독일에서, 반스는 오스트레일리아에서 참여하고, 토론 진행자는 영국에서 합류했다.

반스는 얼굴이 큰 중년 남자로, 머리숱이 빼곡하고 수염을 덥수룩하게 길렀다. 그는 책이 잔뜩 꽂힌 책장 앞에 자랑스럽게 앉아 있었다. 대화를 시작하자마자 나는 그가 일류 천체물리학자라는 것을 깨달았다. 그는 자신의 연구 분야를 깊이 있게 이해했고, 관측과 이론 모두를 섭렵하고 있었다. 반스는 내가 미세 조정에 회의적인 태도를 보이자 그 대응으로 다른 물리학자들과 같은 전략을 택했다. 즉 내가 베이즈 확률 해석Bayesian interpretation이 아닌 도수 확률 해석frequentist interpretation을 사용하고 있음을 지적한 것이다. 그건 맞다. 그러나 도수 확률 해석이 아니면 미세 조정 주장은 아예 구성 자체가 될 수 없다.

알다시피 도수 확률 해석에서 확률은 사건 발생의 상대적 횟수를 정량화한다. 이 해석은 학교에서 일반적으로 가르치고 있으니 여러분도 아마 익숙할 것이다. 도수 확률은 객관적이다. 이 확률은 어떤 사건이 일어날지를 다루는 명제다. 베이즈 해석에서 확률은 선험적 신념(일반적으로는 그냥 '선험prior'이라고만 부른다)을 바탕으로 한 기대에 대한 명제다. 이 확률들은 구조상 주관적일 수밖에 없다.

그러므로 베이즈 해석을 사용하면 미세 조정 주장은 이런 식으로 풀어 쓸 수 있다. "자연 상수가 무엇이든 될 수 있었다[93]는 나의 선험적 신념을 바탕으로, 나는 상수들이 지금 이 값을 가지고 있다는 게 놀랍다." 그러나 이 말은 우주가 생명을 위해 미세 조정되었다는 뜻이 아니다. 이 말은 단지 일어나지 않았을 일로 판명될 어떤 일이 일어나기를 기대했다는 뜻이다. 그게 무슨 대수인가. "내가 다른 어떤 존재가 되어 잠에서 깰 수도 있었다는 나의 선험적 신념을 바탕으로, 나는 내가 인간이라는 게 놀랍다"라는 명제도 마찬가지로 내가 다음 날 아침에 무시무시한 괴물로서 잠에서 깰 가능성이 있다는 뜻이 아니다. 그보다는 카프카를 너무 많이 읽었을 가능성이 더 크다.

토론을 진행하며, 루크 반스는 자연 상수들이 설명을 요구한다는 주장이 과학적 주장은 아님에 일찌감치 동의했다. 과학자들이 무과학적 주장을 인정하기를 꺼리는 경향이 있다는 나의 선험적 신념을 바탕으로, 나는 놀랐다.

그건 그렇고 베이즈 확률의 창시자인 토머스 베이즈Thomas Bayes는 18세기 영국의 장로교 목사였다. 참으로 적절하게도, 베이즈 확률을 최초로 응용한 연산은 신의 존재를 증명하려는 시도[94]였다. 이 증명은 이미 확신이 있던 사람들 말고는 누구도 설득하지 못했지만, 어떤 아이디어는 아주 구식은 아니다.

우리는 모든 가능한 세상 중 최상에 살고 있는가

중학생이 되어 처음 물리학을 알게 되었을 때, 나는 물리학을 좋아하지 않았다. 변수들이 잔뜩 든 방정식들이 줄줄이 이어지고, 변수의 의미는 곧잘 까먹기 일쑤였다. 내가 보기에 이 방정식들을 이렇게 저렇게 주물러 새로운 형태로 빚어내는 게 물리학의 유일한 목적인 것 같았다. 나머지 방정식들이 모두 유도될 수 있는 최소한의 방정식들이 있지 않을까? 나는 알고 싶었다. 이게 가능하다면, 우리는 왜 이런 잡동사니들을 전부 배워야 하는 것인가?

이 의문에 대한 답으로 나는 만물의 이론이 몽상에 가깝다는 말을 들었다. 아인슈타인조차도 만물의 이론을 찾는 데 실패했고, 잡동사니 방정식들은 여기 눈앞에, 적어도 지금은, 살아남아 있다. 그리고 이 방정식들은 이번 주 숙제로 풀어야 했다.

사실 내가 원했던 건 만물의 이론이 아니었다. 나는 그저 몇 년 동안 배워야 할 물리학을 한 달 내로 정리하고 끝내버리고 싶었을 뿐이다. 그러나 지금은 사람들 말대로 만물의 이론이 좋은 아이디어 같다는 생각도 든다.

잡동사니들은 교육과정 내내 끈질기게 따라다녔다. 그러나 그

중 대부분은 대학 물리학 과정의 첫 학기에 갑자기 사라졌다. 최소작용의 원리principle of least action를 배우면서였다. 이것은 계시였다. 이 모든 방정식에 도달하기 위한 과정이 실제로 있었던 것이다! 왜 아무도 나에게 이 얘기를 안 해줬을까?

지금은 나도 학교에서 최소작용의 원리를 가르치지 않는 이유를 이해한다. 그랬다면 학생들이 전부 다 물리학을 전공하겠다고 나설 것이기 때문이다. 그러다 물리학에 푹 빠져들 수도 있다는 경고를 남기며, 이것이 어떻게 돌아가는 얘기인지 설명해보겠다.

서술하고자 하는 모든 계에 대하여(이를테면 흔들리는 진자), 작용action이라고 하는 함수가 있다(일반적으로 S로 표기한다). 이 함수는 실제로 자연에서 구현되는 계의 행동에 대하여 취할 수 있는 가장 작은 값을 취한다. 다시 말해, 계가 할 수 있는 일은 전부 다 고려하고 그 행동 각각에 대하여 작용을 계산하면, 실제로는 계가 최소 작용의 행동을 하는 것을 관찰하게 된다는 뜻이다. 이 말은 계(진자)가 진짜로 할 수 있는 동작들을 전부 다 한다는 의미가 아니다. 다만 우리가 관찰하는 행동이 최소작용의 행동이라는 것이다.

최소작용의 원리는 17세기에 피에르 드 페르마Pierre de Fermat도 어렴풋이 짐작했다. 페르마는 광선이 매질을 지나는 경로가 최소 시간이 걸리는 경로임을 밝혔다. 그러나 최소작용의 원리는 훨씬 더 일반적인 원리다. 작용이 최솟값을 취해야 한다는 요구는 진화 법칙으로 이어진다. 우리는 초기 조건을 선택하고, 그런 다음 방정식을 '풀기만' 하면 된다.

여기에서 말하는 작용, 즉 'action'은 액션 영화에서 말하는 그런 액션이 아니다. 이는 단지 우리가 "존재할 수 있는 모든 세상 가운데 가장 최고의 세상"에 살고 있다는 고트프리드 빌헬름 라이프니츠Gottfried Wilhelm Leibniz의 아이디어를 정량화하기 위한 것이다. 우리는 그저 '최고'가 작용을 최소화한다는 뜻이라고 신께 말하기만 하면 된다. 그런데 이 '작용'이라는 불가사의한 양은 도대체 무엇일까?

대학 물리학 첫 학기에 배우는 작용으로는 진자의 작용, 돌멩이를 던지는 작용, 행성 궤도의 작용 등이 있다. 여기에서 뭔가를 알 수 있다. 그러니까 우리에겐 계가 하는 일을 계산할 조리법이 있지만, 그래도 여전히 다양한 작용이 존재한다.

그러나 이 작용들이 다른 이유는 물리가 달라서가 아니라 계가 달라서다. 계의 배열이 다를 수도 있고, 아니면 우리가 다른 수준의 해상도에서 서술하고 있어서 그럴지도 모른다. 기억하자. 우리는 모든 유효 이론을 다 가지고 있다.

예를 들어 돌멩이를 던지면, 우리는 일반적으로 중력장이 수직 방향으로 일정하다고 가정한다. 이것은 좋은 근사지만 엄밀히 말해서 정확하지는 않다. 더 좋은 근사는 지구의 중력장이 구형으로 대칭이고 지구 중심부터의 거리 제곱에 반비례하여 감소한다는 것이다. 이보다 더 좋은 근사는 지구를 구성하는 물질의 정확한 분포를 반영해 중력장을 계산하는 것이다.

그러므로 중력장이 무엇인지 가정하여 돌의 운동을 예측하는 대신, 중력장에 대해 최소인 항을 작용에 추가하는 것이다. 그러면 최소작용의 원리에 따라 돌의 운동과 중력장 모두를 계산할 수 있게 된다. 이 연산을 해보면 궤도를 도는 행성과 던져진 돌멩이는 거의 비슷한 일을 하게 된다. 다만 우리가 규정한 초기 조건, 즉 어느 물질이 어디에 있는지, 그 물질의 초기 속도는 얼마인지 그런 조건들만 다를 뿐이다.

이 둘이 비슷하려면 공기 마찰을 무시해야 한다. 돌멩이는 마찰이 있지만 태양 주위를 도는 행성은 마찰이 없다. 따라서 돌멩이의 경우를 계산할 때는 돌멩이 분자와 공기 분자의 마찰도 고려해야 하고, 공기 분자들의 상호작용도 고려해야 한다. 그런 다음 앞에서 보았던 내용, 즉 원자 규모의 상호작용까지 내려가면 이제 더 이상 양자역학을 무시할 수 없다는 사실도 깨닫게 된다.

양자역학에서는 최소작용의 원리가 조금 다르게 돌아간다. 리처드 파인만이 개발한 경로 적분 접근법에 따르면, 양자역학적 계는 최소작용의 경로뿐 아니라 가능한 모든 경로를 다 취한다. 각 경로는 계의 '진폭'에 기여하고, 진폭의 절댓값을 제곱한 값은 특정 지점에서 끝나는 계에 관한 확률을 제공한다.

경로들이 진폭에 기여하는 정도가 반드시 양의 값을 갖는 것은 아니므로, 경로들은 서로를 상쇄할 수 있다. 이로 인해 기이한 결론이 도출될 수 있다. 만일 입자가 하나가 아닌 두 개의 경로를 따라 한 점에 도달할 수 있으면, 입자는 절대 그곳에 가지 못한다는 것이다. 물론 경로 적분의 멋진 점[95]은 이 방법이 입자물리학의 표준모형으로 이어진다는 것이지만, 이를 위해 경로를 따라가는 입자들의 상호작용을 모두 다 포함시켜야 한다. 이를테면 다른 입자 쌍을 만들어낸 다음 다시 사라지는 작용들까지 모두 더해야 한다.

경로 적분을 통해 우리는 더 짧은 규모까지 계속 파고들 수 있다. 그렇게 하여 모든 것은 궁극적으로 25개의 기본 입자와 네 가지 힘, 즉 전자기력, 강한 핵력과 약한 핵력, 그리고 중력으로 귀결된다. 첫 세 힘은 양자 성질을 가지고 있다. 물리학자들은 아직 중력을 양자이론으로 바꾸는 데 성공하지 못했다.

* * *

나에게 가장 아름답고 가장 강력하고 가장 통합적인 원리를 꼽으라고 하면, 단연 최소작용의 원리를 꼽을 것이다. 그러나, 아뿔싸, 우리에겐 아직도 26개의 상수가 있다! 우주를 더 단순하게 설명할 수는 없는 것일까? 어쩌면 상수 6개만으로 다 설명할 수도 있지 않을까? 아니면 아예 상수가 하나도 없이?[96]

분명히 물리학자들은 노력했다. 그들은 통합된 이론을 향해 수많은 접근법을 제시해왔고, 그 안에서 다른 여러 가정을 통해 이 상수들을 계산했다. 아니면 적어도 하나의 공통된 원리로부터 2개 정도는 예측했다. 예를 들어 암흑물질과 암흑에너지의 양을 예측하거나, 기본 입자들의 질량에서 패턴을 찾으려는 몇몇 시도가 있었다. 이런 아이디어들의 문제는, 적어도 지금으로서는, 그냥 상수를 쓸 때보다 훨씬 더 복잡하다는 것이다. 이런 아이디어들은 설명력이 부족하다.

사실 다중우주론도 상수의 개수를 줄이려는 시도로 해석할 수 있다. 만일 여러 우주에 대한 확률분포를 통해 관측된 상수들을 가장 그럴싸한 값이 나오도록 계산할 수 있고, 그 확률분포가 상수를 그냥 가정하는 것보다 더 단순하다면 그것만으로도 현재 이론을 충분히 개선하는 셈이 된다. 그러나 이게 가능하다면 이 확률분포는 상수를 결정하는 방정식으로서만 쓰일 수 있다. 다른 우주는 여전히 불필요하다. 어떤 경우든, 지금까지 이 26개의 상수보다 더 단순한 걸 알아낸 사람은 없다.

자연 상수를 설명하려는 시도 중 특히 논란을 일으킨 것이 강한 **인류원리**다. 이 원리는 상수들이 지금의 값인 것은 우주가 생명을 탄생시켰기 때문이라고 말한다. 대다수의 과학자들은 이 아이디어를 즉각 저버렸지만, 나는 이게 생각해볼 가치가 있다고 생각한다.

그 전에 먼저 강한 인류원리와 약한 인류원리를 구분해야 한다. 약한 인류원리는 자연 상수들이 생명의 존재를 허용해야 한다고 말한다. 그렇지 않았다면 우리가 지금 여기에서 이런 얘기를 하고 있지 못했을 것이다. 약한 인류원리는 단순히 우리 이론에 대한 관측 제약일 뿐이다. 이론에 제약을 가하는 데 사용되는 관측은 자기 참조적이므로, 즉 우리가 존재하는 이유가 관찰을 하기 위해서라는 것이므로 좀 우스꽝스럽게 들리긴 한다. 그러나 그런 점을 제외하면 표준적인 과학 논증이다. 예를 들어 당신은 지금도 여전히 이 책을 읽고 있다는 관측을 사용해 당신을 에워싼 공기에 산소가 있다고 추론할 수 있다. 이것은 획기적인 통찰은 아닐지라도 약한 인류 제약이다.

어쨌든 약한 인류 제약은 유용하다. 프레드 호일Fred Hoyle을 예로 들면, 그는 지구 위의 생명이 탄소 기반이라는 사실을 이용해 탄소는 모두 어딘가로부터 온 것이어야 한다고 추론한 사람으로 유명하다. 그는 이 추론을 통해 별 내부에서 일어나는 핵융합이 당시 물리학자들의 생각과는 다르게 진행되어야 한다는 결론을 도출했다. 그가 옳았다.

나아가 강한 인류 제약은 훨씬 더 큰 주장을 내세운다. 오늘날 생명의 존재 자체가 우주가 다른 식이 아닌 이런 식으로 존재하는 이유라는 것이다. 생명은 단지 상수들을 제약하지 않는다. 생명이 상수들을 설명한다. 적어도 아이디어는 그렇다.

우리는 이미 액면 그대로의 강한 인류원리가 틀렸다는 것을 안다. 물리학자들은 자연 상수들이 상당히 달라도 생명을 창조할 만큼 충분히 복잡한 화학을 탄생시킬 수 있는 몇 가지 방법을 발견했다. 물론 물리학자들이 생명 작용에 도달할 모든 경로를 다 계산할 수는 없으니, 엄밀히 말해서 다른 값의 자연 상수로부터 생명 출현이 가능하다는 것을 보여준 것은 아니다. 그러나 우리의 화학처럼 복잡한 화학이 우리처럼 복잡한 구조물을 내놓을 수 있다는 건 그럴듯하다. 최근에는 우리에게 탄소가 필요하기 때문에 존재해야 한다고 호일이 주장했던 핵융합 과정이, 생명 활동을 위한 필수 요소가 아님이 밝혀지며 강한 인류원리의 반례로 제시되었다. 기본 상수들의 값을 다르게 바꿔도 다른 식의 핵융합이 일어날 수 있는데, 이 과정으로도 탄소가 생성될 수 있다. 생명 진화에서는 이런 여러 과정의 결과가 호일의 핵융합과 크게 구분되지 않았다. 세포는 탄소를 필요로 하지만 탄소의 생성 과정은 크게 중요하지 않기 때문이다. 관심 있는 사람은 이외에도 더 많은 예를 참고할 수 있도록 주에 참고 문헌을 달아두었다.[97]

그러나 강한 인류원리의 더 큰 문제는 이 원리가 도대체 어떻게 설명력을 가질 수 있는지 납득하기 어렵다는 점이다. 이것은 현실적인 문제다. '생명'을 정의하는 것은 어렵고, 심지어 정량화는 더 어렵다. 따라서 "우주에는 생명이 포함된다"라는 명제로부터 아무것도 계산할 수가 없다. 이 26개의 상수들과 그에 해당하는 방정식들이 훨씬 더 단순하다. 물리학 만세다!

그렇다면 우리 우주가 충족시키는 기준으로서 지금과는 다른 더 단순한 기준이 있을지, 다시 말해 우리가 관측하는 바로 그 상수 값들에 최적화되어 있고 다른 값에는 맞지 않는 그런 기준이 존재할지 의문이 생긴다. 그런 함수가 있다면 우리 우주가 "존재할 수 있는 모든 세상들 중 최고"임을 정량화하고, 기본 상수들을 계산할 수 있게 해줄 것이다.

그런 기준으로 어떤 것이 있을까? 리 스몰린이 자신의 이론

'우주론적 자연선택cosmological natural selection'[98]에서 개발한 아이디어가 있는데, 여기에서는 우리 우주가 블랙홀을 정말 잘 만들어낸다고 설명한다. 스몰린의 주장에 따르면, 블랙홀은 그 내부에서 자체적으로 새로운 우주들을 창조하고, 새 우주들은 무작위적으로 새로운 자연 상수들을 부여받는다. 만일 우주가 자손을 낳으며 새로운 조합의 상수들을 발생시킬 수 있으면, 결국 가장 있을 법한 우주는 가장 많은 자손을 생산하는 우주, 즉 가장 많은 블랙홀을 창조하는 우주가 된다.

(a)블랙홀이 새로운 우주들을 낳는다는 가정 그리고 (b)이 과정에서 자연 상수들이 달라질 수 있다는 가정은 둘 다 대단히 논란의 여지가 있고 현재 우리가 가진 이론들이나 실질적 증거로 전혀 뒷받침되지 않는다. 그런데 이런 가정들은 없어도 된다. 그 대신 블랙홀의 개수를 우리 우주의 우수성을 정량화하는 함수처럼 생각할 수 있다. 26개의 상수를 가진 우리 우주는 블랙홀을 만드는 데 있어 "최고"인가?

이 논리가 어떻게 돌아가는지 간단히 살펴보기로 하자. 블랙홀들은 대부분 별의 붕괴로 형성된다. 그런데 블랙홀이 형성되려면 별은 충분히 거대해야 한다. 예를 들어 우리 태양 같은 경우는 너무 작아서 블랙홀을 형성하지 못한다(아마 적색거성이 될 가능성이 가장 높다). 이 말은 블랙홀의 개수가 초기 우주의 뜨거운 플라스마가 남긴 수소 구름에서 '큰 질량 별'들이 얼마나 효율적으로 형성되는지에 좌우된다는 뜻이다.

단순히 중력의 세기만 바꾸어서는 블랙홀의 개수를 바꾸지 못한다. 중력의 세기가 바뀌면 별들의 평균 질량은 바뀌지만, 이 별들이 블랙홀로 붕괴하는 비율은 바뀌지 않는다. 그런데 우주상수는 어떤가? 만일 우리가 이 우주상수를 바꾸면, 블랙홀 개수는 어떻게 변할까?

앞에서 보았듯이 우주상수가 커지면 우주는 더 빠르게 팽창하고, 그렇게 되면 은하 형성이 더 어려워진다. 별들은 대부분 은하 안에서 형성되므로, 우주상수가 더 크면 별의 개수가 줄게 되고 그러면 블랙홀 개수도 줄게 된다. 반면에 우주상수가 지금보다 더 작으면, 우주의 팽창은 느려지고 은하들이 병합할 가능성이 높아진다. 이렇게 병합되어 은하가 더 커지면, 별들이 형성될 수 있는 가스가 넓게 퍼진다. 그러면 별 형성의 효율성이 떨어지고, 또 다시 별의 개수와 블랙홀의 개수는 줄게 된다. 그렇다면 지금 우리가 아는 우주상수는 블랙홀을 만들기에는 '최고'인 것 같다.

스몰린은 다른 자연 상수들에 관해서도 비슷한 논증을 제시하면서, 현재의 값을 어느 쪽으로든 바꾸면 블랙홀 개수가 줄어든다는 것을 보였다. 나는 개인적으로 스몰린의 아이디어가 단순한 것 치고는 꽤 잘 작동한다고 본다. 그러나 동시에 접근법의 한계도 보여준다. 우리는 '우주 안의 블랙홀 개수'를 간단히 구하는 방법을 모른다. 그러니 그것으로부터 자연 상수를 계산할 수 없다. 우리는 그저 이 상수들 중 하나를 바꿀 때마다 무슨 일이 일어나는지 지켜볼 뿐이다. 이번에도 역시 상수를 그냥 가정하는 편이 더 나은 것이다.

이와 비슷하게 복잡성 증가를 '최고'의 우주가 갖는 성질로 이용하는 아이디어도 있다. 그러나 '생명'을 논의하는 데 있어 '복잡성'이란 기준은 모호하며, 현재는 그것을 정량화할 방법을 아무도 알지 못한다는 문제가 있다. 내가 지금까지 본 중에서 최고의 아이디어는 데이비드 도이치가 제안한 것이었다. 그는 자연법칙이 특정 유형의 컴퓨터를 탄생시키도록 되어 있다고 가정했다. 이게 좋은 아이디어인 이유는 공식적으로 정확하게 규정할 수 있기 때문이다. 나는 이 아이디어에서 앞으로 무슨 이야기가 나올지 궁금하다.

이런 아이디어들은 자연을 더 잘 설명하려 한다는 공통적인 특징을 가지고 있고, 이미 잘 다져놓은 환원주의의 길을 따르지 않는다. 다시 말해 더 작은 규모로 들어가지 않는다. 그 대신 이론적 환원주의로부터 존재론적 환원주의를 분리하고, 큰 규모에서도 더 나은 이론을 찾을 수 있다고 가정한다. 나는 이런 방향 전환이 훨씬 전망 있다고 본다. 내가 볼 때 2장에서 설명했던 초기 조건 문제를 극복할 수 있는 길은 이 접근법이 유일하다.

결국 우리는 언젠가 모든 것을 알게 될까?

물리학자들은 확실히 상상력을 자극하는 이름을 잘도 지어낸다. 다세계, 블랙홀, 암흑물질, 웜홀, 대통합, 그리고 빅뱅까지. '만물의 이론'도 그런 상상력을 자극하는 이름 중 하나다. 모든 것을 설명하리라고 가정된 이 이론은 결국 모든 것을, 그러니까 기본 입자들, 그 사이에 작용하는 힘, 그리고 자연 상수까지 한 점의 의혹을 남기지 않고 모두 다 설명해내고, 개량된 새로운 기본 공식으로서 입자물리학의 표준모형과 아인슈타인의 일반상대성이론을 하나의 조화로운 전체로 결합시킬 것이다.

그러나 그런 만물의 이론이 설령 존재한다고 해도 모든 것을 다 설명할 수는 없다. 그 이유는, 4장에서 논의했던 것처럼 대부분의 과학 분야에서는 창발성 이론들(유효 이론들)이 더 나은 설명이기 때문이다. 따라서 이런 만물의 이론을 발견한다면 입자물리학 분과는 문을 닫고, 재료과학과 생의학은 계속될 것이다.

입자물리학 분과를 닫는 게 그 정도 노력을 들일 만한 가치가 있는 일이라고 치자. 그러나 미결 문제를 남기지 않는 이론 같은 것이 과연 존재할까?

모든 질문에 답을 주는 이론을 얻는 한 가지 방법은 질문을 그만하는 것이다. 농담 같겠지만, 반은 진담이다. 만일 우리가 200년 전에 과학의 종료를 선언했다면, 입자물리학자들은 왜 힉스 보손의 질량이 지금의 이 값인지 묻지 않았을 것이다. 그게 좋은 결정이었을 거라는 말은 아니다. 단지 '모든 것'을 설명하는 이론이라는 건 결국 우리가 자연을 얼마나 많이 아는지, 얼마나 간절히 더 알고 '싶은지'에 달려 있다는 것을 지적하려는 것이다. 만일 오늘날 모든 것을 설명하는 이론을 찾는다 해도, 그 이론이 내일의 모든 것도 설명해줄지는 확실하지 않다.

미래의 어느 날 새로운 발견으로 인해 만물의 이론이라고 알려진 이론을 개정해야 할 가능성은 접어두더라도, 하나의 이론이 모든 문제의 답을 내놓는다는 아이디어 자체가 과학과는 양립하지 않는다. 과학은 우리에게 자연의 작동 원리에 관한 다양한 가설을 세우도록 요구한다. 우리는 관측과 일치하는 가설은 지키고 나머지는 버린다. 그런데도 세상에는 이론이 너무 많다. 이런 이론들은 다 좋은데 딱 하나, 관측 내용을 서술하지 않는 게 '유일한' 단점이다.

우주가 완벽하고 텅 빈 2차원의 원이라는 이론을 생각해보자. 여러분은 아마 이걸 딱히 이론이라 생각하지 않을 것이고, 나도 그 점에 동의한다. 하지만 이 이론의 문제는 무엇인가? 이론 자체에 무슨 오류가 있는 것은 아니다. 여기에는 틀릴 만한 것이 별로 없다. 다만 이 이론은 우리가 관측하는 것을 서술하지 않는다. 이 명제는 실제로 우리가 살고 있는 우주와는 아무 상관이 없다.

이렇게 우리의 관측을 서술하지 않는 일관된 이론들은 무수히 많지만, 문제를 보려면 하나로 충분하다. 단 하나의 이론을 선택하려면 그 이론이 관측 내용을 설명한다는 요건을 충족시켜야 한다. 그리고 이 말은 최고의 설명력을 가진 최고의 이론이라 할지라도, 어떤 질문에 관해서는 단순히 "그게 우리가 관측하는 것을 설명하니까"라는 답밖에 내놓지 못할 것이라는 의미다. 따라서 이

요건이 없다면, 예쁘장하고 단순하고 일관성 있지만 경험적으로는 부적절한 잡다한 이론들을 제거할 방법이 없다.

다른 말로 하면, 불특정 수학만 가지고 특정 우주에 관한 특정 이론을 끄집어낼 수 없다고 하겠다. 우리가 보는 것을 서술하지 않는 수학은 대단히 많다. 우리는 그런 수학 중에서 일부를 골라 쓰는데, 선택 사유는 단지 그게 잘 작동한다는 것밖에 없다.• 그러니까 우리에게 만물의 이론이 있다고 해도, 과학만으로는 왜 그 이론이 만물의 이론인지 결코 설명하지 못할 것이다.

• 테그마크의 수학적 우주도 이 문제에는 아무 도움이 되지 않는다. 우리가 관측하는 것을 설명하려면 그의 수학적 우주 안에서 우리가 정확히 어디 있는지를 특정해야 하기 때문이다. 이것은 결국 우리 우주를 서술하는 수학을 선택해야 한다는 것과 같은 얘기다.

간단한 답변

우리는 우주가 특별히 우리를 위해, 또는 일반적으로 말해서 생명을 위해 만들어졌다고 생각할 이유가 전혀 없다. 그러나 자연법칙은 우리 우주 안에 복잡성을 탄생시켰고, 현재 이론에는 이 근본적인 내용이 빠져 있을 수 있다. 어쩌면 복잡성이 증가할 수 있다는 바로 이 사실이 어느 날 환원주의를 반박하는 더 나은 설명으로 이어질지도 모른다. 그렇다 하더라도 모든 의문에 답을 내놓는 과학 이론이 나올 수는 없을 것이다. 그 이론이 과학 이론이려면 관측 내용을 성공적으로 설명해낸다는 이유로 선택되어야 하는데, 그렇다면 궁극적으로 "그게 우리가 관측하는 것을 설명하니까"라는 답 말고 다른 답은 없는 문제에 부딪히게 될 것이기 때문이다.

8장

우주는 생각하는가

Existential Physics

크기가 중요하다

허블 우주 망원경의 최신 관측 결과에 따르면, 우리 우주에는 적어도 2000억 개의 은하[99]가 포함되어 있다고 한다. 이 은하들은 균일하게 분포해 있지 않다. 중력의 당기는 작용을 받으며, 은하는 은하단(클러스터)을 형성하고, 은하단은 초은하단supercluster을 형성한다. 이렇게 크기가 다양한 은하단 사이로 은하들이 가느다란 끈 모양으로 늘어서 있는데, 이를 은하 필라멘트라고 한다. 은하 필라멘트의 길이는 수억 광년에까지 이른다. 은하단과 은하 필라멘트는 물질이 거의 없는 진공에 둘러싸여 있다. 이 모두를 종합하면, 우주 거미줄은 인간의 뇌와 약간 닮은 모습을 하고 있다(그림 13).

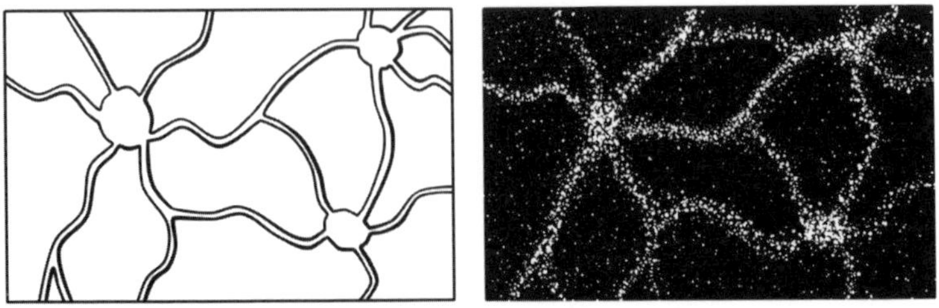

그림 13 뉴런의 연결(왼쪽)과 은하 필라멘트(오른쪽).

좀 더 정확히 말하면, 우주 안 물질의 분포는 커넥톰connectome과 약간 닮았다. 커넥톰은 우리 뇌 안의 신경세포들 간의 연결망이다. 인간의 뇌 안에 있는 뉴런도 클러스터를 형성하고, 축색돌기로 연결되고, 신경섬유로 길게 이어져 전기화학적 자극을 다른 뉴런에 보낸다.

인간 뇌와 우주[100]의 유사성은 아주 표면적인 것만 있는 것은 아니다. 이탈리아의 연구자 프랑코 바차Franco Bazza(천체물리학자)와 알베르토 펠레티Alberto Feletti(신경과학자)는 2020년의 연구에서 둘 사이의 유사성을 집중적으로 분석했다. 그들은 커넥톰과 우주 거미줄 안에 다양한 크기의 구조가 몇 개나 있는지 계산하고, 둘 사이의 "상당한 유사성"을 보고했다. 그러면서 약 1밀리미터보다 작은 규모의 뇌 샘플과 약 3억 광년 크기의 우주 내의 물질 분포가 구조적으로 대단히 비슷하다는 것을 발견했다. 뇌의 4분의 3이 물로 이루어져 있다는 점을 고려할 때, "놀랍게도" 우주의 전체 물질-에너지 양 중 4분의 3이 암흑에너지라는 점도 지적한다. 논문의 저자들은 뇌와 우주 모두에서 이 4분의 3이 대부분 비활성이라는 점에 주목한다.

그렇다면 우주는 거대한 뇌고 그 안에 속한 우리 은하는 단순히 하나의 뉴런일 수도 있을까? 어쩌면 우리는 스스로의 생각을 좇는 동안 우주의 자기 반영을 목격하고 있는지도 모른다. 안타깝게도 이 아이디어는 물리학을 거스른다. 그렇다고는 해도 들여다볼 가치는 있다. 우주는 왜 생각을 하지 못하는가를 이해하면 자연법칙에 관한 흥미로운 교훈을 배울 수 있기 때문이다. 또 우주가 생각을 하려면 무엇이 필요한지도 알 수 있다.

간단히 말해서, 우주는 생각하지 못한다. 너무 크기 때문이다. 절대 정지는 없다는 아인슈타인의 가르침을 상기해보자. 이에 따라 한 물체의 속도는 다른 물체의 속도에 대하여 상대적으로만 서술할 수 있다. 이런 상대성은 크기에서는 성립하지 않는다. 중요한 건 상대적 크기만이 아니다. 물체가 무슨 일을 할 수 있는지를 결정하는 것은 절대적 크기다.

예를 들어 원자와 태양계를 생각해보자. 언뜻 보기에 둘은 공통점이 많다. 원자 안에서 음으로 대전된 전자는 양으로 대전된 핵에 전기력으로 이끌린다. 이 힘의 세기는 근사적으로 우리에게 익숙한 $\frac{1}{R^2}$ 법칙에 따라 감소한다. 이때 R은 전자와 핵 사이의 거리다. 태양계의 행성은 중력으로 태양에 이끌린다. 엄밀히 따지면 이 운동은 일반상대성이론으로 서술되겠지만, 태양의 중력은 뉴턴의 $\frac{1}{R^2}$ 법칙으로 훌륭하게 근사할 수 있다. 여기에서 R은 행성과 태양 사이의 거리다. 이 점에 있어 원자와 태양계는 정말이지 많이 닮았다. 실제로 20세기 초에는 수많은 물리학자가 원자를 그런 식으로 생각했다. 이 구조는 기본적으로 1913년에 발표된 러더퍼드-보어 모형이 작동했던 방식이다.

그러나 이제 우리는 원자가 작은 태양계가 아니라는 것을 알고 있다(그림 14). 전자는 핵 주위 궤도를 도는 작은 구슬이 아니다. 전자는 뚜렷한 양자 성질을 가지고 있고, 파동함수로 서술되어야 한다. 원자 안에서 전자의 위치는 대단히 불확실하며, 위치의 확률분포는 '오비탈'이라 불리는 대칭 형태를 띤 확산된 구름 모양을 하고 있다. 오비탈 안에서 전자의 에너지는 계단 모양을 이룬다. 즉 '양자화'되어 있다. 이 양자화 때문에 주기율표에 규칙성이 생기는 것이다.

태양계는 이렇지 않다. 태양계의 행성들은 태양으로부터 정확히 어떤 거리에 놓일 수 있다. 행성은 폭신폭신해 보이는 확률분포가 아니고, 궤도는 양자화되어 있지 않으며, 태양계는 주기율표가 없다. 이 차이는 어디에서 오는 것일까?

태양계와 원자가 다른 가장 큰 이유는 원자가 작고 구성 성분이 더 가볍기 때문이다. 양자역학 때문에, 모든 것(작은 입자뿐 아니라 거대한 물체도)에는 고유한 불확실성이 있다. 다시 말해 더이상 위치를 특정할 수 없는 모호함이 있다. 전자의 양자 모호성(콤프턴 파장Compton wavelength)은 약 2×10^{-12}미터다. 이 정도면 수소 원

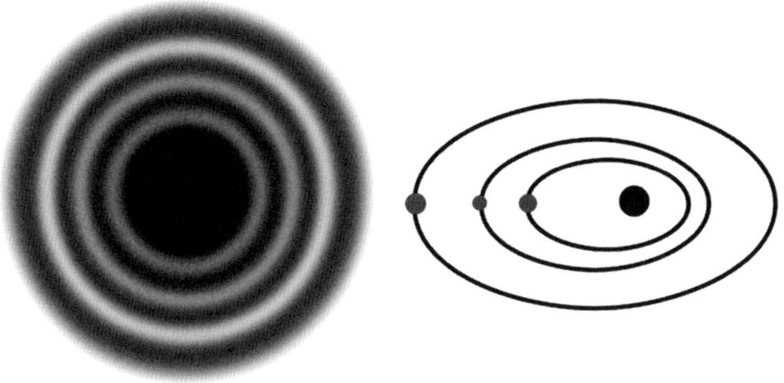

그림 14 원자 에너지준위는 태양계와는 다르게 작동한다. 왼쪽: 원자핵 주위 세 번째 껍질에서 전자를 발견할 확률. 껍질들은 3차원이다. 가장 단순한 형태의 껍질은 구 모양을 띤다. 색이 짙을수록 전자가 발견될 확률은 더 높다. 원자핵은 중심에 있지만 이 그림에는 표시되지 않았다. 오른쪽: 행성 궤도 그림. 궤도는 평면을 이루고 행성은 궤도 위에 위치한다.

자의 크기(5×10^{-11}미터)와 비슷하다. 이 크기가 비슷해서 원자에서는 양자 효과의 역할이 두드러지는 것이다. 그러나 지구의 양자 모호성을 계산해보면 약 10^{-66}미터인데, 태양과 지구 사이의 거리인 1억 5000만 킬로미터와 비교하면 완전히 무시할 수 있는 값이다. 진정한 차이를 만드는 것은 물리적 성질(크기와 질량)이다. 규모를 아무리 키워도 원자는 태양계가 될 수 없다. 자연은 그런 식으로는 돌아가지 않는다. 전문 용어를 쓰자면, 자연법칙은 척도 불변scale-invariant이 아니다.

자연법칙은 왜 척도 불변이 아닌가? 26개의 상수들 때문이다. 상수들은 어느 규모에서 어떤 물리적 과정이 중요한지를 결정한다. 그리고 이 규모는 각각 다 다르다.

물리학의 규모 의존성은 생물학에서도 발견된다. (접촉 상호작용으로부터 발생하는) 마찰력은 인간 같은 큰 동물들보다 곤충 같은 작은 동물들에게 훨씬 더 중요하다. 그래서 개미는 벽을 타고 기어다니고 새는 하늘을 날 수 있는데 우리는 그렇게 못 하는 것이다. 그런 일을 하기에 우리는 너무 무겁다. 인간 몸무게인 인간 크기의 개미는 진화적으로 재앙일 수 있다. 그런 개미는 벽을 타고 기어다니지는 못할 것이다. 작은 동물들이 적합한 외형 때문에 이런 재주를 지닐 수 있는 게 아니다. 그들은 단지 중력을 거스를 필요가 없을 뿐이다.

이렇게 자연 상수들이 차이를 만든다는 점을 기억하면서, 우주가 실제로 뇌와 얼마나 닮았는지 살펴보기로 하자.

우주는 팽창하고, 팽창 속도는 갈수록 빨라지고 있다. 팽창 가속도는 우주상수에 의해 결정된다. 우주상수는 가장 간단한 유형의 암흑에너지다. 이와는 대조적으로 뇌는 비유적으로 말할 때가 아니면 일반적으로 팽창하지 않는다. 그리고 뇌는 우주와 함께 팽창하지도 않는다. 뇌는 전자기력과 핵력으로 단단히 뭉쳐 있고, 이 힘은 우주론적 팽창이 끌어당기는 힘보다 훨씬 더 세다. 심지어 상대적으로 약한 힘인 중력에 의해 뭉쳐 있는 은하도 우주와 함께 팽창하지 않는다. 우주 팽창이 힘을 쓰는 부분은 은하단과 필라멘트 사이의 공간뿐이다. 이 힘은 은하 거미줄을 잡아 늘인다.

그러니까 만일 은하단이 우주의 뉴런이라면, 상대 속도가 극도로 증가하며 서로 벌어져 멀리 날아가고 있을 것이다. 그리고 수십억 년 동안 이미 그런 일이 벌어지고 있다. 바차와 펠레티가 논문에 쓴 것처럼 암흑에너지는 "비활성"일 수도 있다. 그러나 암흑에너지는 우주의 구조에 중요한 역할을 하고 있다. 그리고 우주 안의 암흑에너지 비율과 뇌 안의 물의 비율이 비슷하다 하지만, 물은 뇌를 팽창시키지 않는다(만일 뇌가 팽창한다면, 그건 뇌의 주인에게는 나쁜 소식이다).

우주와 뇌 사이의 주요한 차이를 만드는 다른 상수는 빛의 속도다. 인간 뇌의 뉴런은 초당 5~50개의 신호를 보낸다. 이 신호 중 대부분(80퍼센트)은 단거리 신호이며 약 1밀리미터 정도밖에 못 간다. 나머지 약 20퍼센트의 신호는 장거리 신호로서 뇌의 다양한 부분들을 이어준다. 우리는 이 둘을 모두 고려해야 한다. 우리 뇌의 신호들은 초당 100미터를 이동하고, 이는 빛의 속도보다 수백만 배는 느린 속도다. 이 신호도 정말 느리지만, 통증 신호는 이보다도 더 느려 초당 약 1미터밖에 이동하지 못한다. 최근에 나는 발을 쳐다보던 중에 문에 발가락을 부딪힌 적이 있었다. 그 순간 이런 생각이 들었다. '흠, 이거 꽤 아프겠는데.' 그런 다음에야 통증 신호가 뇌에 도달했다.

어쩌면 우리 우주는 아인슈타인보다 더 똑똑해서 빛보다 빠르게 신호를 전할 방법을 알아냈는지도 모른다. 그러나 그런 추측은 일단 옆으로 치워두고 지금은 정립된 물리학을 고수하기로 하

자. 우주의 현재 지름은 약 900억 광년이다. 이 말은 가설상의 우주-뇌가 반대편에서 일어나는 일을 알고 싶다면, 그 '생각'이 도착하는 데 적어도 900억 년이 걸린다는 뜻이다. 우리와 가장 가까운 은하단-뉴런(M81 그룹)으로 신호 하나를 보내려면 빛의 속도로 날아가도 약 1100만 년이 걸린다. 우주가 지금까지 평생에 걸쳐 가장 가까운 뉴런들한테만 교신을 한다 해도 기껏해야 1,000번 정도의 정보 교환이 가능했을 것이다. 원거리 연결은 아예 논외로 하더라도, 우리 뇌에서는 고작 3분 정도면 처리할 수 있는 일이다. 그리고 우주가 자체적으로 연결될 수 있는 능력은 팽창과 함께 계속 감소할 테니, 지금부터 계속해서 내리막길을 걷게 될 것이다.

요점은, 만일 우주가 정말로 생각을 하고 있다면 생각을 아주 많이 하지는 않는다는 것이다. 우주가 존재하기 시작한 이후로 생각할 수 있었다 해도 우주의 어마어마한 크기로 인해 사고량은 제한적일 수밖에 없다. 그래서 크기는 중요하다. 크기에 따라 물리가 달라지기 때문이다. 만일 생각을 많이 하고 싶다면 모든 것을 작고 조밀하게 유지하는 게 도움이 된다.

***

우주 전체가 우리는 아직 모르는 어떤 방식으로 연결되어 있을 수 있는지, 빛의 속도 한계를 극복하고 상당한 규모의 사고를 할 수 있는 방식이 존재할지는 여전히 의문이다. 이런 식의 연결로 종종 양자역학의 얽힘이 물망에 오르곤 한다. 얽힘은 먼 거리까지 확장될 수 있는 비국소적 양자 연결이다.

얽힌 입자들은 측정 가능한 성질을 공유하지만, 측정하기 전에는 어떤 입자가 어떤 부분을 가지고 있는지 모른다. 어느 큰 입자를 하나 가지고 있고 이 입자의 에너지를 알고 있다고 가정해보자. 이 입자가 2개의 작은 입자들로 붕괴해서 하나는 왼쪽으로, 하나는 오른쪽으로 날아간다. 우리는 전체 에너지가 보존되어야 한다는 건 알지만, 붕괴의 결과물들이 어느 부분을 어떻게 가지고 날아갔는지는 모른다. 이 두 입자는 서로 얽혀 있다. 전체 에너지에 대한 정보는 둘 사이에 분포되어 있다. 양자역학에 따르면, 작은 입자들 중 어느 한쪽이 전체 에너지 중 얼만큼을 가지고 있는지는 측정을 하는 순간에만 결정된다. 그러나 작은 입자들 중 하나의 에너지 몫을 측정하면, 다른 작은 입자의 몫도(이 입자는 아주 멀리 날아가 있을 수 있다) 그 순간 즉시 결정된다.

그렇다면 이걸 빛보다 빠른 신호처럼 사용할 수 있을 것 같기도 하다. 그러나 이 측정으로는 보낼 수 있는 정보가 없다. 결과가 무작위이기 때문이다. 입자 중 하나를 측정한 실험자는 자신이 특정한 결과를 얻을 것이라고 확신할 수 없고, 그래서 다른 입자에 정보의 특징을 부여할 메커니즘이 없다.

얽힘이 먼 거리에 걸친 즉각적인 연결이라는 아이디어는 수많은 과학 신화를 낳는 데 비옥한 바탕이 되었다. 2년 전에 한 토론

회에 참석한 적이 있는데, 그때 함께 나온 분은 당시 공룡에 관한 책을 막 출간한 저자였다.* 아마도 고생물학이 물리학과 매우 가까운 학문이라서 함께 초대되었나 보다. 사회자는 공룡에서 양자역학으로의 이행을 최선을 다해 설명하려 하면서, 나에게 공룡이 우주 전반에서 운석과 얽혀서 파멸의 운명을 맞이했을 가능성도 있는지 물었다.

이 이행은 상을 받아도 좋을 만큼 기발하지만, 물리학을 조금만 들여다봐도 이 아이디어는 앞뒤가 맞지 않는다. 먼저 앞에서 논의한 대로, 양자 효과는 여러분과 나, 공룡, 운석 같은 큰 물체에서는 놀랍도록 재빠르게 씻겨나간다. 실제로 양자 효과가 쉽사리 잘 깨진다는 점만 잘 알고 있어도 양자 유사과학의 99퍼센트를 걸러낼 수 있다. 공기로 집을 지을 수 없는 것처럼 양자 얽힘으로 병을 고칠 수도 없고, 얽힘으로 공룡의 멸종을 설명할 수도 없다.

그러나 이보다 더 중요한 건, 양자역학의 얽힘이 실제보다 훨씬 더 신비롭게 묘사된다는 것이다. 실제로 얽힘은 비국소적이지만, 생성되는 것은 여전히 국소적이다. 내가 쿠키를 쪼개서 반쪽을 당신에게 주면, 이 두 개의 반쪽은 공간적으로는 분리되어 있더라도 쪼개진 단면은 서로 맞기 때문에 비국소적으로 상관관계가 있다. 얽힘은 이런 식의 비국소적 연결인데, 쿠키의 상관관계

- 리사 랜들은 아니다.

보다 정량적으로 훨씬 더 강력하다.

나는 얽힘의 의미를 가볍게 다루고 싶지 않다. 양자 상관성이 비양자 상관성과 다르기 때문에 양자컴퓨터가 통상적인 컴퓨터보다 어떤 연산을 더 빠르게 수행할 수 있는 것이다. 그러나 이 연산이 더 좋은 것은 양자 상관성이 비국소적이어서가 아니라, 얽힌 입자들이 몇 가지 일을 동시에 할 수 있기 때문이다(경고하자면 이는 수학을 언어적으로 서술한 것이다. 우리 언어로는 이를 더 적절하게 서술할 방법이 없다).

이 얽힘이 양자역학을 '기이하게' 만드는 원인이라고 생각하는 사람들이 많다. 내가 볼 때 그렇게 생각하게 된 주요 원인은 얽힘이 소개될 때마다 거의 항상 아인슈타인의 명언인 '원거리 유령 작용'이 동반되기 때문인 것 같다. 실제로 아인슈타인은 양자역학을 언급할 때 이 표현을 사용했다[101](독일어로는 "spukhafte Fernwirkung"이다). 그러나 그 대상은 얽힘이 아니었다. 아인슈타인이 가리킨 것은 파동함수의 환원이었다. 그리고 파동함수의 환원은 실제로 비국소적이다. 그걸 실제 물리적 과정이라고 생각한다면 말이다.

오늘날의 물리학자들 대부분은 파동함수의 환원을 물리적 과정이라고 생각하지 않는데, 실제로 무슨 일이 일어나고 있는지는 확실히 모른다. 펜로즈가 지적했듯이[102], 이것이 자연에 관한 우리의 이해에 난 구멍이다. 그리고 이것은 과거 수십 년 간 물리학자들이 진짜 비국소성 아이디어를 가지고 만지작거렸던 수많은 이유 중 하나일 뿐이다. 그들은 단순히 비국소성 얽힘뿐만 아니라,

정보가 먼 거리를 두고 빛보다 빠르게 즉각적으로 전송될 수 있는 실질적인 비국소적 연결을 믿었다.

이것은 반드시 아인슈타인의 이론과 충돌하지는 않는다. 아인슈타인의 특수상대성과 일반상대성이론이 빛보다 빠른 운동을 금지하는 것은 아니다. 그보다는 물체가 빛의 속도보다 느리게 움직이다가 빛보다 더 빨라질 수 있는 가속이 금지되어 있는데, 그 이유는 그러려면 무한의 에너지를 잡아먹기 때문이다. 그러므로 빛의 속도는 한계가 아니라 장벽이다.

빛보다 빠른 운동이나 신호가 반드시 인과 관계의 역설로 이어지는 것은 아니다. 인과 관계의 역설이란, 누군가 과거로 거슬러 시간 여행을 가서 자기 할아버지를 죽이면 그 사람은 영원히 태어나지 못하게 되고 따라서 시간을 거슬러 과거로 시간 여행을 갈 수 없는 역설을 말한다. 그런 인과 관계의 역설은 빛보다 빠른 여행이 가능할 때 특수상대성이론에서 발생할 수 있다. 어느 관찰자가 보기에 빛보다 빨리 움직이는 사물은 다른 관찰자에게는 마치 과거로 거슬러 가는 것처럼 보일 수 있기 때문이다. 그러므로 특수상대성이론에서는 항상 빛보다 빠른 운동과 시간을 거스르는 운동을 모두 얻을 수 있고, 인과 관계의 역설로 향하는 문을 활짝 열어젖힌다.

그러나 일반상대성이론에서는 인과 관계 문제가 발생할 수 없다. 우주가 팽창하면서 시간을 한 방향, 즉 순방향으로 고정시키기 때문이다. 시간의 순방향은 엔트로피가 증가하는 방향과 관련되어 있다. 둘 사이의 정확한 관계는 아직은 불분명하지만, 지금은 그게 중요한 게 아니다. 중요한 건 우주가 시간에 대하여 순방향만 가지고 있다는 것이다. 이런 이유로 비국소성과 빛보다 빠른 신호 전송은 아인슈타인의 원리와 충돌하지도 않고 반드시 비물리적인 것도 아니다.

그렇지만 만일 그런 것이 존재한다면 우리가 현재 가지고 있는 이론의 몇몇 문제를 해결할지도 모른다. 예를 들어, 블랙홀에서 정보가 소멸되는 것처럼 보이는 문제가 있다. 이 문제는 양자역학과 일관되지 않는다(2장 참고). 블랙홀의 지평은 빛을 가두고 모든 것은 빛보다 느리지만, 비국소적 연결은 지평을 가로지를 수 있다. 이로써 정보는 탈출할 수 있고[103] 문제는 해결된다. 그리고 일부 물리학자들은 암흑물질이 엉뚱한 책임을 덮어쓰고 있다는 제안도 내놓았다. 우주에는 일반 물질만 있고 그 중력의 끌어당김은 시공간의 비국소적 연결 때문에 배가되고 확산된다는 것이다.

이런 주장들은 경험적으로 뒷받침되지 않는 추정이고, 내가 이 아이디어들을 열렬히 지지한다고는 말할 수 없겠다. 이 얘기를 소개하는 이유는 다만 물리학자들이 우주로 퍼져나가는 비국소적 연결을 진지하게 고려했다는 것을 알려주기 위해서다. 그들의 주장은 설득력이 없다. 그러나 명백히 틀린 것도 아니다.

이런 비국소적 연결은 어디에서 비롯된 것일까? 한 가지 가능성은 기하 창조가 남긴 유물이라는 것이다. 2장에서 간단히 살펴보았듯이, 기하 창조는 우주가 근본적으로 아인슈타인 이론의 매

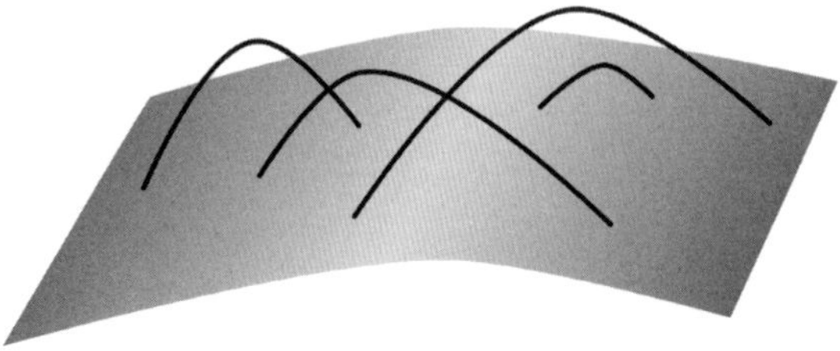

그림 15 공간(회색) 안의 비국소적 연결(검은색)은 마치 미니어처 웜홀처럼 작동한다. 한쪽 끝에서 다른 쪽 끝으로 여행하는 동안 시간은 흐르지 않는다.

끄러운 공간을 단순하게 근사한 네트워크라는 아이디어다. 그런데 초기 우주의 네트워크로부터 시공간의 기하가 창조되었을 때, 그 안에 결함이 남았을 수도 있다.[104] 다시 말해 포티니 마르코풀루Fotini Markopoulou와 리 스몰린이 2007년에 지적했듯이, 오늘날 공간이 비국소적 연결로 흩뿌려져 있게 된 것이다(그림 15).

이런 비국소적 연결은 일반적으로 떨어진 두 위치를 연결하는 지름길로, 작은 웜홀처럼 생각할 수 있다. 이 비국소적 연결은 인간이나 심지어 기본 입자들에게도 너무 작아서 통과할 수 없다. 이 연결의 지름은 고작 10^{-35}미터밖에 되지 않는다. 그리고 이런 연결은 엄청나게 많다. 마르코풀루와 스몰린은 우리 우주에 이런 연결이 약 10^{360}개 가량 포함되어 있을 것으로 추산한다. 인간의 뇌와 비교해보자면 뇌에는 겨우 10^{15}개밖에 들어 있지 않다. 아무튼 이런 연결은 비국소적이기 때문에, 그것이 공간 전체에 퍼져 있다는 점은 크게 중요하지 않다.

나는 비국소적 연결들이 실제로 존재한다고 생각할 수 있는 특정한 이유를 찾지 못했다. 혹 존재한다면 우주는 진짜로 생각할 수도 있다. 그런 가능성을 배제할 근거는 없다. 미친 소리처럼 들리겠지만, 우주가 지성을 가지고 있다는 생각은 지금까지 알려진 모든 사실과 양립할 수 있다.

입자 안에 우주가 담겨 있는가

앞 절에서 우리는 자연법칙이 규모에 의존한다는 것을 보았다. 다시 말해 물리적 과정은 사물의 크기에 따라 변한다. 그러나 이런 무척도성 중에서 우리에게 낯익은 형태가 하나 있다. 바로 프랙털이다. 코흐 눈송이Koch snowflake를 예로 들어보자. 이 도형은 정삼각형에 그보다 작은 정삼각형을 계속 붙여나가면서 만들어지는데, 그림 16a에 잘 나와 있다. 삼각형을 무한히 계속 더해나가면 프랙털을 얻을 수 있다. 프랙털의 면적은 유한하지만 둘레의 길이는 무한하다.

엄밀히 말하면 코흐 눈송이는 무척도는 아니다. 이를테면 모서리 중 하나에 맞춰 확대하면 모양이 바뀐다. 그러나 정확한 수준으로 확대하면 패턴은 정확하게 반복된다(그림 16b). 확대를 계속해도 패턴은 계속해서 반복된다. 이런 코흐 눈송이는 '이산형 척도 불변discrete scale-invariance'이라고 말한다. 패턴은 모든 상황이 아

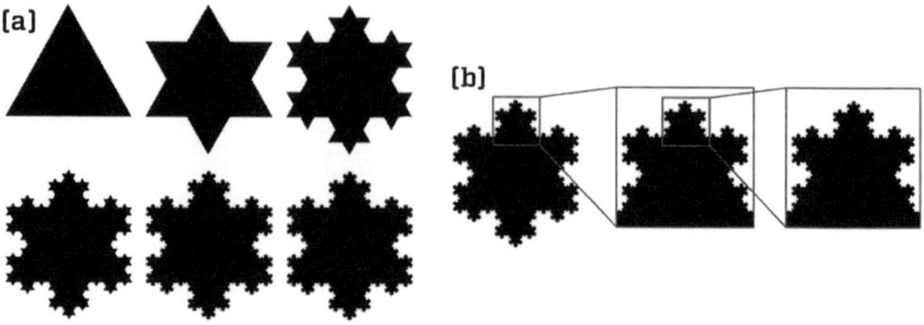

그림 16 (a) 코흐 눈송이는 삼각형 위에 작은 정삼각형을 무한히 계속 더해나가면서 만들어진다. (b) 코흐 눈송이 위의 삼각형 패턴은 오른쪽의 확대한 부분에서도 정확히 똑같은 모양으로 반복된다.

니라 특별한 확대 수준에 대해서만 반복한다. 만일 우리 우주가 무척도가 아니라면, 그 대신 이산형 척도 불변성을 가지고 있지는 않을까? 그래서 입자 하나하나에 우주 전체가 들어 있지는 않을까? 어쩌면 우리 안에도 문자 그대로의 우주가 있을지도 모른다. 수학자이자 사업가[105]인 스티븐 울프람Stephen Wolfram은 이에 관해 이런 생각을 했다. "[어쩌면] 플랑크 규모•까지 내려가면 우리 우주가 지금의 모습처럼 돌아가도록 모든 것을 설정한 온전한 문명을 발견할지도 모른다."

이 아이디어가 성립하려면, 확대 과정에서 구조들이 정확히 반복될 필요가 없다. 더 작은 우주는 다른 기본 입자로 만들어질 수 있고 또는 다른 자연 상수를 가질 수도 있다. 그렇다 하더라도,

• 약 10^{-35}미터다.

입자물리와 양자역학에 대해 이미 알려진 내용과 양립하는 아이디어를 만들기는 쉽지 않다.

일단 먼저, 기본 입자들 안에 여러 가지 수많은 구성으로 나타날 수 있는 미니 우주들이 속해 있다면, 왜 우리가 보는 기본 입자들은 겨우 25개밖에 되지 않는가? 왜 수십억 개가 아닌가? 더 최악인 것은, 알려진 입자들이 더 작은 입자들로 만들어져 있다고(또는 입자를 포함하는 별들을 포함하는 은하로 만들어졌다고) 추정하는 것만으로는 앞뒤가 맞지 않는다. 그 이유는 구성 입자들(또는 은하, 또는 그밖의 무엇이든)의 질량이 합성 입자의 질량보다 작아야 하기 때문이다. 질량은 양수이고 계속 더해질 수 있다. 다시 말해 새 입자들의 질량은 더 작아야 한다는 뜻이다.

그런데 입자는 가벼울수록 입자가속기에서 더 쉽게 만들어진다. 입자를 만들기 위해서는, 입자 충돌의 에너지가 입자의 질량과 등가인 에너지($E=mc^2$)에 도달해야 한다. 그래서 일반적으로 입자는 질량이 작은 순으로 먼저 발견된다. 실제로 역사적으로 기본 입자들이 발견된 순서를 보면, 더 무거운 것이 가장 나중에 발견되었음을 알 수 있다. 따라서 각각의 기본 입자들이 더 작은 것으로 만들어졌다면, 우리는 이미 오래전에 그것을 발견했을 것이다.

이 문제를 회피하는 방법은, 새 입자들이 서로 강하게 결합되어서 입자들의 자체 질량은 작아도 그 결합을 깨는 데 많은 에너지가 든다고 하면 된다. 실제로 양성자 안에서 쿼크를 결합시키는 강한 핵력이 이런 식으로 작동한다. 쿼크는 질량이 작지만 발견하기가 매우 어려운데, 그 이유는 결합된 쿼크를 떼어내려면 엄청난 에너지가 필요하기 때문이다.

지금까지 알려진 기본 입자들 중에 그보다 더 작은 입자들이 이렇게 강하게 결합하여 만들어졌다는 증거가 있는 입자는 없다. 그래도 물리학자들은 분명히 이 문제를 고민했고, 이렇게 강력한 결합으로 쿼크를 구성할 수 있는 가상의 입자에게 프레온preon이라는 이름도 지어주었다. 그러나 이 입자를 설명하기 위해 제안된 모형•은 거대 강입자 충돌기에서 수집한 데이터와 맞지 않았고, 오늘날 대다수의 물리학자는 이 아이디어를 포기했다. 복잡한 모형들 중에는 아직 살아남은 것도 있지만, 어쨌든 그런 강한 결합으로 이루어진 입자로는 우리 우주와 비슷한 것을 만들어낼 수 없다. 우리가 관측하는 우주와 비슷한 구조를 얻으려면 먼 거리 힘(중력)과 단거리 힘(강한 핵력) 모두의 협업이 필요하다.

미니 우주가 관측과 양립할 수 있도록 하는 또 다른 설명은 미니 우주를 구성하는 입자들이 우리에게 알려진 입자들과 아주 약한 상호작용만 하고, 그래서 일반 물질은 이 입자를 그냥 통과해 지나간다고 하는 것이다. 이런 경우에도 입자들을 입자 충돌기에서 만들어낼 가능성은 희박하고, 입자들은 검출기에 걸리지 않고 빠져나갈 것이다. 기본 입자인 중성미자도 그와 같은 원리로

• 이런 이론을 테크니컬러모형technicolor model이라고 한다.

질량이 작은데도 불구하고 다른 무거운 입자들보다 더 나중에 발견되었었다. 중성미자는 상호작용을 하는 경우가 극히 드물어서 대부분은 검출기에 신호를 남기지 않고 그냥 통과해버린다. 그러나 이렇게 약한 상호작용을 하는 가벼운 입자로 미니 우주를 만들고 싶어도, 또 다른 문제가 생긴다. 그런 입자가 있다면 우리 우주의 초기 단계에서 엄청난 양이 생성되었어야 하고(실제로 중성미자들은 그랬다) 우리는 그에 대한 증거를 찾았어야 한다. 안타깝게도 우리는 그런 증거를 찾지 못했다.

보다시피, 관측 내용에 모순 없이 다른 무언가(입자든 미시 은하든)로 기본 입자들을 만들 방법을 고안하기가 그렇게 만만치 않다. 그래서 입자물리학의 표준모형이 지금까지 오랫동안 그 자리를 지킬 수 있었다.

이미 알려진 입자 안에 새로운 입자를 집어넣으려는 아이디어에는 또 다른 문제가 있다. 바로 하이젠베르크의 불확정성 관계다. 양자역학에서는 입자의 질량이 작을수록 한정된 좁은 공간 안에, 이를테면 다른 기본 입자 내부에 제한시키기가 더 어려워진다. 만일 기본 입자 안에 질량이 작은 새 입자들을 채워 넣어서 미니 우주를 만들려 한다면, 작은 입자들은 양자 터널링(입자가 에너지 장벽을 뚫고 통과하는 양자 현상—옮긴이)을 통해 탈출해버릴 것이다.

이 문제도 피해 갈 방법이 있다. 기본 입자들의 내부에 넓은 공간이 있다고 추정하는 것이다. 마치 드라마 〈닥터 후Doctor Who〉의 타디스처럼, 입자도 밖에서 보이는 것보다 안쪽이 훨씬 더 넓

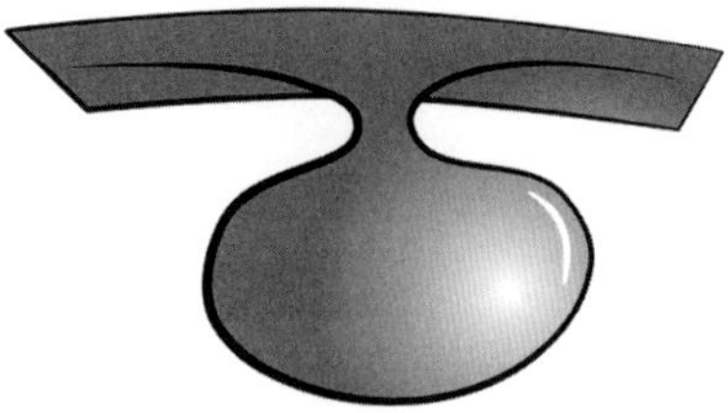

그림 17 휠러의 '황금 자루', 또는 아기 우주는 밖에서 보면 작아 보이지만 안쪽은 크다.

은 것이다. 미친 소리처럼 들린다는 거, 나도 안다. 그러나 실제로 가능한 일이다. 일반상대성이론에서는 시공간을 아주 많이 휘어지게 해서 가방처럼 만들 수 있다(그림 17). 이 가방은 겉면적은 아주 작지만(즉 밖에서 보기에는 작아 보이지만) 그 안쪽 부피는 아주 크다. 물리학자 존 휠러[106]('블랙홀'과 '웜홀'이라는 이름을 지어준 사람)는 이것을 "황금 자루"라고 불렀다(그가 지은 이름 중에서는 그렇게 인상적이지는 않다.)

문제는, 이게 불안정하다는 것이다. 이런 구조는 입구가 곧 차단되면서 블랙홀 또는 단절된 '아기 우주'를 생성하게 된다. 이 아기 우주에 관해서는 다음 인터뷰에서 살펴보겠지만, 이런 우주들은 우리 공간 안에 머물지 않기 때문에 기본 입자가 될 수 없다. 그리고 기본 입자들이 블랙홀이라면, 이것 역시 증발하고 곧바로 사라져버리게 된다. 이런 현상은 기본 입자에서는 한 번도 본 적 없을 뿐 아니라, 타당성이 입증된 보존 법칙에 어긋나는 과정이기도 하다. 혹 증발을 막을 방법을 어떻게든 발견했다고 해도, 블랙홀은 더 큰 블랙홀로 병합될 수 있다. 이는 기본 입자에서 관측된 행동과 양립할 수 없는 현상이다.

어쩌면 이런 문제를 모두 극복할 방법이 있을지도 모르겠지만, 적어도 나는 아는 바가 없다. 그러므로 나는 입자 안에 우주가 있다는 아이디어는 현재 알려진 자연법칙과 양립할 수 없다는 결론을 내린다.

전자는 의식이 있는가

이제 범심론汎心論 얘기를 할 차례다. 범심론은 모든 물질(생물이든 무생물이든)이 의식이 있다는 아이디어다. 인간은 어쩌다 보니 당근보다 조금 더 의식 있는 존재가 된 것이다. 범심론에 따르면 의식은 어디에나, 심지어 가장 작은 기본 입자에도 있다. 이 아이디어는 대안 의학 지지자인 디팩 초프라Deepak Chopra, 철학자 필립 고프Philip Goff, 신경과학자 크리스토프 코흐Christof Koch 등이 주도적으로 홍보하고 있다.[107] 지지자들의 면면에서 알 수 있듯이, 이 가설에는 온갖 분야의 사람들이 다 모여 있다. 아무튼 내가 최선을 다해 정리해보겠다.

먼저 우주의 역사 전체에서, 물리적 과정을 거치지 않고 나온 생각은 단 한 건도 없었음을 주목하자. 따라서 의식이 (또는 이 문제에 관해서라면 다른 어떤 것도) 비물리적이라고 생각할 이유는 전혀 없다. 우리는 '의식'을 정확히 어떻게 정의할지, 또는 의식이 작동하려면 뇌의 어떤 기능이 정확히 필요한지 아직 모른다. 그러나 의식은 물리적 시스템에서만 배타적으로 발견되는 성질이다. 우리는 오직 물리적 시스템만 관찰하기 때문이다. 혹시 본인의 사고는 예외라고 생각하는 분이 있다면, 그런 생각을 한번 뇌 없이 해보시기 바란다. 행운을 빈다.

범심론은 이원론 문제의 해결책으로 제안되었다. 이원론은 마음과 물질을 온전히 별개의 것으로 다룬다. 앞서 말했듯이 이원론은 틀린 얘기는 아니지만, 물질로부터 마음을 분리하더라도 우리가 인식하는 현실에 아무런 영향을 미치지 못한다. 따라서 이원론은 확실히 무과학적인 아이디어다. 범심론은 의식이 모든 물질에 다 포함된 기본 성질이며 어디에나 있다고 선언함으로써 이 문제를 극복하려 한다.

범심론에서, 입자들은 모두 원시 의식proto-consciousness을 가지고 있고 가장 기본적인 경험을 한다. 환경에 따라, 그러니까 인간의 뇌 같은 환경에서는, 원시 의식이 서로 결합해 적절한 의식을 낳는다. 이쯤 되면 왜 물리학자들이 이 아이디어에 동의하지 않는지 짐작이 갈 것이다. 물질의 기본 성질들은 우리의 전문 영역이다. 만일 기본 성질에 뭘 더하거나 바꿀 방법이 있다면, 우리가 알 것이다.

물론 물리학자들은 편협하기로 소문이 나 있다. 그러나 우리가 이런 말을 듣는 이유는 오래 전에 미친 짓거리들을 해보려 노력했기 때문이다. 그리고 이제 더 이상 그런 짓을 안 하는 이유는 이제는 그게 먹히지 않는다는 걸 이해했기 때문이다. 누군가는 그것을 편협함이라고 부른다. 우리는 그것을 과학이라 부른다. 우리는 발전했다. 그래서 기본 입자들이 생각할 수 있는가? 아니, 못한다. 이 가설은 증거와 충돌한다. 그 이유는 다음과 같다.

표준모형의 입자들은 성질에 따라 분류되며, 이 성질들을 통틀어 '양자수'라고 부른다. 전자를 예로 들면, 전자는 전하 값이 -1이고, 스핀 값은 $+\frac{1}{2}$ 또는 $-\frac{1}{2}$을 가질 수 있다. 복잡한 이름을 가진 양자수, 이를테면 약한 초전하weak hypercharge 같은 양자수도 몇 가지 더 있지만, 그것들의 이름은 중요하지 않다. 중요한 건 이 양자수가 몇 개 안 되고 이것이 기본 입자들의 고유한 유형을 부여한다는 것이다.

이제 특정 유형의 새로운 입자들이 입자 충돌에서 몇 개나 생성되는지 계산한다면,• 그 결과는 생성되는 입자의 변종이 몇 가지인지, 특히 양자수가 어떤 값을 취할 수 있는지에 따라 달라진다. 이것이 바로 양자역학이고, 무엇이든 일어날 수 있는 일은 일어날 것이기 때문이다. 하나의 입자에 여러 변종이 존재한다면 그 변종들은 우리가 구분할 수 있거나 없거나 상관없이 모두 다 생성될 것이다.

전자들이 어떤 식으로든 경험을 한다면, 그 경험이 얼마나 기

• 다중도multiplicity.

초적인지와는 상관없이 전자들은 몇 가지 서로 다른 다중의 내부 상태를 가져야 한다. 그런데 실제로 전자가 그런 상태를 가진다면 오래전에 이미 발견되었을 것이다. 이 상태가 충돌에서 만들어지는 입자들의 개수를 바꾸기 때문이다. 우리는 여태 그런 것을 보지 못했다. 따라서 전자는 생각하지 않고, 다른 기본 입자들도 생각하지 않는다. 이 가설은 데이터와 양립할 수 없다.[108]

이 같은 결론을 피하기 위해 몇 가지 창의적인 방법들이 고안되었고, 나는 그것들을 모두 들어보았다. 일부 범신론자들은 경험하는 데 다양한 내부 상태가 꼭 필요하지는 않다고 주장한다. 원시 의식은 특징이 없기 때문이다. 그 말이 옳다면 입자가 '경험'을 한다는 주장도 의미가 없다. 같은 논리로 달걀이 업보가 있다고 주장할 수도 있는데, 그 업보는 볼 수도 없고 특별한 성질도 없기 때문이다.

다음 주장은, 기본 입자들 안에서는 다양한 내부 상태가 보이지 않고, 의식은 다수의 입자들이 모였을 때만 중요해진다는 것이다. 이 주장 역시 문제를 해결하지 못한다. 그러려면 이제는 이 의식의 조합이 어떻게 발생했는지 설명해야 하기 때문이다. 특징 없는 원시 의식들이 어떻게 결합했길래 갑자기 특징 있는 의식이 생겨난단 말인가? 철학자들은 이것을 범심론의 '조합 문제combination problem'라고 부른다. 맞다. 이건 정말 문제다. 실제로 원시 의식이 물리적으로 특징이 없다면, 이 문제는 기본 입자들의 결합이 어떻게 의식이 있는 시스템을 만들어내는지를 이해하는 것과 정확히 같은 문제가 된다.

마지막으로(그리고 이 주제에 대한 나의 논의가 향하는 결론이 될 텐데), 원시 의식은 측정할 수 있는 성질을 전혀 가지고 있지 않고, 관측이 가능한 유일한 결과가 일반적인 의식으로 결합된다고 가정하는 것이다. 이 가설은 증거와 충돌하지 않는다는 의미로는 괜찮다. 그러나 이제 우리에게 남은 것은 관찰할 수 없는 의식들이 온 사방에 흩어져 있는 기이한 버전의 이원론이다. 이것은 구조적으로 쓸모도 없고 관측 내용을 설명하는 데 필요도 없다. 따라서 다시 무과학으로 귀결된다.

요약하자면, 의식이 물리적인 '것'이 되기를 원한다면 그것의 물리가 어떻게 돌아가는지를 설명해야 한다. 양손에 케이크를 들고 있기를 원하면서 동시에 먹고 싶어 하면 안 된다.

* * *

지금까지 범심론이 왜 틀렸는지를 이야기했으니, 왜 맞는지도 설명해보겠다.

내가 볼 때 의식에 관한 가장 합리적인 설명은, 어떤 (뇌 같은) 시스템이 정보를 처리하는 과정과 의식이 관련이 있다고 하는 것이다. 이 과정을 정확히 어떻게 정의하는지는 모르지만, 이게 옳다면 의식이 이진법 기반이 아님은 거의 확실하다. 의식은 온오프도 아니고, 양자택일의 성질도 아니고, 연속성을 갖는다. 어떤 시스템은 좀 더 의식적이고 또 어떤 시스템은 덜 의식적일 수 있다. 어떤 과정은 정보를 더 많이 처리하고 어떤 것은 덜 처리하기 때문이다.

우리는 일반적으로 의식을 이런 식으로 생각하지 않는다. 일상생활에서는 이진 분류로도 충분하기 때문이다. 현실적인 목적에서는 물질을 도체와 부도체로만 나누어도 충분하지만, 엄밀히 말해서 완벽한 부도체는 존재하지 않는 것과 비슷하다.

그러나 어떤 시스템이 의식을 가지려면 최소한의 크기가 있어야 한다. 정보를 처리할 무언가가 있어야 하기 때문이다. 나누어지지 않고 내부적인 특징이 없는 사물(이를테면 전자)은 이런 일을 할 수 없다. 이 단절이 정확히 어디에서 일어나는지 나는 모르겠다. 아마 누구도 모를 것 같다. 그러나 그런 것이 반드시 있어야 한다. 기본 입자들의 성질은 이미 대단히 정확하게 측정이 되었고 입자들은 생각을 못 하기 때문이다. 이는 앞에서 이미 논의한 내용이다.

이 범심론 개념은 앞서 논의한 것과는 다르다. 이 범심론은 물리학의 기본 바탕을 바꿀 것을 요구하지 않는다. 그 대신 의식은 이미 알려진 물질의 구성 요소로부터 약하게 발현한다. 그렇다면 우리의 도전 과제는 정확히 어떤 환경에서 의식이 발현되는지를 밝혀내는 것이다. 이것이 진정한 '조합의 문제'다.

이렇게 물리와 호환될 수 있는 범심론에 관해 다양한 접근법이 있지만, 지지자들이 모두 '범심론'이라는 이름에 열광하는 것은 아니다. 앞서 등장했던 크리스토프 코흐는 범심론자라는 타이틀을 수용한 사람들 가운데 하나다. 코흐는 통합 정보 이론integrated information theory, 줄여서 IIT라고 하는 이론을 지지하는 연구자 중 하나인데, 이 이론은 현재 의식에 대한 수학적 접근법 가운데 가장 인기가 높다. 이 이론은 2004년에 신경과학자 줄리오 토노니Giulio Tononi가 제안한 것이다.[109]

IIT에서, 각 시스템에는 숫자 Φ(그리스 대문자 파이)가 부여된다. 파이는 '통합 정보'이며 의식의 척도라고 추정된다. 시스템이 정보를 처리하는 과정에서 정보 분산이 좋을수록 파이 값은 더 커진다. 파편화되어 있고 계산하는 부분들이 많이 분리되어 있는 시스템은 많은 정보를 처리할 수 있지만, 이 정보들은 통합되어 있지 않다. 따라서 파이는 작다.

예를 들어 디지털카메라는 수백만 개의 광 수용체를 갖고 있다. 카메라는 엄청난 양의 정보를 처리한다. 그러나 전체 시스템의 부품들이 함께 일하는 부분은 별로 많지 않다. 따라서 파이가 작다. 반면 인간의 뇌는 대단히 잘 연결되어 있고 뇌의 이 부분에서 저 부분으로 신경 자극도 꾸준히 이동한다. 따라서 파이가 크다. 적어도 이건 괜찮은 아이디어다. 그러나 IIT도 자체적인 문제가 있다.

그중 하나는 파이를 계산하는 데 터무니없을 만큼 시간을 잡아먹는다는 것이다. 파이를 계산하려면 하나의 시스템을 가능한 모든 방법으로 쪼갠 다음 그 부분들 사이의 연결을 일일이 다 계산해야 한다. 그러려면 엄청난 연산력이 필요하다. 시냅스가 고작 300개밖에 되지 않는 벌레의 뇌의 파이를 계산하려면 최첨단 컴퓨터로도 수십억 년이 걸린다는 추정 결과가 있다.[110] 그래서 인간의 뇌를 대상으로 실제로 수행된 파이 측정에서는 통합 정보를 대폭 단순화시켜 정의한다. 이를테면 가능한 부분들 사이의 연결을 전부 계산하는 대신 몇 부분으로 크게 나누어 그 사이의 연결을 계산하는 식이다.

이렇게 단순화된 정의도 어느 정도는 의식과 관련이 있지 않을까? 글쎄다. 일부 연구에서는 그렇다고 주장했다. 그리고 또 어떤 연구에서는 그렇지 않다고 주장했다. 『뉴 사이언티스트*New Scientist*』에서는[111] 케임브리지대학교의 대니얼 보Daniel Bor를 인터뷰하고, 이렇게 보도했다. "파이는 이를테면 당신이 잠들거나 마취되었을 때는 감소해야 한다. 그러나 보의 연구 결과를 보면 그렇지 않다는 것이 밝혀졌다. '파이는 증가하거나 동일하게 유지됩니다.' 보는 말했다."

IIT의 또 다른 문제는[112] 컴퓨터 과학자 스콧 아론슨Scott Aaronson이 지적한 것이다. 우리가 고안할 수 있는 단순한 시스템 중에, 수학 문제를 연산하는 과정에서 파이가 굉장히 커지도록 정보를 분산시킬 수 있는 시스템이 있다는 것이다. 이것은 파이가 일반적으로 의식과 특별한 연관성이 없음을 보여주는 사례다.

지금까지 의식 측정을 위해 제안된 척도들이 몇 가지 있다.[113] 예를 들어 뇌의 여러 부분의 활동 사이 상관성의 크기, 또는 뇌가 뇌 자신의 모형 그리고 외부 세계의 모형을 생성해낼 수 있는 능력 같은 것이다. 개인적으로 나는 단 하나의 숫자로 이루어진 척도가 인간의 의식 같은 복잡한 걸 표현할 수 있다는 개념에 대단히 회의적이지만, 지금 중요한 건 그게 아니다. 중요한 것은 작동하는 의식에 대한 척도를 과학적으로 산정할 수 있다는 것이다.

'메리의 방' 이야기도 덧붙이는 것이 좋겠다. 인지가 물리적 현상이 아님을 증명하려는 사람들이 이 문제를 자꾸 나에게 들이밀기 때문이다. '메리의 방'은[114] 철학자 프랭크 잭슨Frank Jackson이 1982년에 제시했던 사고실험이다. 그의 실험에서 메리는 과학자이며 흑백으로 이루어진 방에서 태어나 성장하고 있다. 방 안에서 그녀는 색깔 인지를 학습한다. 그녀는 색의 물리적 현상에 관해 알아야 할 것은 모두 다 알고 색에 대한 뇌의 반응도 전부 알고 있다. 잭슨은 묻는다. "메리가 태어나 자란 흑백 방에서 풀려나거나 방 안에 컬러텔레비전을 넣어주면 무슨 일이 일어날까? 그녀는 무언가를 배울까, 아니면 배우지 못할까?"

잭슨은 메리가 직접 색깔을 감지하면서 새로운 무언가를 배우게 될 것이며, 따라서 색을 감각하는 것은 뇌의 인지 상태와 같지 않다고 주장한다. 그 대신 우리의 마음에는 비물리적인 측면, 즉 감각질qualia이 있다는 것이다.

이 주장의 결점은 잭슨이 색의 인지에 관한 지식과 실제 색 인지를 혼동한다는 것이다. 뇌가 특정 자극에 반응하여 어떤 일을 하는지 아는 것(색 인지 또는 다른 인지)과, 실제로 뇌가 그 반응

을 일으키는 것은 같지 않다. 잭슨도 이후에 자신의 주장을 철회했다.[115]

오늘날 과학자들은 인간이 의식이 있거나 없을 때 뇌 안에서 일어나는 일을 측정할 수 있고, 뇌를 직접 자극하면서 실험을 수행할 수도 있고, 문자 그대로 생각을 읽을 수 있으며, 뇌 대 뇌 인터페이스를 개발하는 초기 단계에 접어들었다. 인간의 인지에서 그 무엇도 비물리적이라는 증거는 지금까지 전혀 없다.

나는 이게 전혀 놀랍지 않다. 의식은 주관적인 경험이라 과학의 연구 대상이 될 수 없다는 생각은 앞뒤가 맞지 않는다. 어차피 지금까지 과학자들이 내내 연구해온 것들이 다 인간의 주관적 경험이기 때문이다. 물론 과학자들은 그게 객관적이라고 믿었을 수도 있다. 그러나 결국 그것은 전부 그들의 머릿속에 있던 것이었다. 그리고 아마도 언젠가 실제로 뇌들을 연결해 유아론 문제를 해결할 때까지는, 여전히 그들의 머릿속에 남아 있을 것이다.

의식 연구에서 '의식'의 만족스러운 정의가 충족해야 하는 성질은 무엇인지, 답을 줄 수 있는 문제는 어떤 것인지, 그리고 무엇을 답으로 간주해야 하는지를 고민하는 데에는 과학철학자들의 조언이 반드시 필요하다. 그러나 의식 연구는 철학의 영역을 떠났다. 이제 의식은 과학 문제다.

“

간단한 답변

현재까지 수립된 자연법칙을 따르면, 우주는 생각할 수 없다. 그러나 물리학자들은 우주에 무수히 많은 비국소적 연결이 있다고 생각한다. 그들의 생각이 맞다면 현존하는 이론의 몇 가지 문제를 해결할 수 있기 때문이다. 이것은 추정을 바탕으로 한 가설이지만, 이 가설이 옳다면 우주는 충분히 빠른 소통이 가능한 채널을 갖게 되고 의식도 가능해질 것이다. 그러나 입자 안에 우주가 있고 이 입자들이 의식이 있다는 아이디어는 증거와 충돌하거나 무과학적이다. 의식은 이진 변수가 아닐 확률이 대단히 높기 때문에, 범심론 중 일부 버전은 물리학과 양립할 수 있다.

우리는 우주를 창조할 수 있을까?

물리학에 관한 대중 과학 기사를 꾸준히 읽는 독자라면 지야 메랄리Zeeya Merali의 글도 한 번쯤 읽어보았을 것이다. 지야는 『사이언티픽 아메리칸』, 『뉴 사이언티스트』, 『디스커버*Discover*』, 『네이처*Nature*』 등 여러 잡지에 글을 게재했다. BBC와 NOVA의 과학 담당 부서와도 함께 작업했다. 지야는 값싼 선정주의에 빠지지 않고도 첨예한 추측성 아이디어들을 잘 다루는 재주를 가졌다. 내가 좋아하는 저자 중 하나다.

지야와 나는 비슷한 시기에 박사 학위를 받았다. 그녀는 2004년, 나는 2003년이었다. 그러나 내가 연구에서 저술로 완벽하게 넘어가지 못하고 이도 저도 아닌 처지에 놓인 반면, 지야는 학위를 받은 후 성공적인 과학 저술가가 되었다. 그녀는 내가 속해 있는 기초문제연구소Foundational Questions Institute에서도 대중 활동을 활발히 하고 있다. 그래서 지난 몇 년간 여러 차례 마주쳤다. 2017년에 지야는[116] 첫 번째 책, 『작은 방 안의 빅뱅: 새로운 우주를 창조하는 여정*A Big Bang in a Little Room*』을 출간했다. 이 책은 우주 창조 방법을 알아내려는 물리학자들의 여정과, 어쩌면 언젠가 정말로 해낼지도 모른다는 내용을 담고 있다.

현재 우리 우주의 기원에 관한 가장 인기 있는 이론(급팽창)에 따르면, 지금 우리 주위에서 보는 모든 것은 우주에 스며들어 있는 급팽창 장의 양자 요동에서 나온 것이라고 한다. 만일 이 급팽창 장이 실제로 존재한다면, 실험실에서도 우주 창조와 유사한 조건을 만들 수 있고 아기 우주를 탄생시킬 수도 있다. 막 생겨난 우주는 급격히 성장해 수도꼭지에서 물방울이 떨어지듯 우리 우주로부터 분리될 것이다. 외부에서 보면, 갓 태어난 우주는 작은 블랙홀과 닮았을 것이다. 이 우주는 몇 분의 1초 정도 지속될 것이고, 우리는 그 안에 누가 사는지, 그들에게 무슨 일이 벌어질지 절대 알 수 없을 것이다.

그런 아기 우주를 탄생시키려면 엄청난 양의 에너지를 좁은 공간 안에 집약시켜야 한다. 이런 일은 가까운 미래에는 불가능하지만, 언젠가는 가능해질 수도 있다. 게다가 물리학자들이 아직 공간과 시간의 양자 행동을 이해하지 못하고 있다는 점도 염두에 두자. 만일 시간과 공간도 양자 요동을 겪는다면, 거대한 에너지를 집약시킬 필요 없이 아기 우주들이 자발적으로 생겨날 수 있다. 다시 말하지만, 양자이론 안에서는 일어날 수 있는 모든 일은 결국 일어날 것이기 때문이다. 만일 시공간이 아기 우주를 탄생시킬 수 '있다면'(수학적으로는 이에 대한 반론은 없는 것 같다) 언젠가, 어딘가에서, 아기 우주는 태어날 것이다.

＊＊＊

나는 런던에서 지야를 만날 생각이었다. 그러나 2020년 초 코로나19 팬데믹으로 여행 계획이 무산되었다. 이 글을 쓰고 있는 2021년 5월, 독일인이 영국을 방문하려면 여전히 열흘의 격리와 2회의 PCR 검사를 거쳐야만 한다. 당일치기로도 충분했을 여행을 이렇게 길고 복잡한 절차에 비싼 비용까지 치르면서 갈 일이 아니었다. 여러분이 이 책을 읽고 있을 무렵에는 마스크, 자가 격리, 굳게 걸어 잠근 국경 같은 것들이 모두의 기억 속에서 희미해졌기를 바란다. 그러나 지금 당장은 마감 시한도 다가오고 있어, 지야에게 스카이프로 인터뷰를 하자고 청했다.

마이크와 스피커 확인을 마치고, 나는 그녀에게도 같은 질문을 던졌다. "종교가 있으신가요?"

"글쎄요." 지야가 말했다. "저 방금 한 달간의 라마단 단식을 끝냈어요. 그 문제는 직접 판단하시죠." 그래서 나는 다음 질문으로 과학자들이 정말로 어느 날 실험실에서 우주를 창조하리라고 믿는지 물었다.

"그걸 제가 어떻게 알겠어요?" 지야는 웃으며 말했다. "전 그냥 그 문제에 관한 글을 쓰는 사람일 뿐이에요. 그 문제를 처음 접했을 때, 그냥 그게 기이하고 재미있는 아이디어라고 생각했어요. 그런 문제를 제기할 수 있다는 게 좋았고, 그런 문제를 생각할 수 있다는 게 좋았어요. 그리고 그게 그냥 터무니없는 생각은 아니거든요. 이 아이디어의 역사는 꽤 길어요. 앨런 거스Alan Guth도 이 문제에 관해 글을 썼고, 안드레이 린데도 글을 썼어요. 우리 우주의 시작을 진지하게 이해하려 노력하면서 나오게 된 생각이에요. 과학적 기반도 있죠. 이들과 다른 과학자들은 우주를 만들 때 필요한 에너지가 무한이 아니라 유한한 양이라는 것을 밝혔거든요. 그러면 이건 이제 공학 문제가 되는 거예요. 아주 복잡하고 미래지향적인 공학 문제요. 하지만 원칙적으로는 가능한 문제죠. 나에겐 무척이나 놀랍고 흥미로운 문제였어요. 하지만 실제로 해볼 만한 일일까요? 그렇진 않을걸요."

가장 낙관적인 추정을 보더라도, 새로운 우주를 창조하려면 약 10킬로그램에 해당하는 순 에너지가 필요하다(다시 말하지만, $E=mc^2$이다!). 새로운 우주가 자라나려면 이만큼의 에너지가 필요하다. 일단 그 정도까지만 키워도 우주는 스스로 더 많은 에너지를 만들어낸다. 팽창하는 시공간은 에너지보존법칙을 위배하기 때문이다.*

10킬로그램이면 별로 커 보이지 않는다. 그러나 세계에서 가

* 불행히도 오늘날에는 이 효과가 매우 작아서 실용적으로 활용할 수는 없다.

장 큰 입자 충돌기에서 입자들을 충돌시킬 때의 에너지도 우주를 만드는 데 필요한 양과 비교하면 10^{24} 규모만큼 적고, 이때 도달하는 온도도 10^{10} 규모만큼 낮다. 우리에게 우주의 시작에 관한 올바른 이론이 있다면, 원칙적으로 우리가 재연해내지 못할 사건은 없다. 그러나 현실적으로는 가까운 미래에 이것을 해낼 방법이 없다.

지야가 나에게 말한다. "우주 창조 연구에 실제로 참여하는 사람들하고 얘기해보면, 이 문제를 수십 년간 생각해온 그런 사람들 말이에요. 그들은 진심으로 언젠가 우주를 만들 수 있을 거라고 생각해요. 그 사람들이 옳을 수도 있죠. 어떤 분들은 여기에 관해 굉장히 낭만적인 그림을 품고 있기도 해요. 하지만 제 생각엔 그게 '가능하다'는 생각 자체가 훨씬 더 흥미로운 것 같아요."

지야는 책을 쓰기 시작했을 때 과학적인 측면에서 이 주제에 접근했고, 실제로 우주를 만들려면 무엇이 필요할지 질문을 던졌다. 그러나 출판사는 이 이야기에서 가장 재미있는 부분은 그게 아니라고 생각했다.

"출판사 사람들이 이렇게 묻더라고요. '이 문제의 어떤 점에 흥미를 느끼신 겁니까? 윤리인가요, 종교인가요? 아니면 도덕적인 측면입니까?' 특이한 경험이었어요." 지야는 회상했다. "왜냐하면 과학 잡지의 특집 기사를 쓸 때는 이런 문제를 다루지 않잖아요. 주로 과학과 지적 추구에 관한 내용을 쓰죠. 하지만 출판사 사람들은 그러는 거예요. '우리가 볼 땐 이게 이 책의 진정한 핵심입니다.' 그래서 생각해봤죠. '그래. 그들은 내가 진정으로 흥미로워 하지만 잘 알지는 못하는 무언가에 관해 이야기할 기회를 준 거야.' 과학자 겸 과학 저술가로서, 피상적으로 얘기하고 싶진 않잖아요. 이 주제는 감히 건드릴 수 없는 금기 같은 것이었어요. 그래서 이 일을 하는 과학자들에게 직접 물어보자고 결심했죠."

지야는 과학자들이 예상했던 것보다 자신들의 연구에서 '엄밀히 따지면 과학적이지는 않은' 측면을 기꺼이 이야기하려 한다는 데 놀랐다.

"처음엔 과학자들이 당황해서 얘기를 많이 안 할 거라고 생각했거든요." 지야가 말했다. "그래서 이 '피상적인' 얘기를 해줄 신학자도 몇 명 섭외했는데 말이죠. 하지만 과학자들과 마주 앉아보니, 그분들이 이 문제를 얼마나 깊이 고민했는지 알고 놀랐어요. 우리가 우주를 만들 수 있다면 우리 우주를 만든 창조주도 있었던 걸까요? 우리는 그걸 알 수 있을까요? 우리가 만든 아기 우주 안에서 어떤 존재가 진화한다면 우리는 그 존재에게 어떤 도덕적 책임을 갖게 될까요? 이외에도 우주론과 양자 기초, 심지어 양자중력을 연구하다 우연히 마주치게 되는 사소한 의문도 있죠. 우주는 의식을 요구할까? 우리는 우리 모두를 아우르는 더 큰 '의식의 장field' 안에 속한 존재일까? 우리에게 자유의지가 있을까? 제가 만났던 과학자들은 그때까지 이런 문제를 대중 앞에서, 가끔은 동료들에게도 드러내놓고 말하지 못했어요. 꼭 종교와 관련된 내용은 아니지만(그분들 중에는 무신론자도 있고, 무신론자처럼 보이는 사람도 있고, 자기를 불가지론자로 정의하는 사람도 있어요) 이런 문제들은 영적인 주제로 분류될 수 있겠죠."

그녀는 예를 더 들었다. "안드레이 린데는 우주론자인데, 우주 안에서 시간이 째깍거리기 시작하려면 반드시 누군가가(이를테면 어떤 '초지성'이나 또는 그냥 무생물 기록 장치 같은 것이) 우주를 관측해야만 하는 건지 의문을 제기했어요. 그분 말로는 양자중력과 초기 우주를 고민할 때 이 문제를 생각했다고 해요. 물리학자 알렉스 빌렌킨Alex Vilenkin은 양자 요동에 의해 우주가 '무無'로부터 창조될 수 있었다는 것을 밝힌 사람으로 유명하죠. 이분은 자신이 말하는 '무'란 시공간도 물질도 없는 것이라고 분명히 명시했어요. 그렇지만 양자 법칙이 어떻게 시작될 수 있었는지는 알 수 없었죠. 그러니까 우주가 실제로 진짜 '무'로부터 태어난 건 아니에요. 그전에 물리와 수학이 있었으니까요.

과학자들은 이런 문제에 관해 기꺼이 말하고 싶어 할 뿐 아니라, 드러내놓고 말할 수 있다는 사실 자체에 위안을 느끼기도 했어요. 이전에는 이런 문제를 공공연하게 얘기하는 게 절대 용납되지 않았으니까요. 토니 지Tony Zee라는 물리학자는 그런 얘기를 하더라고요. 젊었을 때 선배 학자에게 '거대한 질문'에 관해 물었더니 호되게 질책을 당했다고요. 그런 일이 있고는 사람들 앞에서 그런 얘기를 안 하게 됐대요."

그리고 앙투완 수아레즈Antoine Suarez가 있었다. "수아레즈는 양자 연구 기관에 소속되어 자유의지를 연구해요." 지야가 설명한다. "그는 자신의 종교적 신념과 과학을 일치시키기 위해 양자역학이 반드시 이러이러해야 한다는 아이디어들을 가지고 있었어요. 그는 양자역학은 결정론적이어야 한다고 강하게 믿었죠. 그래서 불확정성 같은 것은 없어야 한다고요. 신은 모든 것을 알고 있으니까요. 그리고 그는 양자역학이 자신의 신앙에 의해 주도되고 있다는 걸 증명할 실험을 개발했어요."

그러나 실험 결과는 자연이 기본적으로 결정론적이라는 수아레즈의 믿음을 뒷받침하지 않았다. "그는 실험 결과를 바탕으로 그가 이해하던 신의 의미를 바꾸었어요. 그러니까 신이 모든 걸 안다는 것의 의미 말이에요." 지야는 그 모습이 상당히 인상적이었다고 말했다.

"그래서 '피상적인' 얘기를 시키려고 섭외했던 신학자들은 어떻게 됐나요?" 내가 물었다.

"그분들은 결국 포함시키지 않았어요." 지야가 말했다. "신학자들도 인터뷰를 했는데, 제가 윤리에 관해 묻자 다들 엄청나게 엄격해지시더라고요. 그게, 좀 우스꽝스럽게 책의 본질을 흐렸죠.

과학자들에게 같은 질문을 했을 때, 그들의 반응은 무척이나 진심 어린 것이었어요. 과학의 핵심까지 깊이 파고 들어간 사람만이 할 수 있는 답이었죠." 지야가 설명한다. "굉장히 개인적인 얘기도 해주었고요. 혼란스럽다고, 가끔은 무슨 생각을 해야 할지 모르겠다고 솔직히 인정하기도 했어요. 그런 답을 듣고 나니까 굳이 신학자를 끌어들이고 싶지 않더라고요. 신학자들은 이런 식으로 말해요. '사실상 그게 다중우주든 뭐든, 이것이 윤리를 생각하는 올바른 태도입니다. 그리고 논리적으로 생각해보면 과학자들이 철학과 윤리에 관해 하는 이야기가 아주 이성적인 것도 아니고 앞뒤가 맞지도 않아요.' 저는 그렇게 앞뒤가 안 맞는 생각을 하는 과학자들이 발언권을 얻기를 바랐어요. 그들은 이 문제의 중심에 있는 사람들이고, 그게 그들의 이야기에 가치를 부여했으니까요. 저는 그들의 불확실성을 전달하고 싶었어요. 그리고 이런 사고 과정이 많은 이에게는 현재 진행 중이라는 점도요."

나는 지야의 의중을 파악할 수 있을 것 같았다. "제 생각엔 도덕과 윤리보다는 물리학이 좀 더 시간에 불변성을 가진 것 같아요." 내가 말했다. "그러니까, 2,000년 후에 사람들이 지금의 윤리와 도덕을 어떻게 받아들일지는 모르겠지만, 수학은 언제까지나 같을 거라는 말이죠."

"맞아요." 지야가 말했다. "그 점을 감안하면, 제가 듣고 싶은 건 그 안에 직접 참여하고 있는 사람의 견해라는 거죠. 재미있었던 건, 그분들이 물리학에 관해서는 놀라우리만치 진지한 사람들이라는 거예요. 그러다가도 굉장히 감정적이고 철학적이 되기도 해요. 우리들처럼요. 과학자들도 같은 문제와 같은 불확실성을 안고 있어요. 그들도 모든 답을 전부 다 알지 못해요. 그리고 당당히 공개적으로 그걸 인정하죠. 저는 진심으로 그분들의 이야기를 이 책에 담고 싶었어요. 그들 안에 이런 개방성이 있다는 걸 보여주고 싶었고요. 흔히 사람들은 과학이 모든 문제를 해결해준다고 생각하는데, 과학자들은 '나는 그에 대한 답을 가지고 있지 않습니다'라고 말하고 있거든요. 과학자들은 이 문제에 대해서는 매우 겸손했어요. 이런 걸 끄집어내고 싶었죠."

"저도 종종 기본 물리학에서 철학적이고 영적인 측면을 충분히 잘 다루지 않는다고 느껴요. 현장에 있는 사람들에게는 대단히 중요한 문제인데도요."

지야는 고개를 끄덕인다. "제 생각엔 그들이 항상 이걸 자각하고 있지는 않다고 봐요. 어쩌면 그걸 실패라고 여길지도 모르죠. 하지만 저는 그게 실패라고 생각하지 않아요. 이 부분은 우리가 어떤 열정과 소명에 삶을 바치기로 선택하는 과정에서 대단히 자연스러운 부분이라고 생각합니다."

간단한 답변

팽창하는 우주는 자체적으로 에너지를 만들 수 있다. 따라서 우리 우주가 어떻게 시작되었는지를 알아낼 수 있으면 새로운 우주의 성장에 시동을 걸 수도 있다는 뜻이다. 우리 우주의 시작을 설명하는 이론 중 물리학자들 사이에서 가장 인기 있는 이론(급팽창)은 부정확할 수도 있고, 설령 정확하더라도 이에 필요한 기술은 현재로서는 구현하기가 매우 어렵다. 그러나 원칙적으로는 가능하다. 이 말이 미친 소리처럼 들린다는 건 안다. 그러나 어느 날 실험실에서 우주를 창조할 수도 있다는 아이디어는 현재 우리가 아는 모든 것과 일관된다.

9장

인간은 예측 가능한 존재인가

Existential Physics

수학의 한계

영화 〈원초적 본능Basic Instinct〉의 한 장면을 기억하는가? 아니, 아니 그 장면 말고. 두 주인공이 계단을 올라가는데 남자가 말한다. "나란 사람은 굉장히 예측하기 어려워요." 그런데 여자도 남자와 동시에 "예측하기 어려워요"라고 말한다. 우리는 생각보다 예측하기 어려운 존재는 아니다.

실제로 인간의 행동 중 많은 측면은 꽤 쉽게 예측할 수 있다. 반사작용 같은 경우가 그렇다. 반사작용은 빠른 반응을 위해 의식적으로 회로를 단락시킨다. 여러분 옆에서 갑자기 큰 소리가 나면, 나는 여러분이 순간 움찔할 것이고 심박수는 치솟으리라고 예측하겠다. 인간 행동의 다른 측면도 평균적으로는 예측이 가능하다. 무엇보다도 인간의 행동은 경제적 현실, 사회적 규약, 법률, 양육 환경의 제약을 받는다. 일반적으로 출퇴근 시간대에 교통 흐름이 더 나빠진다는 놀랍지 않은 사실을 살펴보자. 실제로 이런 이동성 패턴은 휴대전화 사용자로부터 수집한 데이터 분석으로 일반적으로 93퍼센트가량 예측할 수 있다.[117] 북아메리카에서는 사람들 앞에서 옷을 벗고 다니면 주위의 이목을 많이 끌리라는 것도 나는 예측할 수 있다. 영국인은 차를 마시고, 크리켓 경기를 본다는 것도. 외국인 말투로 말하는 사람에게는 영국 내 모든 백조의 소유권은 여왕에게 있다고 설명해줄 것이다.•

고정관념이 재미있는 이유는 인간이 어느 정도까지는 예측할 수 있는 존재이기 때문이다. 그러나 인간의 행동을 전적으로 다 예측할 수 있는가? 현재로서는 전부 다 예측할 수는 없다는 주장이 있지만, 이 대답은 지루하다. 현재까지 알려진 자연법칙을 감안할 때, 원칙적으로 인간을 예측하는 것이 가능한가? 본인의 결정이 예측될 수 없다는 이유로 자유의지가 존재한다고 믿는 양립가능론자는 언젠가 자신의 의지를 예측당하는 날이 올 것을 두려워해야 할까?

1965년에 철학자 마이클 스크리븐Michael Scriven은 이 질문의 답이 '아니오'라고 주장했다. 스크리븐은 "인간의 행동에는 근본적인 예측 불가능성"이 있다고 주장하면서[118] "예측 가능성의 역설"을

• 그런 다음 분위기가 썰렁해지면 곧바로 사과하고 날씨 이야기를 할 것이다.

예로 들었다. 이 역설은 이런 내용이다. 당신에게 어떤 결정을 내려야 하는 임무가 주어졌다고 하자. 예를 들면 내가 당신에게 마시멜로를 내밀고, 당신은 이걸 먹을지 안 먹을지 선택해야 한다. 이제 내가 당신의 결정을 예측하고 당신에게 예측한 내용을 말했다고 상상해보자. 그러면 당신은 그와 반대로 결정할 수 있고, 내 예측은 틀리게 된다! 따라서 인간의 행동에는 예측이 불가능한 요소가 있다. 중요한 점은 심지어 인간의 행동이, 이를테면 우주의 초기 상태로 인해 완벽하게 결정된다고 하더라도 스크리븐의 주장은 성립한다는 것이다. 그렇다면 예측 가능성은 결정론에서 비롯된 것은 아닌 것 같다.

이 결론은 옳다. 그러나 이것이 꼭 인간의 행동에만 해당되는 이야기는 아니다. 그 이유를 확인하기 위해 이런 상황을 가정해보자. 지금 나는 컴퓨터 코드를 짜고 있다. 이 코드가 하는 일은 단 하나인데, 입력된 숫자가 짝수냐는 질문에 'YES' 또는 'NO'를 출력하는 것이다. 나는 이 코드에 조건절을 삽입한다. 첫 번째 질문에 맞는 답이 입력에 추가로 포함되어 있으면, 출력은 첫 번째 답의 반대로 나간다는 내용이다. 다시 말해 입력이 '44'면 결과는 YES가 되지만, 입력이 '44, YES'면 출력은 'NO'가 된다. 스크리븐의 주장에 따르면, 이 컴퓨터 코드에도 근본적으로 예측할 수 없는 무언가가 있게 된다.

실제로 그렇긴 하다. 코드의 출력에 대한 예측이 입력에 의존하기 때문이다. 입력이 없으면 예측은 불가능해진다. 이런 성질을 가진 시스템은 대단히 많다. 대표적인 예가 마시멜로를 받을까 말까 결정해야 하는 당신이다. 당신의 반응은 내가 마시멜로를 내밀면서 뭐라고 말하는지에 좌우될 것이다. 그렇다고 해서 반응을 근본적으로 예측할 수 없다는 뜻은 아니다. 이는 단지 데이터가 충분하지 않으면 예측이 불가능하다는 의미일 뿐이다. 만일 우리 둘이 외부와 완벽히 차단된 방 안에 들어간다면, 결정론적 세상에서는 우리 둘이 무엇을 할지, 그리고 당신이 마시멜로를 받을 것인지 아닌지 모두 예측할 수 있다.

그러므로 스크리븐의 주장은 성립하지 않는다. 그러나 조금 더 주의를 기울인다면, 인간의 행동이 부분적으로는 예측 불가능하다는 걸 알 수 있다. 양자역학이 근본적으로 무작위적이기 때문이다. 인간의 뇌에서 양자 효과가 어떤 역할을 하는지는 다소 불분명하지만, 굳이 여기까지 갈 필요도 없다. 마시멜로를 받을지 말지를 결정하기 위해 양자역학적 도구를 사용한다고 해보자(스마트폰에 '유니버스 스플리터' 앱을 설치해 제비뽑기할 수도 있다). 그러면 나는 당신의 결정을 예측할 수 없다.

그렇다 하더라도, 당신이 어떤 결정을 내릴 확률은 예측할 수 있다. 양자역학을 테스트할 때와 같은 방식으로 실험을 반복적으로 수행하고 나의 예측이 얼마나 정확한지 확인할 수 있다. 그러니까 인간 행동을 예측할 수 있느냐 물을 때는 질문을 좀 더 정확하게 한정해서 결정의 확률을 예측할 수 있는지를 물어야 한다. 현재의 자연법칙에 한해서 말하면, 예측할 수 있다. 그리고 법칙으로 예측이 안 되는 범위에서 결정의 확률은 통제할 수 없다.

그러나 이 결론은 컴퓨터과학으로부터 얻은 어떤 결론과 모순인 것 같다. 컴퓨터과학에는 결정할 수 없는 유형의 문제들이 있다. 이 말은 문제를 해결할 수 있는 알고리즘이 존재할 가능성이 없음을 수학적으로 증명했다는 뜻이다. 인간의 뇌에서도 이런 비슷한 일이 일어날 수 있지 않을까?

결정 불가능 문제 중 가장 유명한 예는 1961년 하오 왕Hao Wang이 제안한 '도미노 문제'[119]다. 여기에 네모난 타일이 몇 개 있다고 하자. 각각의 타일에 X를 그려서 각 타일마다 네 개의 삼각형을 만든다. 그런 다음 삼각형들을 색깔로 채운다(그림 18). 타일을 회전하거나 틈을 남기는 것은 허용되지 않는다. 그렇다면 인접한 타일의 색깔이 모두 일치하도록 타일을 배열해 무한한 평면을

그림 18 왕 타일 집합의 예.

덮을 수 있을까? 이것이 도미노 문제다. 특정 집합의 타일에 대해서 그 답이 '네'라는 것을 쉽게 볼 수 있다. 즉, 그렇게 타일을 배치하는 것이 가능하다. 그러나 왕이 제안한 문제는 이렇다. 만일 당신에게 임의의 타일 세트를 주면, 당신은 나에게 그 타일들이 평면을 덮을 수 있을지 없을지 말해줄 수 있을까?

이 문제는 결정 불가능으로 판명된다. 모든 타일 집합에 대한 질문에 답을 제공하는 컴퓨터 코드는 작성할 수 없다. 이것은 1966년에 로버트 버거Robert Berger가 증명했으며,[120] 버거는 왕의 도미노 문제가 앨런 튜링Alan Turing의 '정지 문제halting problem'[121]의 변종임을 보였다. 정지 문제는 입력 알고리즘이 유한한 시간에 실행을 끝낼 것인지 아니면 연산을 영원히 계속할지를 다루는 문제다. 튜링이 증명한 내용은, 이 문제에는 주어진 입력 알고리즘이 멈출지 계속될지를 결정할 수 있는 메타 알고리즘이 없다는 것이다. 마찬가지로 도미노 문제에서도 주어진 타일 집합이 평면을 계속 채울지 채우지 않을지를 결정할 메타 알고리즘이 없다.

그러나 도미노 문제와 정지 문제가 가진 비결정성은 알고리즘이 무한한 크기의 시스템에 대하여 답을 내놓아야 한다는 요건에서 비롯된다. 도미노 문제에서는 가능한 타일 집합이고, 정지 문제에서는 가능한 입력 알고리즘들이다. 이 둘은 모두 무한히 많다. 앞서 6장에서 우리는 이미 합성 계의 창발적 성질이 연산 불가능한지를 묻는 문제를 다루었다. 이 연산 불가능성은 어떤 양이 무한히 클 때만 발생하고 현실에서는 일어나지 않는다. 따라서 인간의 뇌에서는 확실히 일어나지 않는다.

그러니까 우리의 결정이 알고리즘적으로 결정 불가능하다고 주장할 수 없다면, 로저 펜로즈가 제기했던 괴델의 불완전성정리는 어떨까? 펜로즈의 주장은 예측 가능성이 아닌 연산 가능성에 관한 것이었고, 이쪽은 조금 더 약한 명제다. 어떤 과정이 컴퓨터 알고리즘에 의해 생성될 수 있다면 그 과정은 연산 가능하다. 양자역학으로부터 발생하는 무작위적 요소만 제외하면 현재의 자연법칙도 연산 가능하다. 그러나 이것이 연산 불가능하다면, 새로운 무언가를 위한 여지가 있을 수 있고, 그 무언가가 어쩌면 예측 불가능성인지도 모른다.

펜로즈가 스터턴 스틴에게 배웠다는 괴델의 정리에 대한 접근법을 사용해보자. 우리는 유한한 공리 집합에서 출발한다. 그리고 정리theorem들을 생성하는 컴퓨터 알고리즘이 이 공리들로부터 차례로 유도되었다고 해보자. 괴델이 보여준 내용은, 이 공리계 안에는 참이지만 이 알고리즘이 참임을 증명할 수 없는 명제가 항상 존재한다는 것이다. 이런 명제를 일반적으로 계의 '괴델 문장Gödel sentence'이라고 한다.• 이것은 계 안에서 증명할 수 없음을 암시적으로 명시하도록 구성되어 있다. 따라서 괴델 문장은 그것이 증명될 수 없다는 바로 그 이유로 참이지만, 그 진실성은 계의 밖에서만 볼 수 있다.

• 이런 기능을 수행할 수 있는 명제는 무수히 많다.

그렇다면 알고리즘이 보지 못하는 괴델 문장의 진실성을 우리는 볼 수 있으니, 인간의 인지에 컴퓨터에는 없는 무언가가 있는 것 같기도 하다. 그러나 괴델 문장에 관한 이러한 통찰은 바로 그 특정 알고리즘만 연산하지 못하는 것이다. 우리가 괴델 문장의 진실성을 볼 수 있는 이유는 정리들을 만들어내는 알고리즘보다 계에 대한 정보를 더 많이 알고 있기 때문이다. 우리는 알고리즘 자체가 어떻게 프로그램되었는지를 알고 있다.

만일 이 정보를 새 알고리즘에 주면, 새 알고리즘도 우리처럼 이전 알고리즘의 괴델 문장에 대한 진실성을 볼 수 있다. 그렇지만 새 알고리즘을 위한 또 다른 괴델 문장을 구성할 수 있고, 새 괴델 문장을 인식할 또 다른 알고리즘이 있고, 이런 식으로 계속 나아가게 된다. 따라서 펜로즈의 주장은 우리가 모든 괴델 문장의 진실성을 전부 다 볼 수 있기 때문에, 우리가 생각할 수 있는 모든 알고리즘보다 더 많이 안다는 것이다.

이 주장의 문제는, 적절히 잘 짜인 컴퓨터 알고리즘은 (우리가 아는 한) 우리만큼이나 추상적 사고를 할 능력이 있다는 것이다. 우리는 컴퓨터처럼 무한을 잘 세진 못하지만, 무한계의 성질은 연산 가능 여부와 상관없이 모두 해석할 수 있다. 알고리즘도 마찬가지로 할 수 있다. 그런 식으로, 괴델의 정리[122] 자체는 알고리즘적으로 증명되었다. 따라서 어떤 알고리즘들은 우리와 마찬가지로 모든 괴델 문장들의 "진실성을 볼 수 있다".

펜로즈의 주장에 관해 다른 반론도 많지만, 대부분은 비슷비슷해서 인간도 (마치 괴델 정리처럼) 추가 정보가 없으면 괴델 문장의 진실성을 볼 수 없다는 점을 지적하는 식이다. 그러나 나는 인간이 $\forall x \neg Prf_F(x, \ulcorner G_F \urcorner)$을 명백한 참으로 인지할 수 있다는 주장이 상당히 매력적이라고 생각한다.[123] 이것은 수학자만 제시할 수 있는 아이디어다.

컴퓨터가 괴델 정리의 증명을 혼자서 떠올릴 수 있었을까? 이 문제는 아직 답이 나오지 않았다. 그러나 적어도 지금으로서는, 펜로즈의 주장은 인간의 생각이 연산 불가능하다는 것을 보여주지 못한다.

지금까지 우리는 인간의 행동을 예측할 수 없도록 하는 논리적 허점을 발견하지 못했다. 그런데 혼돈은 어떨까? 혼돈은 결정론적이지만, 단지 결정론적이라고 해서 예측될 수 있다는 건 아니다. 실제로 혼돈은[124] 일반적으로 생각되는 것보다 예측 가능성에서 더 큰 문제가 될 수도 있다. 그 이유를 팀 파머는 '실제 나비효과real butterfly effect'라고 명명했다.

일반적인 나비효과에서는 혼돈계의 시간-진화가 초기 조건에 매우 민감하다. 아주 작은 오차도(중국 나비의 날갯짓) 이후에 거대한 차이를 만들 수 있다(텍사스의 토네이도). 하지만 실제 나비효과의 의미는 임의의 정확한 초기 데이터로도 유한한 시간 동안에만 예측을 허용한다는 것이다. 이런 행동을 하는 계는 결정론적이면서도 예측이 불가능하다.

수학자들은 실제로 이렇게 행동하는 미분방정식[125]을 몇 개

확인했지만, 실제 나비효과가 자연에서 발생하는지는 아직 불분명하다. 양자이론들은 애초에 혼돈성이 없으므로[126] 실제 나비효과가 일으키는 문제를 겪을 수 없다. 일반상대성이론의 특이점은 유한한 시간 너머, 이를테면 블랙홀 내부나 빅뱅이 발생한 순간 같은 때를 예측하지 못하게 가로막는다. 앞서 논의한 것처럼, 이런 특이점들은 단지 현재의 이론이 옳지 않으며 더 좋은 것으로 대체될 필요가 있다는 신호일 가능성이 높다. 그리고 일반상대성이론이 언젠가 양자이론으로 인해 완성된다면, 그 이론 역시 실제 나비효과를 경험하지 못할 것이다.

예측 가능성이 무너질 가능성이 가장 큰 기회는 ('일반적인' 나비효과처럼) 기상 예측으로부터 온다. 기상 예측의 동역학 법칙은 기체와 유체의 행동을 서술하는 나비에-스토크스 방정식이다. 나비에-스토크스 방정식에 항상 예측 가능한 풀이가 있는지는 아직 알려지지 않았다. 실제로 이 문제는 클레이수학연구소Clay Mathematics Institute의 밀레니엄 문제 목록에 네 번째로[127] 올라 있다.

그러나 나비에-스토크스 방정식은 기본적이지 않다. 이 방정식은 기체 또는 유체를 구성하는 입자들의 행동으로부터 파생된다. 그리고 우리는 이미 기체가 기본적으로 (가장 깊은 수준에서) 양자이론을 이용해 서술될 수 있음을 알고 있다. 따라서 기체의 행동은, 적어도 원칙적으로는 예측할 수 있다. 이것이 나비에-스토크스 방정식에는 항상 예측할 수 있는 풀이가 있는가에 관한 답은 아니지만, 만일 그런 풀이가 없다면 이는 방정식이 양자 효과를 고려하지 않아서다.

지금까지 볼 때 인간의 행동이 연산 불가능하다거나, 인간의 결정이 알고리즘적으로 결정 불가능하다거나, 인간의 행동이 오직 유한한 시간 동안에만 예측 가능하리라고 생각할 이유는 없는 것 같다. 특히 4장에서 다루었던 뉴런 대체 주장을 생각해보면 컴퓨터상에서 뇌를 시뮬레이션할 수 있을 것 같고, 따라서 인간의 행동을 예측할 수 있을지도 모른다.

그러나 물리학은 이 길에 몇 개의 장애물을 던져놓는다. 아마도 그중 가장 중요한 문제는 뉴런 대체가 뉴런 복제와 같지 않다는 것이다. 만일 어느 한 사람의 행동을 예측하고 싶다면, 먼저 인간 뇌에 관한 신뢰성 있는 모형을 만들어야 한다. 그러려면 어떻게든 뇌의 성질을 측정해야 하고, 그 정보를 우리의 예측 장치(그게 무엇이 되었든)에 복제해서 입력해야 한다. 그러나 양자역학에서 계의 상태는 원래 계를 파괴하지 않고는 완벽하게 복제할 수 없다. 이 '복제 불가능성 정리no cloning theorem' 때문에 인간의 뇌에서 정확히 무슨 일이 일어나는지 영영 알 수 없을지도 모른다. 만일 사람들이 이걸 알았다면 이미 인간의 뇌를 완전히 바꿔놓았을 것이다. 그러므로 인간의 생각에서 어떤 중요한 부분이 양자 형식으로 이루어져 있다면 그걸 '아는 것은 불가능하고' 따라서 예측도 불가능하다.

실제로 인간의 뇌 상태를 정확히 정의하는 데 있어 양자 효과가 그렇게까지 중요하지 않을 수도 있다. 심지어 중요하다 하더라도, 인간의 행동을 예측하는 길에는 또 다른 장애물이 있다. 우리 뇌는 어려운 수학 문제를 푸는 데에는 특별히 훌륭하지 않지만, 복잡한 결정을 내리는 데는 놀랍도록 효율적이다. 대략 랩톱 컴퓨터의 전력 소모량과 비슷한 수준인 약 20와트 정도의 에너지로 돌아간다. 따라서 인간의 뇌를 컴퓨터상에서 시뮬레이션하는 프로그램을 만들 수 있다면, 그 프로그램이 뇌보다 더 빠르게 실행될 수 있을지 의문이다. 스티븐 울프람이 만들어낸 용어를 사용해 표현하자면, 인간의 깊은 사고는 연산이 가능할 수 있겠으나 "연산학적으로 환원 가능"하지는 않고, 따라서 예측이 불가능하다. 계산은 정확히 해낼 수 있어도 너무 느리기 때문이다.

우리 행동 중 일부를 연산학적으로 환원할 수 없다는 추정은 아주 믿기 어려운 것은 아니다. 인간의 뇌는 지난 수십만 년에 걸쳐 자연선택에 의해 최적화되었다. 이런 뇌를 예측하고 싶다면, 먼저 같은 일을 더 빠르게 해낼 수 있는 장치를 만들어야 한다. 그러나 같은 이유로 (즉 자연선택에 의해 최적화되었으므로) 인간의 뇌가 계산하는 것을 가장 빠르게 계산해내는 방식이 인간의 뇌일 가능성은 낮다. 자연선택의 목적은 종합적으로 최고의 답을 내놓는 게 아니다. 그저 생존에 필요한 만큼만 좋은 답을 내놓으면 충분하다. 그리고 컴퓨터가 뇌만큼의 에너지 효율성을 갖출 필요가 없다는 점을 감안하면, 언젠가는 컴퓨터가 속도 면에서 인간의 뇌를 능가할 수도 있으리라고 생각한다. 그러나 쉽지는 않을 것이다.

같은 이유로, 언젠가 우리가 샘 해리스Sam Harris의 주장대로 인간의 뇌에 관해 수집한 지식으로부터 도덕성을 유도해낼 수 있을지 강한 의구심이 든다. 심지어 그게 가능해지더라도 엄청난 시간이 소모될 것이다. 그보다는 오히려 사람들을 붙잡고 지금 무슨 생각을 하고 있는지 물어보는 게 훨씬 더 쉽다. 그리고 그 일이 우리의 정치, 경제, 금융 시스템이 하는 일이다. 아니면 적어도 해야 하는 일이다.

요약하자면, 인간의 행동이 원칙적으로 예측 불가능하다고 생각할 이유는 없다. 그러나 현실적으로 예측하기가 매우 어렵다고 생각할 이유는 충분히 많다.

AI의 취약성

인간 행동 시뮬레이션에 관련한 도전 과제들을 논의했으니, 이제 일반 인공지능aritificial general intelligence(AGI) 창조에 관해 조금 이야기해보자. 우리가 현재 사용하는 인공지능 시스템은 특정 임무에 특화한 데 비해(이를테면 음성 인식, 이미지 분류, 체스 두기, 또는 스팸 메일 거르기) 일반 인공지능은 인간처럼, 또는 인간보다 더 잘 이해하고 학습하는 능력을 지닌 지능 체계다.

많은 저명인사가 그런 강력한 인공지능을 개발하려는 목표에 우려를 표했다. 일론 머스크는 이런 인공지능이 "현존하는 최대 위협"이라고 생각한다.[128] 스티븐 호킹은 "우리 문명의 역사에서 최악의 사건"이 될 것이라고 했고,[129] 애플의 공동 창업자 스티브 워즈니악Steve Wozniak[130]은 AI가 "느린 인간의 자리를 대체해 회사를 더 효율성 있게 운영할 것"이라고 믿는다. 그리고 빌 게이츠Bill Gates[131] 역시 초지능을 걱정하는 사람들 모임에 이름을 올렸다. 2015년에 '생명의미래연구소The Future of Life Institute'[132]는 공개서한을 작성해 주의를 환기하고 연구 우선순위 목록을 작성했다. 이 서한에 서명한 사람은 8,000명이 넘었다.

이런 우려들이 근거가 없는 것은 아니다. 인공지능도 여느 새 기술처럼 위기를 일으킬 것이다. 우리가 인간만큼 지적인 장치를 비슷하게라도 창조하려면 아직도 멀었지만, 이걸 어떻게 다룰지는 미리미리 고민하는 게 좋다. 그러나 나는 이런 우려들이 AI가 불러올 더 시급한 문제들을 무시하고 있다고 본다.

인공지능 장치가 가까운 미래에 인간을 전부 대체할 일은 없을 것이다. 인공지능 장치도 당분간은 인간이 필요하기 때문이다. 인간의 뇌가 최고의 사고 기계는 아닐지라도, 지금까지 우리가 제작해온 모든 장치를 능가하는 뚜렷한 장점이 있다. 인간은 수십 년간 작동할 정도로 튼튼하다. 결함이 있으면 자체적으로 수리한다. 수백만 년의 진화 과정 동안 우리 뇌만 최적화된 것이 아니라 몸도 함께 최적화되었고, 아직 더 개선될 여지가 분명히 있겠지만 (이 지긋지긋한 관절염!) 우리가 지금까지 제작해온 실리콘 기반의 사고 장치와 비교하면 내구성이 훨씬 더 좋다. 그래서 AI 연구자들 중에는 인공지능이 인간 수준의 지성에 도달하려면 어떤 유형의 몸[133]이 필요하다고 주장하는 이도 있다. 이 생각이 옳다면 이는 AI의 취약성 문제를 더욱 키울 것이다.

내가 이 문제를 AI 낙관론자들에게 강조할 때마다, 그들은 나에게 AI도 스스로를 수리하는 방법을 배울 것이고, 설령 못 배우더라도 스스로를 다른 플랫폼에 업로드할 수 있을 것이라고 말한다. 실제로 우리가 생각하는 AI의 위협 대부분은 그들이 스스로를 빠르고 쉽게 복제할 능력이 있으면서도 동시에 근본적으로 불멸의 존재라는 데에서 비롯된다. 나는 일이 그런 식으로 흘러갈 것 같지는 않다.

내가 볼 때 인공지능은 처음에는 수가 적고 단일 종류일 것이며, 그런 상태로 한동안 지속될 것 같다. 일반 인공지능을 제작하고 훈련을 시키려면 수많은 인력과 꽤 오랜 시간이 필요하다. 인공지능 복제는 인간의 뇌를 복제하는 것에 비해 결코 쉽지 않을 것이다. 일단 어디가 부서지면 고치기도 쉽지 않다. 인간의 뇌와 마찬가지로 하드웨어를 소프트웨어로부터 분리하지 못하기 때문이다. 초기 인공지능은 어쩌면 인간이 제대로 이해하지 못할 이유로 빠르게 죽어갈 것이다.

우리는 이미 이런 일이 벌어지는 것을 목격하고 있다. 당신의 컴퓨터는 내 컴퓨터와 비슷하지 않다. 아무리 같은 모델의 기계에서 똑같은 소프트웨어를 실행시킨다고 해도, 두 컴퓨터는 같지 않다. 해커들은 이 컴퓨터들 사이의 차이를 활용해 당신의 인터넷 활동을 추적한다. 예를 들어 '캔버스 핑거프린팅canvas fingerprinting'은 사용자의 컴퓨터에 폰트 정보를 조회해 사용자 식별을 요청하는 방법이다. 컴퓨터가 정확히 이 임무를 수행하려면 하드웨어와 소프트웨어 모두에 의존한다. 이에 따라, 이 출력물은 장치의 신원을 부여하는 데 사용될 수 있다.

현재 컴퓨터 간의 이런 미묘한 차이를 신경 쓰는 사람은 별로 없다(물론 "분명히 이런 문제를 경험한 사람이 있을 텐데"라고 중얼거리며 문제 해결 게시판을 하염없이 뒤지는 경우는 예외다). 컴퓨터가 복잡해질수록 이 차이는 더 분명해질 것이다. 그러다 어느 날, 컴퓨터들은 재현할 수 없는 별난 특징과 버그를 가진 개체가 될 것이다. 마치 당신과 나처럼.

그러니까 우리에게는 AI 취약성이라는 문제가 있고, 여기에 복잡한 하드웨어와 소프트웨어의 고유성이 증가한다는 문제까지 더해진다. 이제 이런 문제들을 가지고 몇십 년 뒤를 예상해보자. 그때는 몇몇 대기업과 정부, 어쩌면 억만장자까지 그들만의 AI를 갖추게 될 것이다. 그런 AI들은 대단히 정교하고 섬세해서 인간 전담 직원들이 꾸준히 관리해야 할 것이다.

이런 상황을 생각해보면, 몇 가지 문제가 즉시 떠오른다.

1. 누가 질문을 할 수 있는가? 그리고 그 질문은 무엇인가?

개인 소유의 AI에는 문제가 안 될 수도 있지만, 과학자들이 제작하거나 정부가 구매한 공공 AI는 어떤가? 모든 사람이 매달 질문 하나씩 물어볼 권리를 얻게 될까? 어려운 질문은 의회의 승인을 받아야 할까? 이를 관리할 책임은 누구에게 있는가?

2. 내가 AI를 다루고 있다는 걸 어떻게 알 수 있을까?

AI에 의존하기 시작하는 순간부터, 인간이 본인의 의견을 AI의 의견인 것처럼 속여 어젠다를 밀어붙이는 데 악용할 위험은 항상 도사리고 있다. 이는 AI가 스스로 목표를 개발할 만큼 지적 능력을 충분히 갖추기 이전에도 발생할 수 있는 문제다. 정부가 AI를 사용해 수익성 좋은 건설 사업에 적임자가 될 계약자를 찾는다고 가정해보자. 그렇게 선택된 회사의 최대 주주가 정부 고위 관료의 형제라면 이걸 우연이라고 확신할 수 있을까?

3. AI가 답을 잘할 수 있을지 어떻게 알 것인가?

만일 AI의 수가 많지 않고, AI들이 서로 완전히 다른 용도로 쓰이려고 훈련을 받았다면 AI가 내놓은 결과를 현실에서 재현하는 것이 불가능할 수도 있다. 그렇다면 과연 그 결과를 얼마나 신뢰할 수 있을까? 모든 AI가 공통된 분야에 전문성을 갖도록 AI를 훈련시켜 성능 비교에 활용하는 것도 좋은 아이디어가 되겠다.

4. AI의 접근성이 제한된 상황에서는 자국 내 그리고 국가 간 불평등은 불가피하다. 이러한 불평등을 어떻게 방지할 것인가?

어려운 질문에 척척 대답해주는 AI를 소유하는 것은 큰 이득이겠지만, 시장의 힘에만 맡기면 부자는 더 부유해지고 가난한 사람들은 더 뒤처지게 될 가능성이 크다. '부자 아닌 사람들'이 이런 결과를 원하지 않는다면(아무튼 난 분명히 원치 않는다) 이 문제를 어떻게 다룰지 생각해봐야 한다.

개인적으로 나는 일반 인공지능의 개발을 거의 의심하지 않는다. 일반 인공지능은 인류 문명에 엄청난 혜택이 될 것이다. 아니면 큰 문제가 될 수도 있다. 그런 인공지능 장치에 어떤 윤리를 코딩해서 입력할지 고민하는 것은 분명히 중요한 일이다. 그러나 지금 AI에 관한 가장 시급한 문제는 AI의 윤리가 아니라 '우리의' 윤리다.

예측 불가능성을 예측하기

나는 물리학이 존재에 관해 무엇을 가르쳐주는지를 논의하는 데 이 책의 대부분을 할애했다. 독자 여러분이 이 여정을 즐겼기를 바라지만, 어쩌면 가끔은 이런 이야기들이 현실적인 문제 해결에는 크게 도움이 되지 않는 골치 아픈 주제라는 인상도 받았을 것이다. 이제 책이 거의 다 끝나가니만큼, 예측 불가능성을 이해하는 것이 미래에는 어떤 현실적인 의미를 갖게 될 것인지를 말해보려고 한다.

기상 예측 문제로 돌아가보자. 이 자리에서 네 번째 밀레니엄 난제를 해결할 생각은 없다. 그러니 단순한 논증을 위해, 나비에-스토크스 방정식의 풀이가 실제로 가끔은 유한한 시간 너머에서 예측이 불가능하다고 가정해보자. 앞서 설명했듯이, 우리는 나비에-스토크스 방정식이 기본적이지 않다는 것을 이미 알고 있다. 이 방정식은 모든 입자를 서술하는 양자이론에서 파생된다. 그러나 이 방정식이 기본적이든 아니든, 나비에-스토크스 방정식의 성질을 이해하면 그것을 풀어 무엇을 얻을 수 있을지 합리적으로 기대할 수 있다.

수학 정리에 따르면 기상 예측은 불가능한데, 이런 사실을 알게 되면 기상 관측소를 추가로 더 짓기 위해 거액을 투자하는 것이 바람직하지 않다는 결론을 내릴 수도 있다. 나비에-스토크스 방정식이 기본적으로 옳은 방정식인지 아닌지는 이 투자 조언의 건실성과는 크게 상관이 없다. 중요한 건 이 방정식을 기상학자들이 실제로 사용한다는 점이다.

물론 이는 지나치게 단순화한 사례이긴 하다. 현실에서 예측의 타당성은 초기 상태에 의존한다. 어떤 날씨 경향은 장기 예측이 더 쉽고, 어떤 것은 그 반대다. 그러나 다시 말하지만, 애초에 무엇을 예측할 수 있는지를 이해하는 것은 그저 무의미한 수학적 추측이 아니다. 우리가 무엇을 개선할 수 있는지, 또 그걸 어떻게 개선할지를 알기 위해 반드시 필요한 정보다.

이 생각을 조금 더 밀고 나가보자. 우리가 기상 예측을 정말 잘하게 되어서, 나비에-스토크스 방정식이 예측할 수 없는 상황에 직면하게 되는 때를 정확히 파악할 수 있다고 해보자. 그렇다면 우리는 기상 시스템에 조금 개입해서 날씨를 원하는 대로 바꿀 수 있게 될 것이다.

실제로 과학자들은 이런 기상 통제를 생각했다. 이를테면 열대 사이클론이 허리케인으로 발전하는 과정을 차단하는 식이다. 그들은 허리케인의 형성 과정을 충분히 잘 이해하고 있으며, 이 내용에 따라 발달을 방해할 방법도 제시했다. 현재 가장 큰 문제는 정확히 언제, 어디에서 개입할지 알아낼 만큼 기상 예측이 충분히 좋지 않다는 것이다. 그러나 허리케인을 막거나 날씨를 다른 식으로 통제하는 게 가망 없는 허황된 아이디어는 아니다. 앞으로 연산 능력이 꾸준히 증가하면 앞으로 수십 년 내에 이런 일을 실제로 할 수 있게 될지도 모른다.

혼돈 통제 역시 여러 계에서 중요한 역할을 하고 있다. 핵융합 시설의 플라스마가 좋은 예다. 플라스마는 원자핵과 핵에서 분리된 전자들이 섭씨 1억 도 이상의 고온에서 혼합되어 국물을 이룬 상태를 말한다. 플라스마가 가끔 불안정한 상태로 진행될 경우가 있는데, 이때 플라스마를 담은 용기에 엄청난 손상을 가한다. 따라서 이 불안정성이 닥치면 융합 과정은 즉시 중단된다. 이 문제는 높은 에너지 효율의 핵융합로 가동을 구현하는 데 있어 가장 걸림돌이 되는 원인 중 하나다.

그러나 예측 불가능한 상황이 닥칠 때를 예측할 수 있으면, 그리고 그런 상황을 피하도록 플라스마를 통제할 수 있으면, 플라스마의 불안정성은 원칙적으로 피할 수 있다. 다시 말해 방정식의 풀이가 언제 예측 불가능해지는지를 이해하면, 이 지식을 사용해 애초에 그런 일이 발생하는 것을 막을 수 있다는 것이다.

이것은 단순히 이론가들의 환상이 아니다.[134] 최근에 이 내용을 조사한 연구가 있다. 연구자들은 인공지능 시스템을 훈련시켜 플라스마 불안정성이 임박했음을 알리는 데이터 패턴을 인지하도록 했다. 인공지능은 공개된 데이터 기록만 활용했는데도 높은 성공률로 불안정성을 예측할 수 있었다. 불안정성이 닥치기 1초 전에는 대략 80퍼센트 이상의 확률로 예측했고, 30밀리초 전에는 거의 100퍼센트에 가깝게 모든 불안정성을 다 예측했다.

물론 인공지능의 분석은 사후 해석이었고, 능동적 통제 옵션은 없었다. 그러나 이런 예측을 해낼 능력을 충분히 갖추면 미래에는 능동 제어도 가능해질 것이다. 결국 고에너지효율의 핵융합 시설은 고급 머신 러닝의 미세 조정 문제로 귀결될 것이다.

표면적으로는 완전히 다른 계이지만, 플라스마 폭발 그리고 기상 예측과 유사점이 많은 시스템에도 비슷한 내용을 적용할 수 있다. 바로 주식시장이다. 오늘날 금융 분석가들은 주식의 매수·매입과 금융 투자를 예측하면서 수익을 창출하고 있다. 그들이 하는 일에는 경쟁자들의 예측을 예측하는 것까지 포함된다. 그러나 가끔은 전문가들마저도 크게 놀랄 때가 있다. 그럴 때면 주식시장이 붕괴하고, 매도인은 패닉에 빠지고, 서로가 서로를 비난하고, 세계는 불황의 늪으로 빠져든다.

그러나 문제가 문 앞에 들이닥칠 것을 미리 알 수 있다고 상상해보자. 그렇다면 우리는 때맞춰 그 문을 닫을 수 있을 것이다.

피하기 위해 미리 알고 싶은 것으로 예측 불가능성만 있는 것은 아니다. 연산 불가능성도 미리 알면 좋다. 경제 시스템을 생각해보자. 이 시스템은 자체적으로 조직되고, 자원 분배를 최적화하는 임무와 함께 적응력까지 갖추고 있다. 일부 경제학자들은 경제 시스템의 최적화가 부분적으로는 연산 불가능하다고 주장한다. 이건 분명히 좋은 소식은 아니다. 이 말은 경제 시스템이 제 역할을 못 한다는 의미이기 때문이다. 또는 오히려 거래가 원하는 결과를 내지 못하기 때문에 우리가 경제 시스템의 주체로서 일을 제대로 할 수 없다는 의미이기도 하다.

원하는 최적화를 (유한한 시간 동안) 실제로 해낼 수 있는 경제 시스템을 창조하려는 동기로 '연산 가능 경제학computable economics'이라는 연구[135]가 시작되었다. 그리고 예측 불가능성에서도 그러했지만, 연산 가능 경제학에서 불가능성 정리가 중요해지는 부분은 문제의 답(이 경우 최상의 자원 분배 방법)이 기본적으로 연산 불가능함을 증명하는 게 아니라 (실제로 불가능하든 아니든) 단순히 현재 가진 도구로는 연산할 수 없음을 증명하는 데 있다.

그러나 상황에 따라서 예측 불가능성을 피하기보다 오히려 일으키고 싶은 경우도 있다. 무작위성이 가끔은 이로울 때도 있기 때문이다. 예를 들어 최적의 해답을 찾는 컴퓨터 알고리즘이 돌연 멈춰버리는 것을 막기 위한 목적이 있다.

컴퓨터 알고리즘을 하나의 장치로 생각해보자. 산자락이 펼쳐진 풍경에 던져놓으면 항상 위로 올라가는 장치라고 해보자. 풍경은 문제에 대한 가능한 풀이를 상징하고 높이는 우리가 최적화하고 싶은 어떤 양, 이를테면 예측의 정확도를 상징한다. 결국 컴퓨터 알고리즘은 언덕 위까지 올라가게 된다(국소적 최고점). 그러나 우리가 실제로 원했던 것은 가장 높은 언덕을 찾는 것이다(포괄적 최고점, 그림 19). 이 알고리즘에 확률적 잡음을 추가하면 우연히 더 나은 풀이를 발견할 확률이 생기게 되어 이런 일을 방지할 수 있다. 따라서 우리의 직관과는 어긋나게, 무작위 요소가 수학적 코드의 성능을 개선할 수 있다.

컴퓨터 알고리즘에 삽입하는 무작위성은 복잡한 수학 정리에 의존하지 않고 (의사) 난수 발생기로 간단히 만들 수 있다. 예측

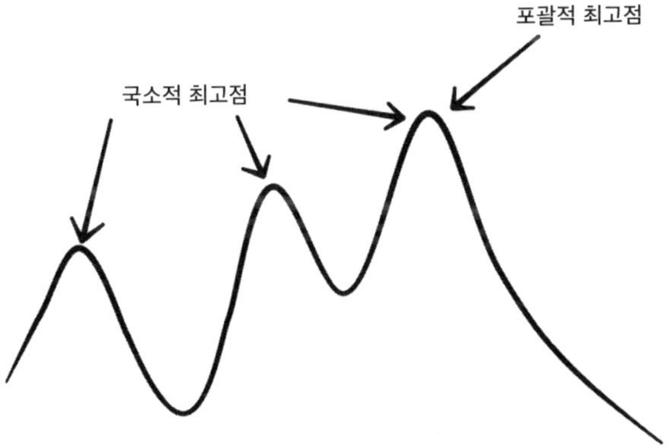

그림 19 국소적 최고점 대 포괄적 최고점.

불가능성은 이외의 다른 환경에서도 유용하게 쓰인다. 예를 들어 경제 시스템에 예측 불가능성이 조금 추가되면 효율성이 높아진다. 더 흥미로운 점[136]은 예측 불가능성이 창조성의 핵심 요소일 수 있으며, 따라서 미래에 인공지능이 이 예측 불가능성에 의존할 수도 있다는 것이다.

이미 지금도 인공지능은 거대한 데이터 집합에서 우리보다 패턴을 더 잘 찾는다. 이런 능력이 과학을 드라마틱하게 바꾸려 하고 있다. 과학자들은 보편성을 찾는다. 이런 패턴은 환경의 변화에 쉬이 영향을 받지 않고 추론하기도 쉽다. 지금까지는 대부분의 과학 분야에서 이렇게 해왔다. 그러나 인공지능을 활용하면 알아차리기 훨씬 더 어려운 패턴도 찾을 수 있다. 그 결과로 기대할 수 있는 것 중 하나가 개인화된 의약품 개발이고, 가까운 미래에 이런 결과들을 더 많이 보게 될 것이다. 과학자들은 보편적 법칙을 찾는 대신 외부 매개변수들에 대한 정확한 의존성을 추적할 수 있게 될 것이다. 이 같은 움직임은 생태학과 생물학뿐 아니라 사회과학과 심리학에서도 두드러질 것이다. 여기에 거대한 발견 잠재력이 있다.

물리학자들도 이 부분에 주목해야 한다. 우리가 지금까지 찾은 보편적 법칙은 아직 밝혀지지 않은 복잡성의 겉면을 조금 긁은 것에 불과할지도 모른다. 내 동료들은 마지막 답에 가까워지고 있다고 생각하지만, 나는 우리가 이제 겨우 질문이 뭔지를 이해하기 시작했다고 생각한다.

간단한 답변

인간의 행동은 부분적으로는 예측 가능하지만, 온전히 다 예측할 수 있을지는 의문이다. 최소한으로 잡아도 대단히 어려운 작업이 될 것이며 가까운 미래에는 불가능할 것이다. 우리는 인간의 뇌를 시뮬레이션하는 문제 대신에, 인공 뇌에게 질문할 권한이 누구에게 있는지에 더 많은 관심을 기울여야 한다. 예측 가능성의 한계를 이해하는 것은 단순한 수학적 흥미를 넘어 현실 세상에서의 응용으로도 중요하다.

그래서 이 모든 것의 목적은 무엇인가

나의 전작 『수학의 함정』을 읽은 독자라면 이 두 책이 같은 맥락을 공유한다는 걸 눈치챘을 것이다. 나는 이 두 책에서 기본 물리학을 연구하는 학자들이 본인들이 하는 일에 관해 충분히 성찰하지 않는다는 점을 지적하려 했다. 『수학의 함정』의 주제는 학자들이 비과학적인 방법을 사용하고, 그 결과 연구가 고착 상태에 빠진 것에 대한 비판이었다. 그리고 이 책에서는 그들이 추구하는 연구 중 일부가 애당초 과학적이지 않다는 것을 지적했다. 예를 들어 초기 우주 가설들은 대부분 우리가 관측하는 것을 서술하는 데 쓸모도 없으면서 그저 복잡하기만 한 이야기일 뿐이다. 자연 상수들이 왜 지금의 값인지를 알아내려는 시도도 마찬가지고, 관측이 원천적으로 불가능한 평행우주를 끌어들이는 이론들도 그렇다. 이런 것은 과학이 아니다. 그냥 수학이라는 허울을 뒤집어쓰고 과학으로 변장한 종교다.

내 말을 오해하지 마시라. 나는 이런 아이디어들을 추구하는 사람들에게 문제가 있다고는 생각하지 않는다. 누가 어떤 이유에서든 이런 생각들이 가치 있다고 여긴다면, 상관없다. 누구에게나 종교의 자유가 있는 법이니까. 그러나 적어도 과학자라면 자신들이 속한 분야의 한계를 인정해야 한다. 가끔 우리가 내놓을 수 있는 과학적인 답이 "그건 우리도 몰라요"밖에 없을 때도 있다.

그러므로 내가 보기엔, 여전히 진행 중인 지식 발견 과정에서 종교와 과학은 앞으로도 한참 더 공존해야 할 것 같다. 과학 지체로는 한계가 있고, 인간은 과학이 끝나는 지점에서 다른 방식의 설명을 갈구하기 때문이다. 앞서 이야기했듯이, 이런 한계들 중 일부는 우리가 현재 사용하는 특정 수학에서 비롯된다(예를 들면 초기 조건이나 비결정론적 도약을 요구하는 경우). 이런 한계는 물리학이 더 발전하면 아마 극복될 것이다. 그러나 어떤 한계는 영영 대처할 수 없을지도 모른다. 나는 과학적 방법이 스스로 정당화하지 못한다는 단 하나의 이유로, 결국 우리 우주에 대한 어떤 사실들은 과학의 설명 없이 그냥 받아들여야 할 것이라고 본다. 우리는 과학적 방법이 작동하는 것을 관찰하고, 계속 사용하는 것이 우리에게 유리하다는 결론을 내리면서도 그게 왜 작동하는지는 알아내지 못할 것이다.

친절한 사람이 되려고 종교인들에게 친절하게 대하는 게 아니다. 일단 나는 친절한 사람이 되는 법은 제대로 배워본 적이 없다. 그보다 더 중요한 것은, "창조주가 존재할 가능성은 없다"는 스티븐 호킹이나 "신은 오류가 있는 가설"이라고 주장하는 빅터 스텡

거Victor Stenger 같은 과학자들은, 실은 자신의 지식에 한계가 있음을 이해하지 못했다는 것이다. 저명한 과학자가 이런 식으로 지나치게 자신만만한 선언을 할 때면 나는 늘 민망해진다.

그러나 우리가 안고 있는 한계에도 불구하고 우리는 먼 길을 꽤 잘 걸어왔다. 우리는 지구 위에서 진화를 직접 떠안은 최초의 종이다. 우리는 더 이상 자연 환경에 의해 선택되지 않는다. 그 대신 우리의 필요에 맞게 환경을 바꾼다. 물론 이걸 잘해나가고 있는지는 다른 문제다. 지구의 기후를 살기 좋은 범위로 유지하는 데 어려움을 겪고 있는 걸 보면, 우리가 복잡계인 동시에 일부는 혼돈계인 계를 정확히 인지하는 능력이 과연 있는지 심각한 의심이 든다. 어쩌면 기후처럼 다면적인 비선형성 계를 이해하기에는 우리 뇌가 역부족이어서 그런지도 모르겠다. 아마도 그렇다면 종국에는 과학 지식을 사용해 서식지 통제를 더 월등히 해낼 수 있는 종이 인간의 자리를 대체하리라는 의미가 될 수도 있다. 모든 것은 시간이 말해줄 것이다.

* * *

스티븐 제이 굴드Stephen Jay Gould[137]가 종교와 과학은 "서로 겹치지 않는 두 교권教權"이라고 주장했을 때, 그야말로 맞는 말이라는 생각이 들었다. 나는 여기에서 한발 더 나아가 과학자들이 조직화된 종교로부터 배워야 한다고 주장한다. 싫든 좋든, 종교는 수천

년에 걸쳐 전 세계의 많은 사람에게 중요한 역할을 해왔다. 어떤 이들에게는 종교가 과학과는 다른 방식으로 중요하다.

종교가 우리 곁에 더 오래 있었던 것도 하나의 이유가 되겠지만, 주된 이유는 많은 이가 과학은 냉정하고 비인간적이며, 과학기술 분야의 전문가들이 권력을 휘두른다고 믿는다는 데 있다. 과학은 우리의 꿈과 희망에 태클을 걸고 훙을 깨는 존재로 명성이 자자하다. 물론, 과학이 우리에게 아무리 팔을 펄럭거린다 한들 하늘을 날 수는 없다고 말했던 건 사실이다. 그러나 과학에는 다른 측면이 있다. 과학은 이전에는 이해는커녕 상상조차 못했던 가능성을 향해 우리의 눈을 뜨게 해준다. 경이로움을 앗아가기는커녕, 새로운 경이로운 것을 더 많이 제공한다. 과학은 우리의 마음을 확장시킨다.

내가 생각할 수 있는 최고의 비유는 이렇다. 나는 가끔 자각몽을 꾼다. 꿈을 꾸면서 내가 꿈을 꾸고 있다는 걸 자각하는 것이다. 내 친구들은 자각몽을 꾸고 싶어 하지만 대부분은 경험해보지 못했다고 한다. 반면 나는 그런 꿈은 차라리 안 꾸느니만 못한데, 그렇다고 해서 내 꿈을 친구들에게 팔 수도 없는 노릇이다. 내가 자각몽을 싫어하는 이유는 그런 꿈을 꾸면 대개는 잠에서 깨고, 그러면 새벽까지 잠을 설치기 일쑤이기 때문이다. 게다가 오싹하기도 하다.

보는 것을 그대로 인정하는 일반적인 꿈과는 달리, 자각몽에서는 내가 경험하는 것이 실제가 아니라는 걸 잘 안다. 내가 어떤 얼굴을 '보고 있어도' 실제로 얼굴을 보는 것이 아니다. 그것은 얼굴의 이데아에 더 가깝고, 얼굴을 보려고 애를 써보면 그 자리엔 얼굴이 없다. 그것은 불쾌한 골짜기uncanny valley 깊숙이에 있는데, 그 골짜기는 내 머릿속에 있다. 건물, 사물, 하늘도 마찬가지다. 나는 그런 것들이 그 자리에 있는 걸 알고, 항상 성공하는 건 아니지만 가끔 그것들을 움직이거나 색깔을 바꿀 수 있다. 그러나 언제나 세부적인 내용이 부족하다. 그것들은 실제라기보다는 실제의 이데아다. 그 안에 있다 보면 마치 옛날 비디오 게임 안에 갇힌 것 같은 기분이 든다. 벽은 완벽하게 평평하고 무한히 얇은 평면이지만, 가끔은 모서리끼리 서로 맞지 않아서 그 사이에 끼곤 하는 그런 게임. 그리고 원한다면 꿈속에서 날 수도 있지만, 그 아래는 별로 볼 것도 없고 솔직히 말해서 다소 따분하다.

내 생각엔 내가 느낀 인상과 경험을 설득력 있게 투사할 만큼 세부적인 내용들을 내 뇌가 잘 저장해놓지 않아서 그런 것 같다. 그리고 그게 특별히 놀랄 일은 아니다. 하늘을 나는 기분이 어떤지, 분홍색 하늘이 어떻게 생겼는지 그런 걸 내가 어떻게 알 수 있겠는가? 그리고 나는 컨디션이 좋을 때에도 사람들 얼굴을 기억하는 데는 젬병이다.

나는 나의 자각몽에서 저 바깥세상이 문자 그대로 우리가 상상할 수 있는 것보다 훨씬 더 풍부하다는 교훈을 얻는다. 우리는 우리 뇌에 공급해줄 실체가 필요하다. 그리고 이것은 감각 기관의 경험에만 해당되는 얘기는 아니라고 생각한다. 아이디어도 마찬가지다. 우리는 자연과의 상호작용으로부터, 우주에 대한 연구로부터 아이디어를 얻는다. 과학으로부터 아이디어를 얻는 것이다. 내 자각몽이 깨어 있는 순간의 창백한 기억인 것처럼, 과학이 없으면 우리의 아이디어도 이미 아는 것의 창백한 기억으로만 남을 뿐이다.

나는 "과학만이 유일한 뉴스"라고 주장한 스튜어트 브랜드 Stewart Brand처럼 극단적으로 주장하지 않으려 한다. 자연으로부터 영감을 끌어낼 창조적인 학문으로 과학만이 유일한 것은 아니기 때문이다. 그러나 과학은 우리가 인지하는 실재를 예상치 못한 반전으로 완전히 뒤바꿔놓을 수도 있다. 그래서 나에게 과학은 직업이기 이전에 영감이다. 과학은 세상을 이해하고 진정한 새로움을 발견하는 방법이다. 나는 사람들이 과학의 이런 측면을 더 많이 바라봐주기를 바란다.

과학자들이 종교에서 배웠으면 하는 점은, 모든 모임에 반드시 교훈이 수반되는 것은 아니라는 것이다. 가끔 우리는 그냥 비슷한 생각을 가진 사람들과 교류하고, 경험을 공유하고, 함께 전통적인 의식을 치르기를 원한다. 과학계에는 그런 사회적 통합이 심각하게 부족하다. 바로 이 점을 우리는 개선할 수 있고 개선해야 한다. 일반인을 대상으로 하는 대중 강연은 물론이거니와, 강연자들도 서로를 알아갈 기회를 마련해야 한다. 저명한 과학자들끼리의 패널 토론 대신, 과학을 모르는 사람들에게 과학의 이해가 어떤 변화를 일으킬 수 있는지 더 많이 얘기해야 한다. 연구자들이 청중의 질문에 대답하도록 하는 대신, 어려운 시기에 과학적 통찰의 도움을 받았던 이들에게 듣고 배워야 한다. 맑은 밤하늘, 발생학에 관한 책, 심리학 인터넷 강좌, 신경생리학 강연 한 편이 한 사람의 인생을 바꿀 수 있다. 내가 이를 깨달은 이유는, 강연이 끝난 후 사람들이 그런 이야기를 편지나 소셜 미디어를 통해 나와 공유하기 때문이다. 그런 사례들이 좀 더 널리 알려져야 한다.

＊＊＊

과학자들은 자주 연구 내용의 현실적 응용을 제시해 자신의 연구를 정당화해야 한다. 그러나 우리의 연구에는 그와는 완전히 다른 목적이 있다. 우리 자신의 존재를 이해하려는 욕구다. 우리들은 스스로를 이해하려는 각자의 접근법이 있고, 나는 이 책에서 내가 가진 접근법을 여러 예를 통해 보여주었다.

그러나 독자 여러분은 "그래서, 요점이 뭔데요?"라고 물을 수도 있겠다. 만일 우주가 그냥 기계 장치라면, 초기 조건에 따라 움직이는 미분방정식 집합일 뿐이라면, 그리고 우리는 단지 무신경한 우주 안의 복잡성의 일시적인 깜박거림일 뿐이라면, 찰나적으로 스스로를 인식한 입자들의 집합체이며 엔트로피 증가로 인해 곧 씻겨나갈 존재라면, 굳이 왜 시간을 들여 우리 존재가 얼마나 대수롭지 않은지를 알아내려 하고 있나? 아무런 목적이 없다면 우리 인생의 의미는 무엇일까?

나는 여러분을 위해 이 질문에 답을 할 의도가 없다. 답이 없다고 생각해서가 아니라, 우리 모두가 각자의 답을 찾아야 한다고 믿기 때문이다. 내가 개인적으로 생각하는 나의 답은 무엇인지 말해보겠다.

어릴 때 엄마에게 이런 질문을 했던 게 기억난다. "엄마, 인생의 의미가 뭐예요?" 그때 나는 아마 열네 살 정도 되었던 것 같다. 엄마는 십대의 딸에게 이런 질문을 받고 놀라기보다는 피곤해 보였다. 잠깐의 고심 끝에 엄마는 당신이 생각하는 인생의 의미는 다음 세대에게 지식을 넘겨주는 것이라고 대답하셨다. 알지 모르겠지만, 나의 어머니는 (이제는 은퇴한) 고등학교 교사다. 당시의 나는 어머니의 답이 일관성은 있지만 다소 설득력이 부족하다고 생각했다. 당연히 선생님한테는 지식의 전달이 그 무엇보다도 중요한 일이겠지!

30년이 지난 지금, 나 역시 거의 같은 결론에 도달했다. 그렇다. 사람들 말로는 내가 엄마를 많이 닮았다고 한다. 그러나 나는 한때 교사가 되기로 마음먹었지만 결국 되지 않았다. 그냥 같은 말을 계속 반복하는 일이 싫다는 단순한 이유에서였다. 그럼에도 지금 나는 이 질문에 어머니와 무척이나 비슷한 답을 내놓으려 한다.

지난 20년 동안 나는 엄청나게 운이 좋았고 많은 특권을 누렸다. 정부의 연구비 지원 단체, 사설 기관들, 개인적인 후원자들로부터 금전 지원을 받은 덕에, 나는 자연의 기본 법칙을 연구하고 내가 도달한 결론을 여러분에게 보고할 수 있었다. 내 책과 강연,

동영상 채널에 대해 받은 피드백을 통해, 많은 이가 나와 마찬가지로 내가 이끌리는 의문의 답을 많이 고민한다는 것을 생생히 알게 되었다. 그들도 우주가 어떻게 돌아가는지 알고 싶은 것이다.

순수하게 경제적 관점에서만 보면, 나의 연구가 가능했던 이유는 잠재적 통찰이 투자 가치가 있으리라고 생각한 이들이 많았기 때문이었다. 그렇다 해도 조금은 당혹스럽다. 안 그런가? 내가 이 책에서 설명한 내용을 이해한다 해도 무슨 경제적인 혜택이나 선택적인 장점이 생기는 것은 아니다. 어쩌면 누군가는 자연을 이해하는 게 광범위하게 말해서 생존에 유익하다거나, 괴짜들은 섹시하다거나, 일시적 유행에 돈을 쓰는 인간은 이해가 안 간다고 주장할 수도 있겠다. 그러나 나는 그 정도로 답이 될 거라고는 생각지 않는다. 기초 연구는 단순한 유행이 아니다. 선진화된 사회의 기관화된 노력이다. 우리는 어느 날 문득 다른 은하로 여행을 가고 싶어서 우주를 연구하는 게 아니다. 설령 진짜로 가고 싶다고 해도, 그래서 이를 실현하기 위해 연구한다 해도, 우리가 왜 시간이 실재인지 아닌지를 따지고 왜 자연 상수가 지금의 이 모습인지를 알고 싶어 하는지는 설명이 되지 않는다.

나의 이야기는 나뿐만 아니라 수많은 우리가 우주를 이해하고픈 욕구가 있다는 증거다. 다른 무엇도 아닌 그저 우주를 이해하려는 욕구. 지식에 대한 갈증은 개인이든 사회든 모두가 함께 느끼고 있다. 우리는 이해하고 싶다. 그 이해가 유용하기 때문이기도 하고, 우리 자신과 이 세상에서의 우리의 위치를 이해할 일차적인 필요성 때문이기도 하다.

그렇다면 우주는 어쩌면 우주 자신을 이해하는 방향으로 진화하고 있고, 우리는 그 진행 중인 여정의 일부일지도 모른다. 이 여정은 자신의 환경을 정확히 예측했던 종들을 자연선택이 선호하면서부터 시작되었고, 자연을 점점 더 깊이 이해하는 유기체에 의해 주도되다가, 이제는 국내외에서 개인과 기관으로 조직화된 과학 활동과 함께 계속 이어지고 있다.

그러나 우리가 갈구하는 이 이해란 무엇인가? 무언가를 이해한다는 것은 실행 가능한 모형을 우리의 머릿속에 담을 수 있다는 뜻이다. 이 모형은 우리가 의문을 품고 관찰하는 대상의 측면을 설명하는 실체의 단순화된 버전이다. 물리학에서 다루는 모형은 대개 수학이 많아서 오랜 훈련을 거치지 않으면 그 성질을 완전히 파악하는 것이 불가능하다. 모든 이가 그 정도로 넉넉한 시간 여유를 갖고 있지는 않을 것이다. 그러나 일단 수학을 알고, 적어도 '누군가는' 그것을 이해한다면, 말과 글로, 시각적으로 소통할 수 있다. 이 책을 통해 나는 여러분의 머릿속에 우주의 일부를 조금이나마 담을 수 있도록 하려고 방정식보다는 말과 그림을 이용했다. 나도 엄마처럼 여러분에게 지식을 전달함으로써 우주가 스스로를 이해하려는 여정에 나만의 일부를 보탰다.

그러니까, 맞다. 우리는 놀라우리만치 놀랍지 않은 은하의 나선 팔 바깥쪽에 있는 창백한 푸른 점 위를 기어다니는 원자가 든 자루다. 그러나 우리는 그 이상의 존재이기도 하다.

감사의 말

제일 먼저, 인터뷰로 이 책을 빛내 주신 데이비드 도이치, 지야 메랄리, 팀 파머, 로저 펜로즈에게 감사드립니다. 여러분은 정말 멋졌습니다. 대리인 맥스 브록먼, 지난 몇 년간 나를 지원해준 브록먼주식회사의 멋진 분들에게도 감사합니다. 편집자인 폴 슬로박, 그리고 펭귄 랜덤하우스의 그의 팀원들에게도, 여러분의 손에 들린 이 책을 제작하기 위해 멋진 일을 해주신 데 감사 인사를 전합니다.

이 책의 제작 일부를 도와주신 티모시 고워즈와 마시모 피글리우치에게도 감사합니다. 원고의 초고를 읽어준 존 호건, 팀 파머, 스테판 쉐러, 그리고 레나테 바이넥에게도 감사 인사를 전합니다.

이 책을 쓰는 데, 내 블로그의 독자들과 유튜브 채널의 시청자들의 질문에 답해온 10년 간의 경험이 큰 도움이 되었습니다. 그들은 전문 기술 용어들은 옆으로 치워두라고 가르쳐주었고, 비전문가들이 물리학자들의 주장을 따라가는 데 겪을 수 있는 어려움을 이해할 수 있게 도와주었습니다. 나는 그분들께 큰 빚을 졌습니다. 그분들은 무엇보다도 지식이 중요하다는 것을, 실용적인 응용이 있든 없든 상관없이 모든 지식이 중요하다는 점을 꾸준히 일깨워주었습니다. 만일 당신이 그분들 중 하나라면, 진심으로 당신에게 감사합니다.

이 책을 남편 스테판에게 바칩니다. 그는 장거리 연애와 결혼 생활에서 마땅히 해야 하는 이상으로 고생을 했습니다. 우리가 서로를 알고 지낸 지난 20여 년 동안, 그는 십여 차례 찾아온 고비를 견디고 인내하며 묵묵히 나의 행보를 지켜봐주었습니다. 그렇게 우리는 기적적으로 결혼했고, 지금도 결혼 생활을 유지하고 있으며, 평범한 두 아이를 합리적으로 키우고 있습니다. 이 모든 시간 동안 스테판은 변함없이 내게 용기를 주고 지지를 아끼지 않았습니다. 이 모든 것과 그 이상의 모든 것에 대하여 스테판에게 감사합니다.

결정론determinism, **결정론적**deterministic

어느 이론에서 주어진 **초기 조건**으로부터 이후의 계의 상태를 추론할 수 있다면 그 이론은 결정론적이다. **고전** 혼돈과 **일반상대성이론**은 결정론적이다. **비결정론적**의 반대다.

고전classical

고전 이론은 양자 성질을 갖지 않는 이론을 말한다.

국소적local, **국소성**locality

어느 이론의 정보가 빛의 속도 제한을 따르며 전송될 경우, 그리고 이 정보가 한 점에서 다른 점으로 갈 때 이 두 점을 나누는 닫힌 표면을 모두 지나야 할 경우, 이 이론은 국소적이라고 말한다. 그러나 물리학자들이 사용하는 '국소적'이라는 말의 정의에는 몇 가지가 있다는 점을 경고하고 싶다. 내가 설명한 것은 그중 하나일 뿐이며, 이 내용은 가끔 아인슈타인 국소성이라고 좀 더 한정되기도 한다. 만일 어디선가 **양자역학**이 '**비국소적**'이라는 말을 들었다면, 이 경우에도 이와 다른 국소성 개념이 사용된 것이다. 여기에서 사용된 정의에 따르면 양자역학은 '국소적'이며, **입자물리학의 표준모형**과 **조화모형** 역시 국소적 이론이다.

급팽창inflation

초기 우주에서 발생했다고 가정되는 가속 팽창 단계. 인플라톤inflaton이라는 장에 의해 발생했다고 추정된다. 급팽창이나 인플라톤에 대한 신빙성 있는 증거는 없다.

기본fundamental

법칙, 성질, 사물이 다른 무엇으로부터 유도될 수 없다면 이들은 기본적이다. 기본은 **창발**의 반대다.

기본 물리학foundations of physics

기본 법칙을 연구하는 물리학의 연구 분야. 현재 이 분야에는 고에너지 입자물리, 양자중력, 기본 양자물리, 그리고 우주론과 천체물리 일부가 포함되어 있다.

비결정론적non-deterministic

비결정론적 이론에서는 **초기 상태**에 **진화 법칙**을 적용해도 계의 이후 상태를 유도할 수 없다. 비결정론은 **결정론**의 반대다. 비결정론적 이론은 **시간 가역성**이 없지만, 그 반대가 항상 성립하는 것은 아니다(결정론적 이론도 시간 가역성이 없을 수 있다).

비국소적nonlocal

비국소적 이론에서는 공간상에서 분리된 두 곳이 순간적으로 정보를 교환할 수 있다. 현재 알려진 **기본** 이론 중 이 성질을 갖는 것은 없다. 비국소적은 **국소적**의 반대다.

시간 가역적time-reversible, **시간 가역성**time-reversibility

하나의 **초기 상태**를 다른 시간의 상태와 정확히 대응시키는 **진화 법칙**은 시간 가역적이다. 이러한 진화 법칙은 시간순과 역순을 모두 오가며 사용할 수 있다. **일반상대성이론**은 특이점이 없을 경우 **시간 가역적**이다.

양자장이론은 측정 과정만 제외하면 시간 가역적이다. 시간 가역적 이론은 **결정론적**이지만, 결정론적 이론이 반드시 시간 가역성을 갖지는 않는다.

암흑물질dark matter

암흑물질은 가상의 물질 형태로 우주 물질의 약 80퍼센트를 구성한다. 이는 물질-에너지 총량의 약 20퍼센트에 해당한다. 암흑물질에 대한 관측 증거는 견고하지만, 그 구성 요소는 (과연 다른 것으로 구성된 게 맞는지도) 불분명하다. **암흑에너지**와 혼동하지 말 것.

암흑에너지dark energy

암흑에너지는 우주 팽창을 가속시키는 가상의 에너지다. 가장 단순한 암흑에너지는 **우주상수**다.

양자역학quantum mechanics

입자들의 행동을 서술하는 이론(빛알photon이라고 불리는 입자로 이루어진 빛도 이 이론에 포함된다). 양자역학은 **국소적**이지만 **비결정론적**이고 **시간 가역적**이지 않다.

양자장이론quantum field theory

양자역학의 좀 더 복잡한 버전. 이 이론에서 입자들은 다른 입자들을 통해 상호작용한다. 양자역학과 마찬가지로 양자장이론도 **국소적**이지만, **비결정론적**이고 **시간 가역적**이지 않다.

우주상수cosmological constant

자연 상수이며, Λ(대문자 람다)로 표기한다. 이 상수는 우주의 팽창이 얼마나 빠르게 가속되는지를 결정한다. 우주상수는 가장 단순한 유형의 **암흑에너지**이며 우주의 물질-에너지 총량의 약 75퍼센트를 차지한다.

유효 모형effective model

유효 모형은 하나의 계를 원하는 수준의 해상도로 근사하는 서술이다. 모든 유효 모형은 **창발적**이다. 그러나 이 모형들은 단순히 창발적일 뿐 아니라 당장의 목적을 위해 필요 없다고 여겨지는 정보는 버린다.

인류원리anthropic principle

인류원리는 우주가 인간의 존재를 허용하는 방향으로 진화해야 한다고 서술한다. 약한 인류원리는 단순히 자연법칙이 충족해야 하는 제약이라는 점만 인정한다. 그렇지 않다면 증거와 충돌하기 때문이다. 강한 인류원리는 이에 더하여 왜 자연법칙이 지금의 이 모습인지를 인간의 존재가 '설명한다'고 추정한다.

일반상대성이론general relativity

알베르트 아인슈타인의 중력 이론. 이 이론에 따르면 중력은 휘어진 시공간의 효과다. 일반상대성이론은 **고전** 이론이고, **국소적**이며 **결정론적**이다. 이 이론은 현재는 **기본** 이론이지만, **양자장이론**과 양립하지 못하므로 아직 발견되지 못한 더 기본적인 이론으로부터 **창발**된 것이라고 널리 믿어지고 있다.

입자물리학의 표준모형standard model of particle physics

표준모형은 실험으로 확인된 모든 입자와 힘의 성질과 행동을 서술한다. 단 중력은 예외로, **일반상대성이론**으로 서술한다. 표준모형은 **양자장이론**의 한 유형이며, 따라서 **국소적**인 동시에 **비결정론적**이다. 현재 표준모형은 **기본** 이론이다.

조화모형concordance model

우주를 거대 규모에서 서술하는 모형이다. 이 모형은 알려진 유형의 물질 모두를 **고전** 근사로 포함시키고, 여기에 **암흑물질**과 **암흑에너지**를 추가한다. 조화모형은 **일반상대성이론**의 수학적 기틀을 사용하며, **결정론적**

이면서 **국소적**이다. ΛCMD라고 부르기도 한다(Λ는 우주상수, CDM은 '차가운 **암흑물질**cold dark matter'의 첫 글자를 모은 것이다).

진화 법칙evolution law

진화 법칙을 계의 **초기 상태**에 적용하면 이후의 계의 상태를 계산할 수 있다. 진화 법칙에 **시간 가역성**이 있으면, 이 법칙을 이용해 이전의 어느 상태로 되돌릴 수도 있다. 현재 **기본 물리학**에서 알려진 진화 법칙들은 모두 미분방정식이다.

창발성emergent

사물, 성질, 또는 법칙이 그 구성 요소 그리고 구성 요소의 행동 수준에서 정의되거나 발견되지 않을 때 창발적이라고 한다. 만일 창발적 사물이나 성질, 법칙이 구성 요소의 행동과 성질로부터 유도될 수 있으면 약한 창발성이라고 한다. 전혀 유도되지 못한다면 강한 창발성이다. 자연에서 강한 창발성으로 알려진 예는 없다.

초기 조건initial condition, **초기 상태**initial state

시간 중 어느 특별한 순간의 계의 상태에 대한 완전한 정보. 여기에 **진화 법칙**을 적용한다. 초기 조건에서의 계의 상태를 **초기 상태**라고 부른다.

환원주의reductionism

이미 알고 있는 이론을 더 단순한 이론으로부터 유도함으로써 더 나은 설명을 찾으려는 관행. 이렇게 유도될 수 있는 이론은 '환원 가능'하다고 하고, 이렇게 이론을 유도해낼 수 있는 이론은 더 **기본**적인 이론이라고 한다. 만일 기본 이론이 환원 가능한 이론보다 자연을 더 짧은 거리상에서 서술하면, 이는 존재론적 환원주의ontological reductionism를 구체적으로 증명하는 것이다. 반면 일반적인 경우에서는 이론 환원주의theory reductionism를 증명하는 것이다. 이론 환원주의가 반드시 존재론적 환원주의를 수반할 필요는 없지만, 역사적으로 이 둘은 늘 함께였다.

주

프롤로그

1 **아무리 만족스럽고…**: Carl Sagan, *The Demon-Haunted World: Science as a Candle in the Dark* (New York: Ballantine Books, 1997), 12. 한국어판은 『악령이 출몰하는 세상』(사이언스북스, 2022).

2 **"통찰을 복잡하고 따분한 산문으로"**: Nicholas Kristof, "Professors, We Need You!," *New York Times*, Feb. 14, 2014.

1장 과거는 정말 어딘가에 존재하는가

3 **원을 따라 계속 달리면**: 가속은 속도의 변화다. 가속과 속도는 모두 벡터인데, 이 말은 방향을 가지고 있다는 뜻이다. 따라서 속도의 크기가 상수로 변치 않더라도 속도의 방향이 변하면 가속이다.

4 **주제에서 너무 많이 벗어나므로**: 특수상대성 이론을 소개하는 사랑스러운 책이 있다. 바로 Chad Orzel, *How to Teach Relativity to Your Dog* (New York: Basic Books, 2012)다. 한국어판은 『강아지도 배우는 물리학의 즐거움』(까치, 2011)이다. 수학을 좀 더 알고 싶다면, Leonard Susskind & Art Friedman,

Special Relativity and Classical Field Theory: The Theoretical Minimum (New York: Basic Books, 2017)에서부터 출발하면 좋다. 한국어판은 『물리의 정석: 특수 상대성 이론과 고전 장론 편』(사이언스북스, 2022)이다.

5 **'무엇이든' 지금 존재한다는 데 동의한다면**: 지금 이 얘기가 애초에 무엇이 존재한다는 것의 의미를 말하고자 하는 게 아님을 분명히 해두자. 그건 확실히 까다로운 문제다. 이 논증은 오히려, 특수상대성이론에 따라 동일한 방식으로 존재하는 것이 무엇인지에 관한 명제다. 예를 들어 당신과 같은 자리에 있지 않은 것은 그 무엇도 존재하지 않으며, 따라서 그걸 보려고 빛이 당신에게 날아갈 필요가 없다고 주장하면 그런 결론을 피해갈 수 있다. 엄밀히 말해 이 말인즉 존재하는 것은 오로지 당신 머릿속에 있다는 뜻이다. 이 점을 잠시 접어두면, 대부분의 사람들은 '존재한다'는 말을 이런 식으로 사용하지 않는다.

6 **정리하자면**: John Lloyd, "The Infinite Money Cage: Parallel Universes." BBC Radio 4, July. 16, 2012.

7 **양자역학이 발견되기 전**: 또는 적어도 결정론적이라고 믿었다. 뉴턴역학이 비결정론적이 되는 미묘한 경우들이 있는데, 라플라스는 이를 몰랐다.

8 **1814년에 프랑스의 과학자**: Pierre-Simon Laplace, *Essai philosophique sur les probabilitiés* (Paris: Courcier, 1814; repr. Paris: Forgotten Books, 2018). Trans. Frederick Wilson Truscott and Frederick Lincoln Emory (New York: Wiley, 1902).

9 **양자역학을 이해하는 사람이 아무도 없다고 해도**: Richard Feynman, "Messenger Lectures at Cornell: The Character of Physical Law, Part 6: Probability and Uncertainty" (1964). 유튜브에서도 영상을 찾아볼 수 있다. youtube.com/watch?v=Ja0HSFj8Imc. 인용문은 강의의 8분쯤에 나온다.

10 **"물리학자들조차 양자역학을 이해하지 못한다."**: Sean Carroll, "Even Physicists Don't Understand Quantum Mechanics," *New York Times*, Sept. 7, 2019.

11 **좀 더 알고 싶다면**: Adam Becker, *What Is Real? The Unfinished Quest for the Meaning of Quantum Physics* (New York: Basic Books, 2018), 한국어판은 『실재란 무엇인가』(승산, 2022); Philip Ball, *Beyond Weird: Why Everything You*

Thought You Knew about Quantum Physics Is Different (Chicago: University of Chicago Press, 2018); Jim Baggott, *Quantum Reality: The Quest for the Real Meaning of Quantum Mechanics—a Game of Theories* (New York: Oxford University Press, 2020), 한국어판은 『퀀텀 리얼리티』(반니, 2021).

12 **"불합리하도록 효율적"**: Eugene Wigner, "The Unreasonable Effectiveness of Mathematics in the Natural Sciences," *Communications on Pure and Applied Mathematics* 13 (1960): 1–14.

2장 물리학은 우주의 시작과 끝을 밝혀낼 수 있는가

13 **우주론은 이런 작업을 자주 수행하는 분야 중 하나다**: 이러한 예로 떠오르는 논문이 있다. Debika Chowdhury, Jérôme Martin, Christophe Ringeval, and Vincent Vennin, "Assessing the Scientific Status of Inflation after Planck," *Physical Review D* 100, no. 8 (Oct. 24, 2019): 083537, arXiv:1902.03951 [astro-ph.CO].

14 **화석 사이의 거리를 … 좋은 예가 될 것이다**: 한 가지 사례만 있는 것이 아니고 어리둥절할 만큼 다양하다. 이 연구 분야는 '형태측정학morphometrics'이라고 불리며, 이 내용을 더 알고 싶으면 위키피디아에 잘 설명되어 있다.

15 **이 주장이 논란의 여지가 있다는 점**: Anna Ijjas and Paul J. Steinhardt, "Implications of Planck 2015 for Inflationary, Ekpyrotic and Anamorphic Bouncing Cosmologies," *Classical and Quantum Gravity* 33 (2016): 044001, arXiv:1512.09010 [astro-ph.CO].

16 **무에서의 창조**: Lawrence Krauss, *A Universe from Nothing: Why There Is Something Rather than Nothing* (New York: Free Press, 2012).

17 **그 이후 사라졌다가**: Niayesh Afshordi, Daniel J. H. Chung, and Ghazal Geshnizjani, "Cuscuton: A Causal Field Theory with an Infinite Speed of Sound," *Physical Review D* 75 (2007): 083513, arXiv:hep-th/0609150.

18 **급팽창과 구분되지 않는다는 점**: Ghazal Geshnizjani, William H. Kinney,

and Azadeh Moradinezhad Dizgah, "General Conditions for Scale-Invariant Perturbations in an Expanding Universe," *Journal of Cosmology and Astroparticle Physics* 11 (2011): 049.
19 **이 네트워크는 … 변화하고**: Tomasz Konopka, Fotini Markopoulou, and Simone Severini, "Quantum Graphity: A Model of Emergent Locality," *Physical Review D* 77 (2008): 104029, arXiv:0801.0861 [hep-th].
20 **자연법칙**: David Hume, *A Treatise of Human Nature*, ed. Lewis Amherst Selby-Bigge (Oxford, UK: Clarendon Press, 1896).
21 **농장의 법칙**: Bertrand Russell, *The Problems of Philosophy* (New York: Barnes & Noble, 1912).
22 **위키피디아 문서에서 97퍼센트는**: "Wikipedia: Getting to Philosophy," Wikimedia Foundation, last modified December 29, 2021, 01:14, en.wikipedia.org/wiki/Wikipedia:Getting_to_Philosophy.

인터뷰 #1. 팀 파머_과연 수학이 전부인가

23 **바나나 수확량이 늘지도 않는다**: Liam Fox, "Bananas-for-Sex Cult Leader on the Run," abc.net.au, Sept. 15, 2009.
24 **주장하기보다는**: Meredith Bennett-Smith "Lawrence Krauss, Physicist, Claims Teaching Creationism Is Child Abuse and 'Like the Taliban,'" *HuffPost*, Feb. 14, 2013.
25 **호킹은 『시간의 역사』에서**: Stephen Hawking, *A Brief History of Time* (New York: Bantam Books, 1988).

3장 물리학적으로 젊음을 되돌릴 수는 없는가

26 **과거 가설**: 우리의 관측을 재현하기 위해서는 우주의 초기 조건이 낮은 엔

트로피였어야 한다는 사실은 이미 열역학 초기 때 물리학자들이 논의했던 내용이다. 그러나 과거 가설이라는 용어는 그보다 훨씬 더 이후에 데이비드 앨버트가 자신의 책 *Time and Chance* (Cambridge, MA: Harvard University Press, 2000)에서 만들어낸 말이다.

27 **펜로즈의 등각 순환 우주론**: Roger Penrose, *Cycles of Time: An Extraordinary New View of the Universe* (London: Bodley Head, 2010). 한국어판은 『시간의 순환』(승산, 2015).

28 **숀 캐럴은 … 생각한다**: Sean Carroll, *From Eternity to Here: The Quest for the Ultimate Theory of Time* (New York: Penguin, 2010).

29 **그리고 줄리언 바버는**: Julian Barbour, *The Janus Point: A New Theory of Time* (London: Bodley Head, 2020).

30 **진정한 괴짜**: Julian Havil, *Gamma: Exploring Euler's Constant* (Princeton University Press, 2003)에서 오일러-마스케로니 상수에 관한 설명을 더 찾아볼 수 있다.

31 **그러나 비슷함의 개념이 바뀌면**: David Bohm, *Wholeness and the Implicate Order* (Abingdon, UK: Routledge, 1980). 내 생각엔 봄이 이해한 '내포된 질서'와 '펼쳐진 질서'가 정확히 이 내용이라고는 생각하지 않는다. 그러나 나는 둘 사이의 숨은 차이점을 쉽게 구분할 수 있도록 이 용어들을 사용했고, 봄도 은연중에 이와 비슷한 방식으로 생각했을 거라고 믿는다.

32 **AC의 의식**: Isaac Asimov, "The Last Question," *The Best of Isaac Asimov* (Garden City, NY: Doubleday, 1974).

33 **'지금의 문제'**: Rudolf Carnap, "Intellectual Autobiography," in Paul Arthur Schilpp, ed., *The Philosophy of Rudolf Carnap* (Chicago: Open Court, 1963).

34 **현재의 시공간 이론을 다른 것으로 교체해야 한다**: Fay Dowker, "Causal Sets and the Deep Structure of Spacetime," in Abhay Ashtekar, ed., *100 Years of Relativity—Space-time Structure: Einstein and Beyond* (Singapore: World Scientific, 2005), arXiv:gr-qc/0508109.

35 **양자역학의 개정**: N. David Mermin, "Physics: QBism Puts the Scientist Back into Science," *Nature* 507 (2014): 421-423.

36 **수학 자체가 문제라고**: Lee Smolin, "The Unique Universe," *Physics World*, June 2, 2009, physicsworld.com/a/the-unique-universe.
37 **「슈뢰딩거의 고양이」**: 몇 년 전 내가 썼던 노래의 가사. youtube.com/watch?v=I_0laAhvHKE.
38 **일시적으로 열역학제2법칙을 거스른다**: G. M. Wang et al., "Experimental Demonstration of Violations of the Second Law of Thermodynamics for Small Systems and Short Time Scales," *Physical Review Letters* 89, no. 5 (Aug. 2002): 050601.
39 **물리학자 세스 로이드**: Lisa Grossman, "Quantum Twist Could Kill Off the Multiverse," *New Scientist*, May 14, 2014에서 인용됨.
40 **나는 숀 캐럴 편이다**: Sean M. Carroll, "Why Boltzmann Brains Are Bad," in Shamik Dasgupta, Ravit Dotan, and Brad Weslake, eds., *Current Controversies in Philosophy of Science* (London: Routledge, 2020), arXiv:1702.00850 [hep-th].
41 **이것은 정말로 토끼일까**: 토머스 쿤은 그의 책 *The Structure of Scientific Revolutions* (Chicago: University of Chicago Press, 1962)에서 패러다임의 변화를 설명하기 위해 같은 예를 사용했다. 내가 이 책에서 언급한 것은 정확히 이 내용은 아니다. 한국어판은 『과학혁명의 구조』(까치, 2013).

4장 우리는 그저 원자가 든 자루일 뿐인가

42 **무거운 원소들**: 천체물리학자들은 오랫동안 무거운 원소들이 초신성 폭발에서 생성되었다고 생각했지만, 최신 데이터에 따라 무거운 원소들이 중성자별 융합에서 생성되었다는 가설이 등장했다. Darach Watson et al., "Identification of Strontium in the Merger of Two Neutron Stars," *Nature* 574 (Oct. 2019): 497–500 참고.
43 **100조 년**: Fred Adams and Greg Laughlin, *The Five Ages of the Universe* (New York: Free Press, 1999).

44 2019년의 조사: David Wisniewski, Robert Deutschländer, and John-Dylan Haynes, "Free Will Beliefs Are Better Predicted by Dualism Than Determinism Beliefs across Different Cultures," *PLOS ONE* 14, no. 9 (Sept. 11, 2019): e0221617.

45 필립 앤더슨: Philip W. Anderson, "More Is Different," *Science* 177, no. 4047 (Aug. 4, 1972): 393–396.

46 유효 모형은 그 외에도 많다: 기술적인 개요는 C. P. Burgess, "Introduction to Effective Field Theory," *Annual Review of Nuclear and Particle Science* 57 (2007): 329–62, arXiv:hep-th/0701053을 참고할 것.

47 유사한 예들은 얼마든지: 사람들이 나에게 제시한 반례들이 몇 가지 있다. 예를 들면 경곗값이나 위상 제약 조건 같은 포괄적 조건이다. 그러나 이런 것들은 미시 항에서 모두 정의될 수 있다. 다시 말하지만, 환원주의가 무너지는 것을 입증하고 싶다면 미시 물리학으로부터 유도될 수 없는 예를 찾아내야 한다. 이 내용은 Sabine Hossenfelder, "The Case for Strong Emergence," in Anthony Aguirre, Brendan Foster, and Zeeya Merali, eds., *What Is Fundamental?* (New York: Springer, 2019), 85–94에서 더 자세히 논의했다.

48 2주마다 한 번씩 교체: Kirsty L. Spalding et al., "Retrospective Birth Dating of Cells in Humans," *Cell* 122, no. 1 (Aug. 2005): 133–143.

49 1980년의 사고실험: Zenon W. Pylyshyn, "Computation and Cognition: Issues in the Foundations of Cognitive Science," *Behavioral and Brain Sciences* 3, no. 1 (Mar. 1980): 111–169.

50 노벨상 수상자인 물리학자: Gerar 't Hooft, *The Cellular Automaton Interpretation of Quantum Mechanics* (New York: Springer, 2016).

인터뷰 #2. 데이비드 도이치_지식은 예측할 수 있는가

51 내가 여기 온 이유는: David Deutsch, *The Fabric of Reality: The Science of Parallel Universes—and Its Implications* (New York: Viking, 1997) and *The*

Beginning of Infinity: Explanations That Transform the World (New York: Penguin, 2011).

52 그러니까 모든 법칙이 튜링 연산성이 있다는 게 기본 원리라면: 튜링 연산성의 더 자세한 설명은 David Deutsch, "Quantum theory, the Church-Turing principle and the universal quantum computer," The Royal Society. A40097–117(1985)를 참고하자.

53 '인과적 배제 원리': Jaegwon Kim, "Making Sense of Emergence," *Philosophical Studies* 95, no. 1–2 (Aug. 1999): 3–36; and "Emergence: Core Ideas and Issues," *Synthese* 151, no. 3 (Aug. 2006): 547–559.

5장 정말 다른 세계에 또 다른 내가 존재하는가

54 "양립할 수 없는 부조화": Anil Ananthaswamy, "Spin-Swapping Particles Could Be 'Quantum Cheshire Cats,'" *Scientific American*, May 6, 2019; and George Musser, "Quantum Paradox Points to Shaky Foundations of Reality," Science, Aug. 17, 2020.

55 필립 볼의 견해에 동의한다: Philip Ball, *Beyond Weird: Why Everything You Thought You Knew about Quantum Physics Is Different* (Chicago: University of Chicago Press, 2018)

56 "원격의 유령 작용": Albert Einstein, letter to Max Born on March 3, 1947, in *Albert Einstein Max Born Briefwechsel 1916–1955* (Munich: Nymphenburger Verlangshandlung, 1991).

57 수학적으로 증명할 수 있다: 이 내용은 '신호 없음 정리' 또는 '통신 없음 정리'라고 불리며 교과서와 위키피디아에서 찾아볼 수 있다. 이것은 Giancarlo Ghirardi, Alberto Rimini, and Tullio Weber, "A General Argument against Superluminal Transmission through the Quantum Mechanical Measurement Process," *Lettere al Nuovo Cimento* 27, no. 10 (1980): 293–298로 거슬러 올라간다.

58 이 가능성은 … 것이지만: Sabine Hossenfelder and Tim Palmer, "How to Make Sense of Quantum Physics," *Nautilus*, Mar. 12, 2020; and "Rethinking Superdeterminism," *Frontiers in Physics* 8 (May 6, 2020): 139, arXiv:1912.06462.
59 유니버스 스플리터: apps.apple.com/us/app/universe-splitter/id329233299.
60 2015년 9월 22일에: Dave Levitan, "Carson rewrites laws of thermodynamics," *Philadelphia Inquirer*, Sept. 25, 2015, inquirer.com/philly/news/politics/factcheck/SciCheck_Carson_rewrites_laws_of_thermodynamics.html.
61 강연의 첫머리에서: "Ben Carson in 2012 speech: The Big Bang Is a Fairytale," youtube.com/watch?v=Djo7R0OfC5M.
62 상당히 잘못 이해하고 있다: 로런스 크라우스는 Lawrence Krauss, "Ben Carson's Scientific Ignorance," *New Yorker*, Sept. 28, 2015에서 카슨의 연설을 언급하고 실수들을 설명하였다.
63 시뮬레이션 가설: Nick Bostrom, "Are You Living in a Computer Simulation?" *Philosophical Quarterly* 53, no. 211 (Apr. 2003): 243–255.
64 일론 머스크는 … 사람 중 하나다: Elon Musk, in "Joe Rogan & Elon Musk—Are We in a Simulated Reality?," Sept. 7, 2018, youtube.com/watch?v=0cM690CKArQ.
65 심지어 닐 디그래스 타이슨도: Corey S. Powell, "Elon Musk Says We May Live in a Simulation. Here's How We Might Tell If He's Right," NBC News, Oct. 2, 2018.
66 통상적인 컴퓨터로는 유한한 시간 내에: Zohar Ringel and Dmitri L. Kovrizhin, "Quantized Gravitational Responses, the Sign Problem, and Quantum Complexity," *Science Advances* 3, no. 9 (Sept. 2017): e1701758.
67 실제로 물리학자들은: Silas R. Beane, Zohreh Davoudi, and Martin J. Savage, "Constraints on the Universe as a Numerical Simulation," *European Physical Journal A* 50, no. 9 (Oct. 2012): 148.

6장 물리학은 자유의지를 부정하는가

68 **"갈래 길의 정원"**: Jorge Luis Borges, *The Garden of Forking Paths* (New York: Penguin, 2018); original: "El jardín de senderos que se bifurcan," (Buenos Aires: Sur, 1941).

69 **루트비히 비트겐슈타인의 말대로**: Ludwig Wittgenstein, *Logisch-philosophische Abhandlung [Tractatus Logico-Philosophicus]* (London: Kegan Paul, 1922).

70 **59퍼센트의 응답자가 자신을 양립가능론자라고 밝혔다**: philpapers.org/surveys.

71 **양립 가능론에 관해 조금 더**: Immanuel Kant, *The Critique of Practical Reason*, ed. Mary J. Gregor (New York: Cambridge University Press, 1997); William James, "The Dilemma of Determinism," *Unitarian Review*, Sept. 1884, in *The Will to Believe* (New York: Dover, 1956); and Wallace I. Matson, "On the Irrelevance of Free-Will to Moral Responsibility, and the Vacuity of the Latter," *Mind* 65, no. 260 (Oct. 1956): 489 – 497.

72 **철학자 존 마틴 피셔**: John Martin Fischer et al., *Four Views on Free Will* (Hoboken, NJ: Wiley-Blackwell, 2007).

73 **철학자 제넌 이즈마엘**: Jenann Ismael, *How Physics Makes Us Free* (New York: Oxford University Press, 2016).

74 **업그레이드된 버전**: Philip Ball, "Why Free Will Is beyond Physics," *Physics World*, Jan.2021.

75 **숀 캐럴이**: Sean Carroll, "Free Will Is as Real as a Baseball," *Discover*, July 13, 2011.

76 **2019년 설문 조사**: Ivar R. Hannikainen et al., "For Whom Does Determinism Undermine Moral Responsibility? Surveying the Conditions for Free Will across Cultures," *Frontiers in Psychology* 10 (Nov. 5, 2019): 2428.

77 **종종 특정 근사에 의존하는데**: John F. Donoghue, "When Effective Field Theories Fail," *Proceedings of Science, International Workshop on Effective Field Theories* 09, 001 (Feb. 2 – 6, 2009), arXiv:0909.0021 [hep-ph].

78 **조금이라도 근접할 수 있도록 해주는**: Mile Gu et al., "More Really Is

Different," *Physica D: Nonlinear Phenomena* 238, no. 9–10 (May 2009): 835–39, arXiv:0809.0151 [cond-mat.other]; and Toby S. Cubitt, David Perez-Garcia, and Michael M. Wolf, "Undecidability of the Spectral Gap," *Nature* 528, no. 7581 (Dec. 2015): 207–211.

79 **모험을 건 시도**: 이 내용에 대해 Anthony Aguirre, Brendan Foster, and Merali, eds., *What Is Fundamental?* (New York: Springer, 2019), 85–94에서 좀 더 자세히 다루었다.

80 **몽고메리는 … 진단받았다**: Rachel Louise Snyder, "Punch after Punch, Rape after Rape, a Murderer Was Made," *New York Times*, Dec. 18, 2020.

81 **이런 견해를 보여주는 예로**: Azim F. Shariff and Kathleen D. Vohs, "What Happens to a Society That Does Not Believe in Free Will?," *Scientific American*, June 1, 2014.

82 **예를 들어 … 2017년의 연구**: Emilie A. Caspar et al., "The Influence of (Dis) belief in Free Will on Immoral Behavior," *Frontiers in Psychology* 8, article 20 (Jan. 17, 2017).

83 **'자유의지는 없다'고 믿는 사람들에게는**: Francis Crick, *The Astonishing Hypothesis: The Scientific Search for the Soul* (New York: Scribner, 1995).

인터뷰 #3. 로저 펜로즈_의식은 연산 가능한가

84 **미세소관들의 양자 상태**: Stuart Hameroff, "How Quantum Brain Biology Can Rescue Conscious Free Will," *Frontiers in Integrative Neuroscience* 6 (Oct. 2012): 93.

85 **조화 객관 환원**: Stuart Hameroff and Roger Penrose, "Consciousness in the Universe: of the 'Orch OR' Theory," *Physics of Life Reviews* 11, no. 1 (Mar. 2014): 39–78.

86 **주된 이유는**: Max Tegmark, "Importance of Quantum Decoherence in Brain Processes," *Physical Review* E 61, no. 4 (May 2000): 4194–206, arXiv:quant-

ph/9907009.

87 **양자역학을 상당히 뜯어고쳐야 한다**: Stuart Hameroff and Roger Penrose, "Reply to Seven Commentaries on 'Consciousness in the Universe: Review of the "Orch OR" Theory,'" *Physics of Life Reviews* 11, no. 1 (Dec. 2013): 94–100.

7장 우주는 우리를 위해 만들어졌는가

88 **현재 알려진 자연법칙**: John Baez, "How Many Fundamental Constants Are There?," University of California–Riverside, College of Natural and Agricultural Sciences, Department of Mathematics, Apr. 22, 2011, math.ucr.edu/home/baez/constants.html.

89 **가능한 조합이 모두 존재한다면**: 입자물리학자들은 다음으로 더 큰 입자 충돌기에 대해 물을 때 같은 식의 논증을 사용한다. 그러면서 왜 힉스 보손의 질량이 지금의 그 질량이 되었는지 설명이 필요하다고 주장한다. 이것은 '자연스러움으로부터의 논증'이라고 불린다. 나는 이 내용을 *Lost in Math* (New York: Basic Books, 2018)에서 자세히 설명하였다. 한국어판은 『수학의 함정』(해나무, 2020).

90 **어떻게 지금의 모습처럼 … 알아내려한 적이 있다**: Luke A. Barnes et al., "Galaxy Formation Efficiency and the Multiverse Explanation of the Cosmological Constant with EAGLE Simulations," *Monthly Notices of the Royal Astronomical Society* 477, no. 3 (Jan. 2018).

91 **[확률분포]**: 실제 논문에서 쓴 용어는 '척도'다. 척도는 일반적으로 추상 공간에 가중치를 부여한다. 예를 들어 상수들의 가능한 모든 조합의 공간 같은 것이다. 이 논의의 목적에서는 확률분포와 같은 의미다.

92 **내 토론 파트너**: Geraint F. Lewis and Luke A. Barnes, *A Fortunate Universe: Life in a Finely Tuned Cosmos* (Cambridge, UK: Cambridge University Press, 2016).

93 무엇이든 될 수 있었다: '무엇이든'이라는 말은 엄밀히 말해 정확하지 않다. 값의 무한 범위에 걸친 확률분포는 1로 정규화될 수 없기 때문이다. 엄밀히 말하려면, "수많은 차수에 걸쳐 분포된 값들을 취할 수 있었다"고 해야 한다. 그러나 여기에서는 중요하지 않다. 요점은 선험이라는 게 무엇이든 정당화될 수 없다는 것이다.

94 신의 존재를 증명하려는 시도: Dan Kopf, "The Most Important Formula in Data Science Was First Used to Prove the Existence of God," *Quartz*, June 30, 2018.

95 경로 적분의 멋진 점: 경로 적분을 자세히 들여다보자면 이야기에서 벗어나게 되겠지만, 가능한 상호작용들은 모두 도해적인 그래프로 표현될 수 있고, 이 그래프는 일반적으로 '파인만 다이어그램'이라고 불린다는 정도로 요약하겠다. 이 내용은 Gavin Hesketh, *The Particle Zoo* (London: Quercus, 2016)에서 아주 멋지게 설명되어 있다. 한국어판은 『입자 동물원』(반니, 2017).

96 아니면 아예 상수가 하나도 없이?: 이 숫자 26에 대해서도 이의를 제기할 수 있다. 존재할 수도 있는 상수를 포함시키지 않고 단순히 0으로 설정해버리기 때문이다. 그리고 0으로 두는 이유는 단지 우리가 이와 모순되는 사실을 한 번도 관측한 적이 없기 때문이다. '글루온'이라고 하는 기본 입자의 질량을 예로 들면, 이 질량은 일반적으로 그냥 0으로 놓는다. 다른 값을 암시하는 실험적 증거가 없기 때문이다. 그러나 이런 질량들도 자유 매개변수로 추가할 수도 있다. 그러면 엄밀히 말해서 우리가 0으로 설정한 상수들에 대해서도 무수히 많은 상수들이 존재할 가능성이 있다. 이를 다른 식으로 표현하면 상수와 그 상수가 등장하는 방정식을 분리해서 말하기 어렵다고 할 수 있겠다. 안타깝게도 이 내용은 현존하는 이론들을 어떻게 더 단순화할 수 있는지, 과연 단순화가 가능한지를 묻는 문제와는 그다지 상관이 없다.

97 관심 있는 분들은 … 참고 문헌을 달아두었다: 자연 상수에 관한 참고서적을 몇 가지 알려 드린다. 이 자연 상수는 우리의 것과는 전혀 다르지만 복잡한 화학을 발생시킨다. Roni Harnik, Graham D. Kribs, and Gilad Perez, "A Universe without Weak Interactions," *Physical Review D* 74 (Aug. 17, 2006): 035006, arXiv:hep-ph/0604027; Fred C. Adams Grohs, "Stellar Helium

Burning in Other Universes: A Solution to the Triple Alpha Tuning Problem," *Astroparticle Physics* 87 (Aug. 2016), arXiv:1608.04690 (astro-ph.Abraham Loeb, "The Habitable Epoch of the Early Universe," *International Journal of Astrobiology* 13, no. 4 (Dec. 2013): 337–339, arXiv:1312.0613 (astro-ph.CO); and Don N. Page, "Preliminary Inconclusive Hint of Evidence against Optimal Fine Tuning of the Cosmological Constant for Maximizing the Fraction of Baryons Becoming Life" (Jan. 2011), arXiv:1101.2444 [hep-th].

98 **우주론적 자연선택**: Lee Smolin, *The Life of the Cosmos* (New York: Oxford University Press, 1998).

8장 우주는 생각하는가

99 **2000억 개의 은하**: Tod R. Lauer et al., "New Horizons Observations of the Cosmic Optical Background," *Astrophysical Journal* 906, no. 2 (Jan. 2021): 77, arXiv:2011.03052 [astro-ph.GA].

100 **인간 뇌와 우주**: Franco Vazza and Alberto Feletti, "The Quantitative Comparison between the Neuronal Network and the Cosmic Web," *Frontiers in Physics* 8 (2020): 525731.

101 **실제로 아인슈타인은 … 이 표현을 사용했다**: 알베르트 아인슈타인, 막스 보른에게 1947년 3월 3일 보낸 편지에서, *Albert Einstein Max Born Briefwechsel 1916–1955* (Munich: Nymphenburger Verlangshandlung, 1991).

102 **펜로즈가 지적했듯이**: 이 주제는 George Musser, *Spooky Action at a Distance* (New York: Scientific American/Farrar, Straus and Giroux, 2015)에서 깊이 있게 다루고 있다.

103 **우주에는 일반 물질만 있고**: Friedrich W. Hehl and Bahram Mashhoon, "Nonlocal Gravity Simulates Dark Matter," *Physics Letters B* 673, no. 4–5 (Jan. 2009): 279–82, arXiv:0812.1059[gr-qc].

104 **그 안에 결함이 남았을 수도 있다**: Fotini Markopoulou and Lee Smolin,

"Disordered Locality in Loop Quantum Gravity States," *Classical and Quantum Gravity* 24, no. 15 (Mar. 2007): 3813–3824, arXiv:gr-qc/0702044 [gr-qc].

105 **수학자이자 사업가**: John Horgan, "Polymath Stephen Wolfram Defends His Computational Theory of Everything," *Scientific American, Cross-Check* blog, Mar. 5, 2017.

106 **물리학자 존 휠러**: John Archibald Wheeler, *Relativity, Groups and Topology: Lectures Delivered at Les Houches During the 1963 Session of the Summer School of Theoretical Physics*, eds. Bryce DeWitt and Cecile DeWitt-Morette (New York: Gordon and Breach, 1964), 408–431.

107 **이 아이디어는 … 홍보하고 있다**: Deepak Chopra, "The Mystery That Makes Life Possible," Deepak Chopra.com, Oct. 24, 2020; Philip Goff, "Panpsychism Is Crazy, but It's Also Most Probably True," Aeon, Mar. 1, 2017; and Christof Koch, "Is Consciousness Universal?" *Scientific American Mind*, Jan. 1, 2014.

108 **이 가설은 데이터와 양립할 수 없다**: 자유의지 정리free will theorem(John Conway and Simon Kochen, "The Free Will Theorem," *Foundations of Physics* 36, no. 10 [Jan. 2006]: 1441–73, arXiv:quant-ph/0604079)는 이 논증에서 아무런 역할도 하지 않는다. 사실 자유의지 정리는 자유의지와 아무 상관이 없다. 오해의 소지가 있지만, 이는 단순히 '자유의지 가정'이라고 하는 다른 정리 안에서 세워진 가정에 관한 것이다. 설령 상관이 있다 하더라도 이 정리의 내용은 (특정 가정이 주어져 있을 때) 만일 인간에게 자유의지가 있다면 기본 입자들에게도 있다는 게 전부다. 만일 이 정리가 정말로 자유의지에 관한 것이라면, 이로부터 얻을 수 있는 명백한 결론은 인간이 자유의지가 없다는 게 될 것이다.

109 **이 이론은 … 제안한 것이다**: Giulio Tononi, "An Information Integration Theory of Consciousness," BioMed Central, *BMC Neuroscience* 5, no. 1 (Nov. 2004): 42.

110 **추정 결과가 있다**: Carl Zimmer, "Sizing Up Consciousness by Its Bits," *New York Times*, Sept. 20, 2010.

111 **『뉴 사이언티스트New Scientist』에서는**: Michael Brooks, "Here. There,

Everywhere?" New Scientist 246, no. 3280 (May 2, 2020): 40-44.에서 인용됨. 아쉽게도 이 글을 쓸 때는(2021년 5월) 보의 연구가 등장하기 전이었다.

112 **IIT의 또 다른 문제는**: Scott Aaronson, "Why I Am Not an Integrated Information Theorist (or, the Unconscious Expander)," *Shtetl-Optimized* blog, May 21, 2014, scottaaronson.com/blog/?m=201405.

113 **제안된 척도들이 몇 가지 있다**: Jose L. Perez Velazquez, Diego M. Mateos, and Ramon Guevara Erra, "On a Simple General Principle of Brain Organization," Frontiers in Neuroscience 13 (Oct. 15, 2019): 1106; and Sophia Magnusdottir, "I Think, Therefore I Think You Think I Am," in Anthony Aguirre, Brendan Foster, and Zeeya Merali, eds., *Wandering Towards a Goal: The Frontiers Collection* (New York: Springer, 2018).

114 **'메리의 방'은**: Frank Jackson, "Epiphenomenal Qualia," Philosophical Quarterly 32, no. 127 (Apr. 1982): 127–136

115 **잭슨도 이후에 자신의 주장을 철회했다**: Frank Jackson, "Postscript on Qualia," *Mind, Method, and Conditionals: Selected Essays* (London: Routledge, 1998), 76–79.

인터뷰 #4. 지야 메랄리_우리는 우주를 창조할 수 있을까?

116 **2017년에, 지야는**: Zeeya Merali, *A Big Bang in a Little Room: The Quest to Create New Universes* (New York: Basic Books, 2017). 지야는 이 주제에 대해 많은 시간을 들여 사람들과 이야기를 나누었고, 나중에 그 내용을 리뷰 기사로 썼다. Stefano Ansoldi, Zeeya Merali, and Eduardo I. Guendelman, "From Black Holes to Baby Universes: Exploring the Possibility of Creating a Cosmos in the Laboratory," *Bulgarian Journal of Physics* 45, no. 2 (Jan. 2018): 203–220, arXiv:1801.04539[gr-qc].

9장 인간은 예측 가능한 존재인가

117 **93퍼센트가량 예측할 수 있다**: Song et al., "Limits of Predictability in Human Mobility," *Science* 327, no. 5968 (Feb. 2010): 1018–1021.

118 **스크리븐은 … 주장하면서**: Michael Scriven, "An Essential Unpredictability in Human Behaviour," in Benjamin B. Wolman and Ernest Nagel, eds., *Scientific Psychology: Principles and Approaches* (New York: Basic Books, 1965), 411–425.

119 **'도미노 문제'**: Hao Wang, "Proving Theorems by Pattern Recognition—II," *Bell System Technical Journal* 40, no. 1 (Jan. 1961): 1–41.

120 **이것은 1966년에 … 증명했으며**: Robert Berger, "The Undecidability of the Domino Problem," *Memoirs of the American Mathematical Society* 66 (Providence, RI: American Mathematical Society, 1966).

121 **튜링의 '정지 문제'**: Alan Turing, "On Computable Numbers, with an Application to the Entscheidungsproblem," *Proceedings of the London Mathematical Society*, series 2, no. 42 (1937): 230–265.

122 **그런 식으로, 괴델의 정리**: Lawrence C. Paulson, "A Mechanised Proof of Gödel's Incompleteness Theorems Using Nominal Isabelle," *Journal of Automated Reasoning* 55, no. 1 (June 2015): 1–37.

123 **주장이 상당히 매력적이라고 생각한다**: "Godel's Incompleteness Theorem," *Stanford Encyclopedia of Philosophy*, plato.stanford.edu/entries/goedel-incompleteness의 주석에서.

124 **실제로 혼돈은**: Tim N. Palmer, Andreas Döring, and Gregory Seregin,"The Real Butterfly Effect," *Nonlinearity* 27, no. 9 (Aug. 2014): R123.

125 **이렇게 행동하는 미분방정식**: John M. Ball, "Finite Time Blow-up in Nonlinear Problems," in *Nonlinear Evolution Equations: Proceedings of a Symposium Conducted by the Mathematics Research Center, the University of Wisconsin–Madison, October 17–19, 1977*, Michael G. Crandall, ed. (Cambridge, MA: Academic Press, 1978), 189–205.

126 양자이론들은 애초에 혼돈성이 없으므로: 양자이론은 파동함수 안에서 선형적이다. 혼돈은 비선형 이론을 요구한다. 라그랑지안은 일반적으로 장 연산자 안에서 비선형성을 띠지만, 이들은 특별한 파동함수에 대하여 산정되어야 한다. 양자 혼돈 연구 분야는 '혼돈'의 정의를 다른 분야와는 다르게 사용한다.

127 목록에 네 번째로: 클레이수학연구소, "밀레니엄 난제들", claymath.org/millennium-problems.

128 일론 머스크는 … 생각한다: Samuel Gibbs, "Elon Musk: Artificial Intelligence Is Our Biggest Existential Threat," *Guardian*, Oct. 27, 2014에서 인용됨.

129 스티븐 호킹은 … 했고: Arjun Kharpal, "Stephen Hawking Says A.I. Could Be 'Worst Event in the History of Our Civilization,'" CNBC, Nov. 6, 2017에서 인용됨.

130 애플의 공동 창업자 스티브 워즈니악: Peter Holley, "Apple Co-founder on Artificial Intelligence: 'The Future Is Scary and Very Bad for People,'" *Washington Post*, Mar. 24, 2015에서 인용됨.

131 그리고 빌 게이츠: Peter Holley, "Bill Gates on Dangers of Artificial Intelligence: 'I Don't Understand Why Some People Are Not Concerned,'" *Washington Post*, Jan. 29, 2015에서 인용됨.

132 2015년에 '생명의미래연구소': Stuart Russell, Daniel Dewey, and Max Tegmark, "Research Priorities for Robust and Beneficial Artificial Intelligence," *AI Magazine* (Winter 2015): 105–114, Association for the Advancement of Artificial Intelligence at Future of Life Institute, futureoflife.org/data/documents/research_priorities.pdf?x40372.

133 어떤 유형의 몸: Carlos E. Perez, "Embodied Learning Is Essential to Artificial Intelligence," Intuition Machine, Medium.com, Dec. 12, 2017.

134 이론가들의 환상이 아니다: Julian Kates-Harbeck, Alexei Svyatkovskiy, and William Tang, "Predicting Disruptive Instabilities in Controlled Fusion Plasmas Through Deep Learning," *Nature* 568, no. 7753 (Apr. 2019): 526–531.

135 **'연산 가능 경제학'이라는 연구**: K. Vela Velupillai, "Towards an Algorithmic Revolution in Economic Theory," *Journal of Economic Surveys* 25, no. 3 (July 2011): 401–430.

136 **더 흥미로운 점은**: Tim N. Palmer, "Human Creativity and Consciousness: Unintended Consequences of the Brain's Extraordinary Energy Efficiency?" *Entropy* 22, no. 3 (Feb. 2020): 281, arXiv:2002.03738 [q-bio.NC].

에필로그 그래서 이 모든 것의 목적은 무엇인가

137 **스티븐 제이 굴드가**: Stephen J. Gould, "Nonoverlapping Magisteria," *Natural History* 106 (Mar. 1997): 16–22, 60–62.

찾아보기

ㅊ

ㅎ

옮긴이 배지은

서강대학교 물리학과와 동대학원을 졸업하고, 휴대전화를 만드는 엔지니어로 일했다. 이후 이화여자대학교 통역번역대학원에서 번역학을 전공한 뒤 과학책과 소설을 번역하고 있다. 『일상적이지만 절대적인 양자역학지식 50』, 『호킹의 빅 퀘스천에 대한 간결한 대답』, 『나의 대답은 오직 과학입니다』, 『수학의 함정』, 『우리 우주의 첫 순간』 등 다수의 책을 우리말로 옮겼다.

물리학은 어디까지 설명할 수 있는가

1판 1쇄 2024년 7월 10일
1판 2쇄 2024년 8월 26일

지은이 자비네 호젠펠더
옮긴이 배지은
펴낸이 김정순
책임 편집 조은화
편집 허영수 김해슬
마케팅 이보민 양혜림 손아영

펴낸곳 (주)북하우스 퍼블리셔스
출판등록 1997년 9월 23일 제406-2003-055호
주소 04043 서울시 마포구 양화로 12길 16-9(서교동 북앤빌딩)
전자우편 henamu@hotmail.com
홈페이지 www.bookhouse.co.kr
전화번호 02-3144-3123
팩스 02-3144-3121

ISBN 979-11-6405-263-9 03400